ASSESSMENT OF ECOLOGICAL INTERFERENCE INTENSITY OF HUMAN ACTIVITIES AND CORRESPONDING RESPONSE TO URBANIZATION

人类活动的生态干扰强度评估

及其城市化响应

张　甜／著

中山大學出版社
SUN YAT-SEN UNIVERSITY PRESS
·广州·

图书在版编目（CIP）数据

人类活动的生态干扰强度评估及其城市化响应/张甜著. —广州：中山大学出版社，2023.6

ISBN 978-7-306-07809-4

Ⅰ. ①人…　Ⅱ. ①张…　Ⅲ. ①人类活动影响—生态系—研究　Ⅳ. ①X171

中国国家版本馆 CIP 数据核字（2023）第 095729 号

RENLEI HUODONG DE SHENGTAI GANRAO QIANGDU PINGGU JIQI CHENGSHIHUA XIANGYING

出 版 人：王天琪
策划编辑：嵇春霞　陈　莹
责任编辑：陈　莹
封面设计：曾　斌
责任校对：郑雪漫
责任技编：靳晓虹
出版发行：中山大学出版社
电　　话：编辑部 020-84110283，84113349，84111997，84110779，84110776
　　　　　发行部 020-84111998，84111981，84111160
地　　址：广州市新港西路 135 号
邮　　编：510275　　传　　真：020-84036565
网　　址：http：//www.zsup.com.cn　E-mail：zdcbs@mail.sysu.edu.cn
印 刷 者：广东虎彩云印刷有限公司
规　　格：787mm×1092mm　1/16　16 印张　279 千字
版次印次：2023 年 6 月第 1 版　2023 年 6 月第 1 次印刷
定　　价：62.00 元

本书获陕西师范大学优秀学术著作出版资助，为国家自然科学基金青年科学基金项目“中国 HANPP 可持续性的城市化响应机理及情景模拟”（42001097）、国家自然科学基金优秀青年科学基金项目“多功能景观”（41322004）、陕西省科学技术协会青年人才托举计划项目“陕西省城乡融合发展对人类活动生态占用时空演变的影响机制研究”（20230710）成果。

目　录

前　言

社会—生态系统可持续发展与人地关系协调是时代的共同主题，也是国家发展的战略需求。面对人地矛盾加剧的全球化背景，人类对自然的过度改造与对生态资源的超额占用已然成为我国可持续发展面临的严峻挑战。人地关系是地理学的核心议题，人地耦合系统是综合自然地理学的核心研究对象，准确度量人类活动对生态系统的干扰强度是协调人地关系的重要途径，也是合理调控人类活动强度的先决条件。净初级生产力的人类占用（human appropriation of net primary productivity，HANPP）是从碳循环视角对人类活动的生态干扰强度进行定量评估、刻画人地关系的关键指标。

城市作为人类活动的主要载体，其发展已使自然生态系统向人地耦合系统转变。伴随城市化的土地利用与土地覆被变化虽是小范围的，但其对生态资源积累与利用的影响是剧烈的、全域性的。因此，定量刻画人类活动生态干扰强度，识别和探究 HANPP 对城市化过程的响应特征与机理，成为城市化背景下人地关系研究的重要突破口。其不仅可以满足协调人地关系的客观需求，还可以为实现处于战略转型关键时期的我国城市规模有序扩张提供实践指引，为合理制定城市化方案提供理论支撑。

基于这一背景，本研究结合多源遥感数据与统计数据，借助面板数据模型、地理探测器、脱钩模型及通径分析等数理方法，重点关注同步性与偏移性，明晰 2001—2015 年我国 HANPP 的时空演变特征、HANPP 的空间不均衡性以及 HANPP 的城市化驱动机理。

本书的写作基础为笔者于 2019 年完成的博士学位论文《中国 HANPP 时空演变及其城市化响应》，全书分为五大部分，共七章。

第一部分为第一章，为本书的研究总论。该部分全面阐述开展人类活动的生态干扰强度评估及其城市化响应研究的学科背景与现实意义，明确本研究的研究目标、核心内容，提出科学问题，并介绍本研究的技术路线与研究框架。同时，详细介绍本研究所使用的数据及其来源，以及所涉及的数理方法与模型。

第二部分为第二章，为国内外相关研究进展与趋势评述。该部分首先从 HANPP 概念的提出背景入手，辨析可持续发展定量研究中的相关概念。然后，详细介绍当前 HANPP 的国内外研究进展，重点阐述其在模型改进、时空动态、驱动机理等方面的具体发展。最后，总结当前研究的局限性，提出未来的重点研究方向，明确开展本研究在城市化的生态环境效应领域的意义。

第三部分包括第三章、第四章，为我国 HANPP 时空演变及其不均衡特征研究。该部分定量核算了 2001—2015 年我国 HANPP 及其组分指标，全面刻画人类活动生态干扰强度的时空演变特征；利用洛伦兹曲线、基尼系数、独立样本 t 检验、单因素方差分析、SOFM 神经网络等方法，探讨我国 HANPP 在区域发展、人口分布、自然本底等条件约束下的不均衡特征。同时，构建 HANPP 生态可持续性评价指标体系，明晰人类活动干扰下的生态可持续性变化。

第四部分包括第五章、第六章，为我国 HANPP 城市化驱动机理及城市化响应探究。该部分基于通径分析、多元线性回归、面板数据模型及地理探测器，重点探究我国 HANPP 的城市化驱动机理，刻画人类活动与自然环境二者相互影响的复杂过程。同时，在城市群、各等级城市的尺度下，探究我国 HANPP 与城市规模、人口规模、社会经济发展的匹配程度。

第五部分为第七章，为本书内容的总结与展望。该部分对本研究所得的重要结论进行提炼，归纳本研究的创新点，指出在后续研究中需要进一步进行的工作。

张　甜
2023 年 1 月

第一章

第一节　研究背景与选题依据

一、可持续性科学的热点议题

具备生物生产力的土地是社会经济和生态系统可持续发展不可或缺的资源，绿色植被通过干物质积累实现了生态资源的固定，人类则可以通过采集、农业种植、放牧、林业经营及狩猎等多种形式，从生态系统中获取食物、能源及材料，进而实现对生态系统自然本底的改造和对生态资源的占用（Vitousek et al.，1986）。近年来，在全球气候变化的大背景下，人类活动与生态系统间的矛盾不断加剧，过度的人类活动无疑会对生态系统造成不同程度的压力甚至破坏。Sanderson 等（2002）研究表明，全球已有 83% 的地表生物圈受到人类直接的影响，而有高达 36% 的地区已经完全受到人类活动的控制（Hannah et al.，1994）。因此，关注人类活动对生态系统的干扰程度，从而保证生态系统可持续发展成为近年来国际与国内的前沿研究领域。然而，如何定量化度量人类活动以何种强度、何种方式改变生态系统能量流，进而将人类对生态系统的干扰进行合理剥离成为一个普遍难题（O'Neill et al.，2007）。

生态可持续性是区域可持续发展成功与否的最终评判标准和关键实现途径，一直以来都是国际社会关注的焦点与可持续发展研究的重要内容（Linehan and Gross，1998）。近年来，随着人类活动与生态系统间的矛盾不断加剧，如何利用定量化方法进行可持续发展的生态评估成为国际与国内的热点议题（彭建 等，2007）。净初级生产力的人类占用（human appropriation of net primary productivity，HANPP）被定义为，在没有人类干扰的情况下，生态系统自然植被潜在净初级生产力与收获后自然界实际留存生物量之间的差额（Haberl，1997）。HANPP 的概念自 20 世纪 90 年代末提出以来，被广泛用于度量全球、国家、区域尺度生态系统的人类干扰强度，成为定量评估区域生态可持续性的又一重要指标（Imhoff et al.，2004；Krausmann，2001；Schwarzlmüller，2008）。该指标从碳循环与碳固定的角度出发，基于净初级生产力（net primary productivity，NPP）的概念、核算与生态指示意义，从土地利用及其产生的衍生收获两方面将人类对生物资源的占用进行合理度量，进而从生态系统的角度实现了对一个国家或地区发展的生态可持续性评价（Haberl et al.，2007）。传统的生态环境可持续性指标包括生态足迹（ecological footprint）及生态承载力（ecological carrying capacity）等，但其在理论和方法上还存在一些不足或局限，影响了所得结果的科学性与准确性（Niccolucci et al.，2011），而HANPP具有客观、易于理解、能够进行明确空间分析等突出优点（Haberl et al.，2004c）。

二、人地关系协调的客观需求

随着人类活动对自然的改造，地理学的研究对象经历了从地表生物圈到复杂的人地耦合系统的转变。20世纪90年代初人地关系地域系统理论（吴传钧，1991）提出以来，人地关系逐步成为当前地理学的核心议题（陆大道，2015），也是建立和谐城市的关键（俞孔坚 等，2005）。关注人类活动对自然本底的影响及生态系统的反馈过程不仅成为学科研究的重点，而且成为国家重大发展战略制定的科学依托。国家自然科学基金“十二五”、“十三五”发展规划分别强调了“人类活动对环境影响的机理”与“人类活动对环境和灾害的影响”应作为地球科学部的优先发展领域，寻求人地关系协调发展应是区域和全球环境可持续发展的必经之路。当前，人地关系冲突加剧是我国乃至全球的普遍现象，而我国已跨越以解决粮食短缺为主的第一代人地矛盾期。随着社会经济的快速增长，人口聚集与快速城市化导致的生态环境压力不断加剧，不合理的过度开发与我国自然本底的承载力间出现断层，第一代人地矛盾期遗留的生态隐患开始显现。因此，当前我国面临的以植被退化、大气污染、水土流失等环境问题为代价的第二代人地矛盾期无疑是国家发展的关键阶段（刘毅，2018）。

从人类活动角度而言，土地利用与土地覆被变化（land use and land cover change，LUCC）是全球环境变化与地理学研究的热点话题，也是人类对生态系统进行改造的主要途径。土地利用直接影响了潜在植被的生长过程，改变了相应的生物量积累。自然植被向不透水表面的转化以及耕地开发作为LUCC的两种主要形式，是人类占用生态资源的典型体现

(Wright, 1990)。揭示社会经济活动与自然环境变化之间的关系依赖于对人类活动的合理刻画，而现有的人地关系综合表征指数包括生态足迹、资源环境承载力、生态脆弱性等。此外，从系统动力学模型的角度评价人地关系耦合状态也为人地系统模拟研究提供了思路（陆大道，2002）。但是，以上指标往往依赖于合理的下属子指标体系的构建与确权，系统动力学模型则容易在参数标定与模型构建时受到研究者的主观影响（宋世涛 等，2004）。本研究选取的 HANPP 属于单一评价指标，其能够弥补生态足迹在解释可持续方面信息缺乏的不足，且 HANPP 的概念模型与计算方法已经较为成熟，基于此，其在定量化度量人类活动生态压力的过程中更为客观。同时，HANPP 在明确的空间分析方面相对其他人地关系表征指数更胜一筹（Haberl et al.，2014），结合遥感与地理信息系统（GIS）支撑下的地理学空间分析优势，可实现利用 HANPP 进行全国、分省栅格尺度的人地关系协调程度刻画与生态可持续性评价，为实现人地关系协调发展与区域生态文明建设提供有力的参考依据。

三、有序城市化的实践指引

城市作为人口最为集中且人类活动最为密集的区域，其内部土地改造、资源消耗等对区域生态资源积累与流转产生了直接影响。近年来，随着经济全球化的不断加速，全球城市化与城市体系正发生着重要的转型与重构，城市化的重点已然转移到了发展中国家（陈明星，2015）。当前，我国城市化进程已步入快速发展阶段。由城市建设统计年鉴可知，2021 年我国城市化率已达到64.72%，比上年末提高了0.83 个百分点，且达到改革开放之初城市化率的 3 倍以上。联合国 World Urbanization Prospects 2018 报告指出，2018 年至 2050 年，中国将会成为全球城市人口增长最为显著的三个国家之一，预计到 2050 年，中国将增加 2.55 亿城市人口，届时城市化率将达到 80%（United Nations，2018），而高度城市化必然伴随着巨大的生态压力。1981—2020 年，我国城市建成区面积由 7438 km^2 增至 60721 km^2，大幅的城市扩张显著压缩了自然植被的面积，人工不透水地表增多的同时也引发了热岛效应、城市内涝等多种环境问题。随着我国城市化步伐不断加快，人口、物资不断向城市聚集，人类对生态系统的开发强度在逐步攀升，由此所占用的生态系统资源量也将不断增加。另外，在生态资源的生产、消费、流动过程中，城市化不仅通过土地开发直接完成了生态资源占用，而且驱动了区域性的人口聚集、经济融合、物资流转，直接影响了以HANPP为代表的资源占用变化，由此产生的生态压力不可忽视。

城市化除了以土地利用与土地覆被变化的方式影响生态系统碳积累与碳循环，还改变了人类的生产、生活方式，由此产生的资源消耗压力与环境排放压力将共同作用于人地关系，并对城市发展形成反馈。我国目前正处于城市化战略转型的关键时期，政府不断加强重点区域城市建设。方创琳等（2018）提出的中国城市群空间组织“5+9+6”新格局，已被国家“十三五”规划纲要采用。城市群内部高度集中的社会经济建设与人类活动往往伴随着更为剧烈的人地关系矛盾以及对生态资源正常循环过程的干扰。总体来看，我国城市发展正面临着人多地少的现实状况，个别地区城镇用地效益低下的现象仍有发生。人口规模增长与土地资源稀缺之间的矛盾将是我国城市化进程中不可回避的关键问题，而城市规模有序扩张也将是缓解当前人地矛盾的必由之路。因此，借助HANPP探究我国区域发展与城市化导致的生态资源占用不均衡现象及其背后的驱动因素，有助于了解我国城市化背景下生态系统的响应机理。同时，借助HANPP识别和研究我国生态占用过饱和区，可为遏制城市不合理扩张提供科学支撑。

第二节　研究目标与内容

一、研究目标

本研究面临的关键科学问题主要有三点：第一，HANPP是由自然环境的生产条件与人类活动对生态资源的消耗程度共同决定的。结合我国广阔空间范围内资源配置差异与人口分布的空间特征，需要明确在不同区域能否决定、如何决定HANPP分配的不均衡性，以及该种不均衡性如何随长时序社会经济发展而变化？第二，HANPP的组分能够区分并量化人类活动对生态资源的不同利用模式与占用途径，在可持续性科学视角与可持续发展的要求下，应如何理解HANPP组分的指示意义，又应如何评估

HANPP 的生态可持续性？第三，HANPP 根植于人类活动导致的土地利用与土地覆被变化及其所产生的衍生资源占用，本研究意在探索以城市化为典型形式的土地利用是否一定会对资源积累产生负面影响，城市化进程的各个阶段对 HANPP 起到正向作用还是负向作用？同时，本研究将解析不同区域城市规模、等级如何影响 HANPP 的空间分异与时间动态。

本研究基于自然地理学原理与方法，综合运用遥感与 GIS 技术，实现对 2001—2015 年我国 HANPP 的具体核算；进一步结合多种地理学模型与数理分析方法，探究我国 HANPP 的时空变化及区域间不均衡性特征，明确城市化规模、等级与 HANPP 是否有同步性，厘定城市发展对 HANPP 的正、负向作用；评估 HANPP 对城市化的脱钩潜力及趋势特征，寻找城市化对 HANPP 变化的驱动机理，以探究我国区域发展与城市化导致的生态资源占用不均衡现象及其原因，最终明晰我国城市化背景下生态系统的响应机理。具体而言，针对中国 HANPP 对城市化的响应，本研究的目标包括以下四个方面：①刻画 2001—2015 年我国 HANPP 的时空变化特征及组分贡献差异；②明确 HANPP 的空间不均衡性及其约束条件；③寻找城市化影响 HANPP 时间变化与空间分异的主导驱动因子；④探讨 HANPP 对城市化响应的同步性与偏移性。

二、研究内容

（一）中国 HANPP 时空演变

依据 HANPP 核算方法，利用 MOD17A3 的 NPP 数据集表征 2001—2015 年我国生态系统实际 NPP，在气象数据的基础上利用 Thornthwaite Memorial 模型核算未受人类干扰的潜在 NPP，由此得到因土地利用改变所占用的生态资源。同时，通过收集 31 个省级行政区年度农业、林业、牧业统计年鉴的相关基础数据，结合不同作物、畜牧类型所对应的生物量转化因子，计算人类对生态资源的收获量，进而通过土地利用改变所占用的生态资源与收获量的加和得到全国的 HANPP 数值。在此基础上，分析 HANPP 的空间分异特征及长时序变化状况，关注 HANPP 上升较快的区域，讨论 HANPP 关键组分的关系，细化各省级行政区农业收获、畜牧业收获和林业收获对 HANPP 的贡献率，以明晰 2001—2015 年我国人类占用生态资源的变化状况与省际差异。

（二）中国 HANPP 空间不均衡性

基于 HANPP 空间数据判断其在我国各区域是否存在显著差异（如胡焕庸线两侧、东西分区、南北分区、沿海内陆分区；我国传统六分区、八大经济区、三大地带；等等），并借助洛伦兹曲线和基尼系数探究 HANPP 及其关键组分在各区域之间的不均衡程度。同时，利用潜在 NPP 等因子表征区域生态本底条件，探究自然本底相同的区域是否对应同等的人类干扰压力；重点关注我国西部生态本底相对欠佳的区域，探究有限的自然本底资源是否可以承受更高程度的人类占用。此外，结合 HANPP 概念框架及 HANPP 组分可更新与否的差异性，构建长时序 HANPP 变化的生态可持续性评价指标体系，评估组分贡献不均衡性对 HANPP 生态可持续性等级的影响，从而刻画人类活动对可供资源积累与循环的存余生物量的约束的差异性。该部分研究意在回答两个关键问题：一是我国 HANPP 在区域发展、人口密度、自然本底的约束下是否存在显著的不均衡状况；二是 HANPP 组分贡献不均衡性如何影响其生态可持续性。

（三）中国 HANPP 城市化驱动机理

在城市化对 HANPP 时空演变差异化影响特征的基础上，通过多种地理学模型和数理分析方法，明确城市化影响 HANPP 的主导驱动因子以及城市化对 HANPP 的复杂驱动机理。该部分以全国及 31 个省级行政区为研究对象，从 HANPP 的时间动态和空间分异两个角度进行研究。在时间变化方面，通过多元线性回归与通径分析筛选影响各个评价单元 HANPP 长时序变化的城市化主导因子；基于评价单元长时序的面板数据构建合理的面板数据模型，分析 HANPP 时间动态在全国尺度受城市发展的驱动状况，并将其与每 5 年的分时段面板数据模型结果进行对比。在空间分异方面，选取与城市化空间区位相关的指标（如到主要公路与铁路的距离、到城市中心的距离等），根据地理探测器对自变量的要求对相关指标进行分级，探究各省级行政区城市化区位指标对 HANPP 空间格局的影响。通过综合时间动态与空间分异结果，梳理各省级行政区 HANPP 时空变化的城市化驱动模式。该部分研究意在回答两个问题：一是 HANPP 时空变化主要由何种城市化因子驱动；二是哪些省级行政区的何种 HANPP 指标受城市化驱动最为显著。

（四）中国 HANPP 城市化响应

在明确城市化对 HANPP 关键作用的基础上，该部分研究将从同步性和偏移性两个方面探究二者之间的关联特征。同步性研究旨在判断 HANPP 与不同城市规模与等级之间是否存在同步变化趋势，且该部分研究选取中国“5 +9 +6”城市群新格局及国务院“五类七档”城市规模两种讨论范围，同时探究我国在城市空间扩张的过程中 HANPP 时空变化的响应特征。偏移性研究旨在识别城市人口增长、城市经济发展与 HANPP 之间是否存在脱钩现象，进而评估 HANPP 应对城市化的脱钩潜力及趋势特征，并结合土地利用与土地覆被变化及区域农业技术发展现状对区域产业结构优化进行政策解读。该部分研究意在回答两个问题：一是不同城市化等级与规模将如何影响 HANPP 时空变化；二是城市化与 HANPP 的同步性和偏移性在时空尺度上如何体现。

三、研究设计

（一）技术路线

基于上述研究目标与研究内容，本书的技术路线可分解为三个主要部分（见图 1 -1）。第一部分为 2001—2015 年我国 HANPP 时空演变分析，该部分研究对应本书第三章的内容。该部分研究依托 MODIS 土地利用数据集 MCD12Q1、净初级生产力数据集 MOD17A3 等遥感数据，全国 830 个气象站点的气温、降水监测数据，以及全国分省农业、林业、畜牧业统计数据，并基于 HANPP 核算框架对 2001—2015 年我国的 HANPP 进行核算。此外，该部分研究还基于 ArcMap 10. 2 软件的空间统计功能，对我国 HANPP 空间分异、长时序时间动态及其组分贡献率进行制图与分析。

第二部分为我国 HANPP 空间不均衡性分析，该部分研究对应本书第四章的内容。基于第一部分的 HANPP 数据集，该部分研究借助洛伦兹曲线、基尼系数、独立样本 t 检验、单因素方差分析等方法探究我国 HANPP 的空间不均衡程度，对气候、地形、潜在 NPP 等因子进行分区并借此表征生态系统对人类活动的承载力，探讨自然本底对 HANPP 的约束差异。此外，在明晰 HANPP 变化的生态可持续性的同时，评估 HANPP 组分贡献的不均衡性对生态可持续性的约束作用。

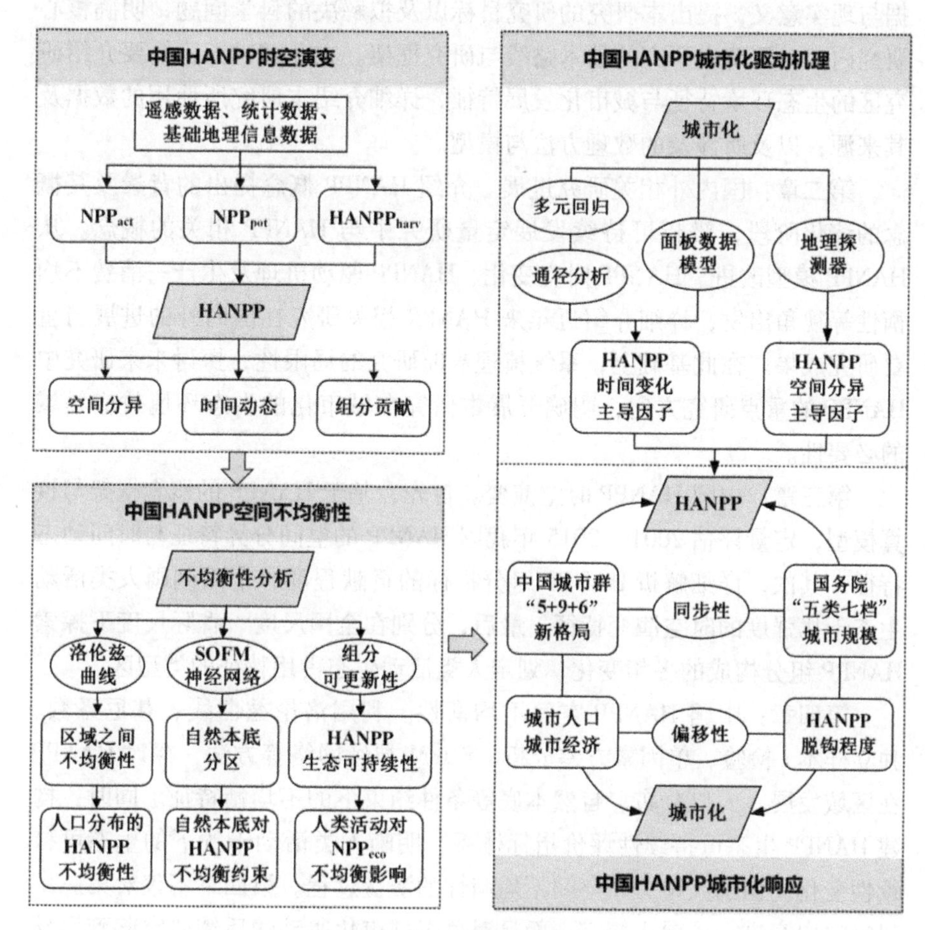

图1-1　研究技术路线

第三部分为我国 HANPP 城市化驱动机理及其城市化响应分析，内含两个不同的研究要点，分别对应本书的第五章至第六章。该部分研究借助通径分析、多元线性回归、面板数据模型及地理探测器，明确城市化在时间动态和空间分异视角下对 HANPP 的驱动机理，并从同步性和偏移性两方面进一步探究 HANPP 与城市化之间的关联特征。

（二）结构安排

本书共包含七章。

第一章：总论。全面阐述开展本研究的时代背景、学科背景、选题依据与现实意义，提出本研究的研究目标以及拟解决的科学问题，明确核心研究内容，厘清本研究的技术路线与研究框架。在此基础上，简要介绍研究区的生态环境特征与城市化发展特征，详细介绍本研究所使用的数据及其来源，以及所涉及的数理方法与模型。

第二章：国内外相关研究进展。介绍 HANPP 概念提出的背景及其概念的演化阶段，辨析可持续发展定量研究中与 HANPP 相关的概念。从 HANPP 模型改进、HANPP 时空变化、HANPP 驱动机理及生产—消费不均衡性等视角出发，详细介绍近年来 HANPP 相关研究在国内外的进展与重要研究成果。在此基础上，系统梳理当前研究的局限性，探讨未来研究中 HANPP 的重点研究方向，明确开展本研究在城市化的生态环境效应领域的必要性。

第三章：中国 HANPP 时空演变。首先，基于 HANPP 的概念框架与核算模型，定量评估 2001—2015 年我国 HANPP 的空间分异特征与时间动态特征；其次，详细解析 HANPP 组分指标的贡献程度，全面刻画人类活动生态干扰强度的时空演变特征；最后，分别在全国尺度、省际尺度下探索 HANPP 组分构成的多年变化，划定人类活动生态占用特征的类型区。

第四章：中国 HANPP 空间不均衡性。利用洛伦兹曲线、基尼系数、独立样本 t 检验、单因素方差分析、SOFM 神经网络等方法，探讨 HANPP 在区域发展、人口分布、自然本底等条件约束下的不均衡特征。同时，构建 HANPP 生态可持续性评价指标体系，明晰人类活动干扰下的生态可持续性变化，识别人地关系空间不均衡性的演变过程。第四章不仅对第三章研究的内容进行了深入探究，而且对关于城市化驱动的后续研究起到引导作用。

第五章：中国 HANPP 城市化驱动机理。基于通径分析、多元线性回归、面板数据模型及地理探测器等多种数理方法，在时间尺度，从城市人口增长、城市经济发展、城市土地扩张、城市生态建设视角构建城市化水平评价指标体系，识别影响 HANPP 变化的主导驱动因子；在空间尺度，从环境约束因子、经济区位约束因子、地理区位约束因子等视角识别影响 HANPP 空间分异的主导要素。同时，重点探究 HANPP 的城市化驱动机理，以此刻画人类活动与自然环境相互影响的复杂过程。

第六章：中国 HANPP 城市化响应。该章从同步性和偏移性两个方面探究我国城市化影响下的 HANPP 变化特征。同步性研究包括我国“5 +

9 +6”城市群格局及国务院“五类七档”城市分级标准体系两个尺度；偏移性研究则探究 HANPP 与城市规模、人口规模、社会经济发展的匹配程度，重点识别人口增长、经济发展与 HANPP 之间的脱钩现象，深入解读城市区域的复杂人地关系。

第七章：结论与讨论。对本研究所得的重要结论进行提炼，同时明确本研究的创新点以及在后续研究中需要进一步开展的工作。

第三节　研究区概况

一、生态环境特征

本研究选取中国为研究区域，以 31 个省级行政区为研究对象，因基础数据收集限制，对香港特别行政区、澳门特别行政区和台湾地区未予分析。我国陆地国土面积为 960 万平方千米，居世界第三位，东部、中部与西部地区面积分别占总面积的 10.5%、25.3% 及 64.2%。据 2015 年 1 km 分辨率 MODIS 土地利用数据可知，我国土地利用类型共有 17 类，其中林地共 7 类、草地共 3 类，其他各类用地共 7 类。各类用地面积统计见表 1－1，其中覆盖面积占比前三位的用地类型分别为草地（29.56%）、荒地（24.03%）、耕地（12.87%），末三位分别为郁闭灌丛（0.03%）、开放灌丛（0.12%）、落叶针叶林（0.17%）。从各类用地的空间分布来看，我国耕地主要集中于东北、华北、长江中下游、珠江三角洲等地区；草地广泛覆盖“胡焕庸线”以西的中国西北半壁；东北、东南与西南地区是我国林地的主要分布地区，且东北林区是我国最大的天然林区。我国土地资源绝对数量大，但人均占有量较少；同时，土地利用类型复杂多样，耕地面积在全国总面积中占比较小（2016 年年底其占比为 14.1%）；此外，我国土地还存在土地利用情况复杂和植被生产力空间差异明显的特征。本研究关注的 HANPP 空间格局在极大程度上受制于我国生态本底条件，因此，有必要特别关注以耕地、林地、草地等为代表的植被覆盖状况。

表1-1　2015年我国土地利用分类及其面积占比

用地类型	面积（万平方千米）	占比（%）	用地类型	面积（万平方千米）	占比（%）
常绿针叶林	7.79	0.81	草地	283.76	29.56
常绿阔叶林	25.98	2.71	永久湿地	2.32	0.24
落叶针叶林	1.61	0.17	耕地	123.58	12.87
落叶阔叶林	38.14	3.97	建设用地	13.99	1.46
混交林	29.14	3.03	耕林混合	23.48	2.45
郁闭灌丛	0.34	0.03	冰雪	3.82	0.40
开放灌丛	1.13	0.12	荒地	230.73	24.03
多树草原	88.78	9.25	水体	8.38	0.87
稀树草原	77.04	8.02	—	—	—

数据来源：MCD12Q1土地利用数据集。

我国耕地资源主要分布于华北平原和东北平原，据自然资源部2018年发布的国土资源公报可知，截至2017年年底，我国耕地面积约为20.23亿亩，较上年减少86.7万亩，且自2013年起，我国耕地面积一直呈缩减趋势。详细来讲，2017年我国因建设占用、自然灾害、生态退耕、农业结构调整等所减少的耕地面积共480.6万亩，而通过土地整治与农业结构调整等增加的耕地面积仅为389.3万亩（自然资源部，2018）。2020年，我国实有耕地面积为19.18亿亩[①]，较2017年保有量有所减少。此外，根据自然资源部对我国耕地的评定规则，2016年我国优等地面积仅占全国耕地总面积的2.90%，高等地、中等地与低等地的占比分别为26.59%、52.72%及17.79%，全国耕地平均质量等别为9.96等，等别总体偏低（自然资源部，2018）。由此可见，我国耕地资源质量总体偏低，且面临耕地面积缩减的危机，从2013年提出的18亿亩耕地红线到2018年划定15.5亿亩永久基本农田，我国耕地面积变化将对HANPP时空变化造成直接影响。

---

① 罗萌：《我国自然资源事业取得历史性成就》，见央视网（http：//news.cctv.com/2022/09/19/ARTIRS1SjNPxval6qAFSAsST220919.shtml）。

根据中国林业数据库历次全国森林资源连续清查资料可知，第二次清查（1977—1981年）至第九次清查（2014—2018年）期间，我国森林面积总体呈现增加趋势（从11500万公顷增至22300万公顷），森林覆盖率也相应地由12%提升至22.96%，且在1989—1998年提升最快（从13.92%提升至16.55%），可见我国森林资源存有量稳中有升。在本研究中，牧草地除通过自身干物质积累提供NPP外，还可以通过畜牧养殖进行物质能量的转化，以肉、蛋、奶、畜牧产品等形式体现人类对生态资源的占用。截至2015年，我国拥有天然草原面积58.95亿亩，位于全球前列，其中80%的草原分布于北方，以传统天然草原为主，其余20%以草山、草坡的形式分布于我国南方（中国林业网，2018）。但国土资源公报显示，2016年我国牧草地占比为22.8%，较上年减少92.1万亩，且在2001—2016年一直呈现面积小幅缩减的趋势。

二、城市化特征

本研究关注HANPP对城市化的响应特征。我国的城市化发展一方面决定着土地利用与土地覆被变化所导致的生态资源物质能量流的改变，另一方面也是HANPP空间分异的直接影响因素。1978年开始的改革开放是我国进入全面城市建设的起点，国民经济逐步增长推动了城市建设稳定发展。进入20世纪90年代，我国工业化进程明显加快，我国进入城市化高速发展阶段，同时在空间上形成了以沿海带动内陆发展的特色城市化模式（刘纪远 等，2009；周一星、胡智勇，2002）。陈明星等（2009）对城市化水平的综合测度研究表明，1996年是我国城市化进程的关键转折点，也是我国城市化稳定发展阶段与高速发展阶段的分界点。改革开放以来，我国城市化发展水平始终呈现稳步上升趋势，1978—2021年我国城市化率如图1-2所示。从具体数值来看，1978—1996年，我国的城市化率以平均每年0.60%的增长速度由17.92%增长至29.37%。此后，在相等的时段内，自1997年始，我国城市化率以平均每年1.38%的增长速度增至2015年的56.1%，城市化速度明显提高。2016—2021年间，我国城市化率又由57.35%快速增长至64.72%。因此，高速城市化伴随着城市人口聚集与城市空间扩张，不透水面面积的增加急剧压缩了自然植被的面积，人类活动过度开发导致的生态退化现象也开始逐步显现，土地生产能力下降与人地关系矛盾加剧的现象在大城市尤为明显。

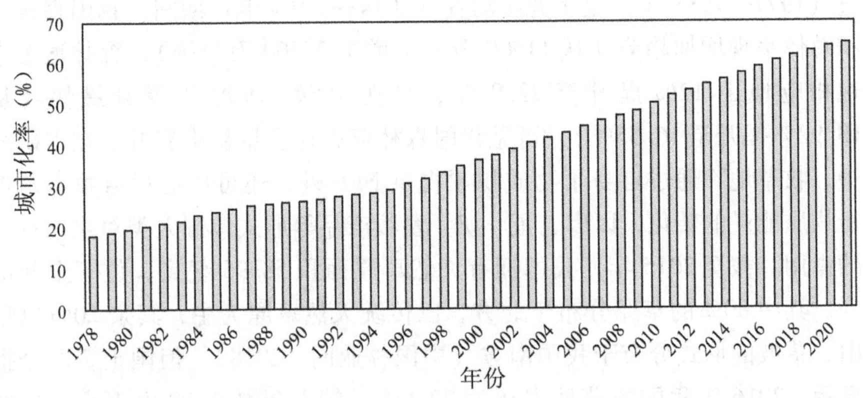

图1－2　1987—2021年我国城市化率

城市空间扩张是城市化最为直观的体现。据国土资源公报可知，截至2017年年底，我国建设用地总面积为39.59万平方千米，较上年新增0.53万平方千米。同年，国有建设用地总面积为0.60万平方千米，同比增长13.5%；其中，基础设施及其他用地涨幅最大（22.4%），住宅用地同比增长13.2%，而工矿仓储用地与商服用地均有下降（自然资源部，2018）。此外，据国家住房和城乡建设部（以下简称"住建部"）城市建设统计年鉴可知，截至2020年，我国共有大中小城市687座，城市数量在1978年至1998年间呈明显增加趋势（住建部，2021）。同时，我国城市化率从1978年的17.92%快速攀升至2021年的64.72%，且近年并未呈减缓趋势。城市数量与城市化率的反向变化表明，在我国城镇化过程中人口与资源均向大城市集中，由此导致的资源消耗、污染物排放、人口聚集压力都将增加"大城市病"的形成风险。

为解决我国"大城市病"问题，同时缓解特大城市的人口、资源、居住与生态环境压力，我国应重点转变城市发展思路与模式，在明确各类城市功能和定位的基础上，加快发展大城市周边的中小城市，以此实现对大城市部分城市功能、产业的疏解。值得注意的是，我国建成区绿化覆盖率由1986年的16.9%增至2020年的42.1%，并且在2020年全国共有不同规模的城市公园19823个，其中在东部地区分布最多（国家统计局，2020）。以典型大城市2006—2020年建成区绿化覆盖率为例，北京市由44.4%增至49.0%，但在2007—2008年明显下降；天津市由2006年的

37.0%下降至2009年的30.0%，后缓慢上升至2020年的37.6%，在2016—2020年存在“先降，后升，再降，再升”的波动特征；上海市则保持较稳定的绿化覆盖率，并由2006年的37.3%升至2017年的峰值39.1%，后又经历数年的波动，至2020年，上海市建成区绿化覆盖率为37.3%。由此可见，近年来，我国城市不透水地表压缩绿地的问题逐步得到重视。随着我国城市化进程的不断推进，需协调经济发展与生态环境关系，特别关注大城市生态环境需求，通过划定生态红线等政策措施维持城市的可持续发展。

第四节 数据与方法

一、主要数据来源

本研究所用数据包括遥感数据、统计数据和基础地理信息数据三大类（见表1-2）。在遥感类数据中，土地利用数据来自NASA EARTHDATA的MCD12Q1数据集①，该数据集为Terra与Aqua卫星合成的全球500 m分辨率土地利用与土地覆被数据，且该数据集的V6版本相对于V5版本的数据时段更长（V5版本仅更新至2013年）。本研究通过NASA提供的MRT软件对各景HDF数据进行拼接、转投影等基础处理，并通过重采样与其他遥感数据统一分辨率至1 km。此外，本研究选取来自University of MontanaNumerical Terradynamic Simulation Group②的1 km分辨率MOD17A3数据来表征实际NPP。中国500 m分辨率归一化植被指数（normalized difference vegetation index，NDVI）月合成产品MODND1M来自地理空间数据云③，主要借助其与区域作物产量及畜牧产量的线性关系对各省收获量进行空间化，需将该数据集进行年合成并重采样至1 km分辨率。1 km分辨率的数字高程模型（digital elevation model，DEM）数据用于进行本书第

① 参见https：//lpdaac.usgs.gov/dataset_discovery/modis。

② 参见http：//www.ntsg.umt.edu/project/modis/mod17.php。

③ 参见http：//www.gscloud.cn/。

四章自然本底条件分区及第五章 HANPP 空间分异城市化驱动因子分析。DMSP-OLS 稳定夜间灯光数据来自美国 NOAA 国家地理数据中心，空间分辨率为 30 弧秒（约 1 km），该数据集以 0 ~ 63 的灰度值表征灯光强度，其将用于本书第五章 HANPP 城市化驱动分析及第六章 HANPP 对城市发育过程的响应研究。

表 1－2　本研究所用主要数据来源

数据类型	数据名称	数据说明	用途
遥感数据	MCD12Q1	500 m 分辨率逐年土地利用数据	进行城市化分析
	MOD17A3	1 km 分辨率逐年 NPP 数据	核算 HANPP
	MODND1M	500 m 分辨率 NDVI 月合成产品	$HANPP_{harv}$空间化
	DEM	1 km 分辨率高程数据	自然本底分区与城市化空间驱动
	DMSP-OLS 夜间灯光	0.0083°夜间灯光数据	城市化空间驱动
统计数据	年平均气温	全国 830 个气象站点监测数据	核算潜在 NPP
	年总降水量	全国 830 个气象站点监测数据	核算潜在 NPP
	城市人口、GDP、城市建设、城市绿化等	各省逐年统计数据	提取 HANPP 的城市化驱动因子
	作物产量、牲畜存栏量、木材产量等	各省逐年统计数据	核算 $HANPP_{harv}$
基础地理信息数据	各省（市、区）划边界	全国 100 万基础地理数据	空间统计分析
	公路、铁路、水系	2018 年路网与水系矢量数据	城市化空间驱动

本研究选取的全国 830 个气象站点年平均气温与年降水量数据来自中

国气象数据网的中国地面气候资料数据集[①]，该数据集用于驱动Thornthwaite Memorial 模型以实现对我国过去15年的潜在NPP的核算。对于个别站点的缺测数据，本研究选取80%的阈值，采用拉格朗日定理插值补缺，如缺测月份超过20%，则该站点该年数据取空值。作物产量、牲畜存栏量、木材产量等农、林、牧数据则来自国家统计局的分省年度统计数据集[②]，基于一系列转化系数将产量转化为干物质量，进而转化为碳积累以核算HANPP中的收获量部分。此外，城市人口增长、城市经济发展、城市土地扩张、城市生态建设等综合反映我国城市化水平的指标均来自国家统计局分省年度统计数据、《中国统计年鉴》[③] 以及我国住建部的《城市建设统计年鉴》[④]，这些资料和数据将用于本书第五章HANPP城市化驱动机理研究中的城市化主导驱动因子选取，以及第六章城市化与HANPP偏移关系中的脱钩潜力评估。我国道路与全国水系数据及100万基础地理数据均来自北京大学城市与环境学院地理数据平台[⑤]，前者用于本书第五章HANPP城市化驱动分析，后者用于空间统计分析及本书第六章的HANPP城市化响应研究。

二、主要研究方法

（一）Tapio 脱钩模型

脱钩（decoupling）的概念最初由经济合作与发展组织（OECD）提出，其构建的脱钩指数为环境压力指数与经济增长指数的比值（OECD，2002）。之后，脱钩指数的内涵不断得到丰富与细化，学者Petri Tapio于2005年构建了较为完整的脱钩指标体系并用以研究欧洲地区温室气体排放与经济增长的关系后，脱钩模型得到了更加广泛的应用。Tapio模型根据脱钩弹性值的大小，将脱钩程度细分为强脱钩、弱脱钩、弱负脱钩、强负脱钩、扩张性负脱钩、扩张性连接、衰退脱钩、衰退性连接8种状态（Tapio，2005）。该模型最早用于农业政策研究，目前已经广泛应用于资

---

① 参见http：//data.cma.cn/。

② 参见http：//data.stats.gov.cn/index.htm。

③ 参见http：//www.stats.gov.cn/tjsj/ndsj/。

④ 参见http：//www.mohurd.gov.cn/xytj/tjzljsxytjgb/jstjnj/。

⑤ 参见http：//geodata.pku.edu.cn。

源环境、运输、能源等多个领域，成为度量经济发展与物质消耗或生态环境之间压力状况和衡量经济发展可持续性的依据。本研究将该模型运用于评价人口、经济城市化与 HANPP 之间的脱钩现象。

（二）面板数据模型

对于多样本、长时序的地理学研究，存在对单一年份横截面数据与长时间序列数据两种分析角度。面板数据（panel data）能兼顾数据集中包含的纵向时间与横向空间特征。与单纯的时间序列数据或截面数据相比，面板数据能够挖掘更多信息，减少数据间的共线性，在模型运算时也具有更高的效率。面板数据最初被应用于经济学研究中（Mundlak，1961），近年来，其逐步在资源环境、农林经济、土地利用与土地覆被变化、社会经济要素等相关研究中得到广泛的应用。根据研究对象与数据集特性的不同，在对面板数据进行分析前需结合多重共线性检验、F 检验、Hausman 检验等方法，选择合适的面板数据模型。目前，面板数据模型主要有混合模型、固定效应模型、随机效应模型三类。本研究以 2001—2015 年我国 31 个省级行政区的 HANPP 与城市化指标为基本研究样本，可以构成 31 个截面 15 年时序的面板数据，并基于合适的面板数据模型探究城市人口增长、城市经济发展、城市土地扩张、城市生态建设指标对 HANPP 时间变化的主导驱动因子。

（三）地理探测器

地理探测器（GeoDetector）是一种专门针对地理对象的空间分异性，寻找导致其分异特征驱动力的统计方法。地理探测器可以实现对多因子之间交互关系的准确识别，不仅可以分析定量数据，还可以分析定性数据与分类数据。地理探测器具有对共线性免疫的优势，并且在回归效果方面，其对分类地理变量的分析效果更佳，模拟结果比经典回归更加可靠（王劲峰、徐成东，2017）。因此，在对地理探测器的具体应用中，需要对连续变化的空间数据进行分级处理。本研究将地理探测器用于研究 HANPP 空间分异格局的驱动机制，选取与城市化空间区位相关的指标（如到主要公路的距离、到主要铁路的距离、到城市中心的距离等），根据地理探测器对自变量的要求，使用 K-Means 等方法对这些指标进行分级分类，以探究城市化区位指标对 HANPP 空间分布格局的影响机制。

（四）通径分析

通径分析（path analysis）可通过对自变量与因变量之间直接相关性的分解来研究前者对后者的直接影响与间接影响，从而为统计决策提供可靠的依据。它克服了传统多元回归分析的缺点，所得回归结果的偏回归系数不带单位，因而因果效应可进行直接比较。同时，剩余通径系数可用于判定多元回归模型的优化是否合理。具体而言，当剩余通径系数小于0.1时，自变量显著影响因变量，回归模型较优；而当剩余通径系数过大时，说明仍然存在其他因素对因变量的影响，则回归模型相对不理想（鲁春阳等，2012）。本研究将利用通径分析测度城市化影响HANPP变化主导驱动因子的剩余通径系数，以检验驱动因素回归模型是否得到优化。

（五）其他数理方法

本研究使用独立样本 t 检验、单因素方差分析、多元线性回归等数理方法进行HANPP空间不均衡性分析及其与城市化的关联分析。其中，独立样本 t 检验可用于比较两个独立的样本的平均数是否有差异，在本研究中用于对比我国典型二分区（如东西分区、南北分区、沿海与内陆、胡焕庸线两侧）的HANPP有无显著差异；单因素方差分析用于检测一个或多个独立变量是否受单个因素的影响，可用于证明我国不同发展分区（如传统六大分区、八大经济区、三大地带）之间HANPP的差异是否显著；多元线性回归则用于对HANPP与城市化进程中多种社会经济指标之间关联关系与驱动机制的探究，并通过回归模型的拟合效果明确影响HANPP的主导驱动因子。

第二章 国内外相关研究进展

随着社会经济高速发展和人口快速增长，人类通过对土地的开发利用和粮食收获、木材砍伐、畜牧产品消费所占用的生态系统资源不断增加。同时，人类活动也影响着土地的生产能力，改变了生物圈内的物质流和能量流，由此产生的生态压力不可忽视。为定量核算人类对生态资源的占用程度，有研究尝试从代表土地生产能力的“生产影响”和代表植被收获量的“生物量影响”两方面度量人类对自然生态系统能量流的干扰（Wright，1990）。在此理论基础上，奥地利学者 Helmut Haberl 从碳循环与碳固定的角度出发，基于 NPP 的概念、核算与生态指示意义，在 20 世纪 90 年代末提出了净初级生产力的人类占用（HANPP）的概念（Haberl，1997）；该指标从土地利用及其产生的衍生收获两方面将人类对生物资源的占用进行合理度量，进而在生态系统尺度实现了对一个国家或地区发展的生态可持续性评价。

自 1997 年 HANPP 的标准概念提出后，国内外相关研究成果数量并不多。目前，该研究领域总体仍处于初始阶段，关键指标与相关转化因子的获取难度高以及 HANPP 的合理空间化成为阻碍其广泛应用的主要原因。当前研究主要集中于模型改进、HANPP 时空动态分析、HANPP 与其他生态指标对比等方面，有部分研究开始关注 HANPP 驱动因子解析、未来社会经济人口发展情景下的 HANPP 预测等。值得注意的是，目前尚无研究专门关注 HANPP 对城市化的响应，因此，HANPP 对城市化的响应研究亟待补充与深入。本章基于对 HANPP 概念提出背景的系统回顾，通过梳理 HANPP 及其衍生指标的相关概念与理论，对比评价现有核算方法的差异，并在系统整合国内外 HANPP 相关研究进展的基础上，提炼当前研究的主题、热点领域和不足，进而对 HANPP 未来研究可能的发展方向与存在的挑战进行展望，以期深入认识 HANPP 在生态系统可持续性评估领域中的关键作用，推动其进一步应用与发展。

第一节　净初级生产力的人类占用（HANPP）

一、概念解析

在 HANPP 概念的形成与发展的过程中，由于对其核算细节的处理方法各有侧重，因此，相应的核算研究结果也存在较大的差异性。HANPP的概念与计算方法在 Haberl（1997）首次提出之前，已有部分学者开始关注人类对生态资源的干扰，并尝试用定量化方式进行度量，由此，HANPP的概念与内涵经历了一系列的发展及改进（见表 2－1、图 2－1）。Whittaker 和 Likens（1973）的研究起步较早，在这一时期，人类对生态资源的占用多关注从生态系统中直接获取并使用的生物量（如食品、饲料、木材等），而对在人类活动过程中隐含的、间接消耗的生态资源则考虑不足。Vitousek 等（1986）创新使用三种情景（低度人类干扰、中度人类干扰、高度人类干扰）来估算人类占用生态资源量，其中低度人类干扰涉及的项目与 Whittaker 和 Likens（1973）的研究一致，中度人类干扰则单另考虑人类间接消费的生物量，高度人类干扰加入了土地利用引起的生态损失，研究表明，高度干扰更符合真实的干扰状况。此后，Wright（1990）将人类对生态系统能量流的改变分为“production impacts”（生产的影响）和“biomass impacts”（生物量的影响）两部分，并基于物种能量曲线重点建立人类对物种多样性的影响，HANPP 的概念开始逐步成型，但此时仍未考虑木材收获和火灾损失的生物量。

表 2－1　HANPP 概念发展辨析

HANPP 概念	研究者及年份
人类直接使用的生物量，如食品、饲料、木材等	Whittaker 和 Likens（1973）
低度人类干扰：人类直接使用的生物量，如食品、饲料、木材等	Vitousek 等（1986）
中度人类干扰：人类间接消费的生物量，如木材砍伐、开荒、人为火灾引起的生态损失	
高度人类干扰：在中度干扰基础上加入土地利用引起的生态损失	
潜在 NPP 与 NPP 存余量的差值，不包括木材收获和火灾损失	Wright（1990）
潜在 NPP 与 NPP 在生态系统存余量的差值，包括木材收获和火灾损失	Haberl（1997）

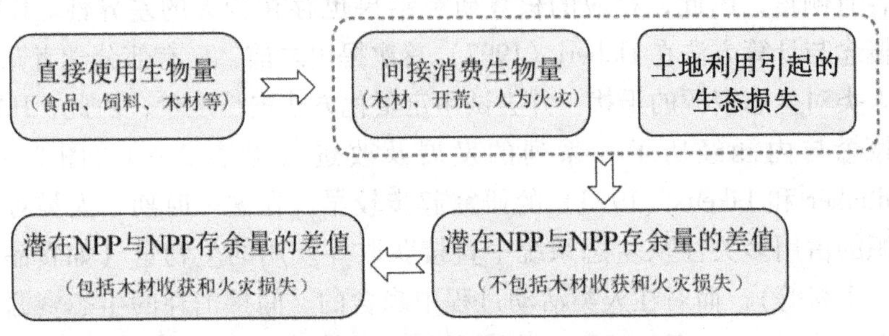

图 2-1　HANPP 概念演化过程

由此可见，早期的 HANPP 相关研究着力于厘清人类占用生态资源的具体内容，力图寻找一个较为全面、客观且无重复计算的方案。在此基础上，Haberl（1997）提出了 HANPP 的标准概念，使用潜在 NPP 与 NPP 在生态系统存余量的差值来表征人类占用量，其中包括木材收获、人为火灾引起的生态损失。Haberl 等（2014）同时指出，$HANPP_{harv}$ 所代表的收获量应包含"已使用"和"未使用"两部分，其中"已使用"的部分指可直接用于生产消费与经济活动的生态资源，而收获之后未被使用的秸秆以及由人类引发的火灾所致的生物损失则均被囊括于"未使用"部分之中。可见，随着 HANPP 概念的不断完善，相关研究也向更具科学性、更加全面的方向发展。此外，在已有研究中，不同学者对 HANPP 关键指标的命名存在一定差异，如潜在 NPP 常有 NPP_{pot}、NPP_0 等表示形式（O'Neill et al.，2007），而生物量收获则多通过 $HANPP_{harv}$、NPP_h 表示（Yang et al.，2017），NPP_{eco}、NPP_t 等常用来表征生态系统存余量（Krausmann et al.，2012）。由于多种命名所指定的研究对象均应保持一致性，因此需在研究过程中注意区分。本研究采用目前使用最为广泛的命名体系。

目前，学界广泛使用的 HANPP 概念是指在没有土地利用的情况下，潜在植物净初级生产力与收获以后在自然界中实际留存生物量之间的差额，可以使用 HANPP 绝对量或者 HANPP 与潜在 NPP 的百分比形式来表示（Haberl，1997；Haberl et al.，2007）。HANPP 概念框架如图 2-2 所示，其中 NPP_{pot}（potential NPP 的缩写）代表无人类干扰的理想状态下的生态系统潜在净初级生产力；在经过人类活动的干扰之后，生态系统实际的碳储量为 NPP_{act}（actual NPP 的缩写）；而在人类活动作用下因土地利用引起的 NPP 改变，即 NPP_{pot} 与 NPP_{act} 的差值，用 $HANPP_{luc}$（NPP appropriated by LUCC 的缩写）表示。其中，NPP_{act}又可分为人类从自然界中的 NPP 收获量 $HANPP_{harv}$（harvest NPP 的缩写）和收获后的 NPP 留存量 NPP_{eco}（ecosystem NPP 的缩写）两个部分，因此，HANPP 可通过各个部分的数理关系进行核算。

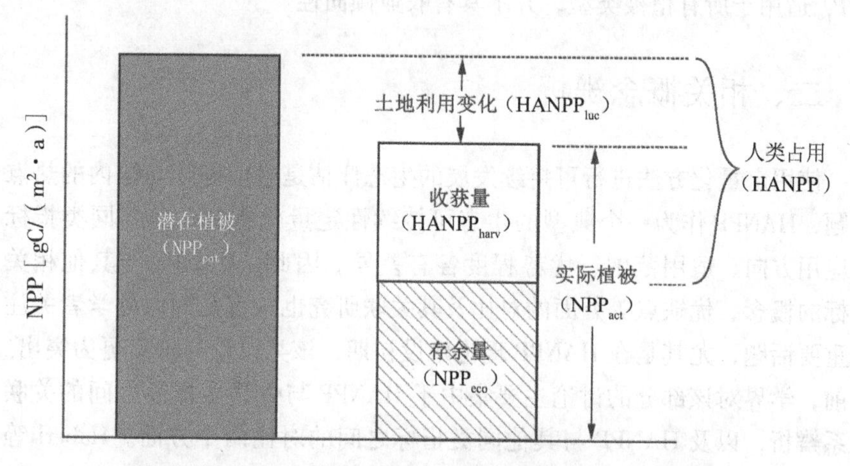

图 2-2　HANPP 概念框架（引自 Haberl et al.，2014）

需要指出的是，HANPP 概念框架下的 NPP_{pot}重点指代无人类干扰的自然状态下生态系统生长发育形成的植被类型与土地覆被所具备的固碳能力，其与 NPP_{act}对应相同的气温、降水、太阳辐射、CO_2浓度等气候条件（Erb et al.，2017）。学界与潜在 NPP 相似的概念还包括光合生产潜力、光温生产潜力、气候生产潜力、土地生产潜力等，它们的概念界定与计算方法存在逐级递进的关系，与 NPP_{pot}适用环境有明显差异。光合生产潜力与特定区域光能条件及植被光能利用率密切相关，其是在作物群体结构最佳、环境因素最适宜、肥料与农业技术均得到保障的条件下所能达到的最高生物学产量（农业大词典，1998）。光温生产潜力在光合生产潜力的基础上进一步考虑了温度有效系数的约束作用（党安荣 等，2000），其在数值上一般低于光合生产潜力。考虑水分有效系数对光温生产潜力的约束可进一步得到气候生产潜力，其同时也依赖于人类对当地农业气候资源的合理利用（侯光良、刘允芬，1985；现代地理科学词典，2009）。土地生产潜力则是在气候生产潜力基础上与土壤有效系数相结合得到的，通过构建土壤性状、土壤养分、立地条件等维度的指标体系并计算权重，可综合表征土壤对土地生产能力的约束作用（党安荣 等，2000）。由此可见，以上概念主要建立在农业生产与作物产量的话语体系基础上，并强调农业技术、化肥施用、合理耕作等人为因素在保证理想产量中的先决条件；相较于此，在 NPP_{pot} 的核算过程中需完全排除人类干扰的影响作用，因此 NPP_{pot} 适用于所有植被类型，并不具有农业倾向性。

二、相关概念辨析

使用定量化方法进行可持续发展的生态评估是当前国际与国内的热点议题，HANPP 作为一个典型的生态可持续性定量化指标，其与同类指标的应用方向、适用范围、优势程度各有差异。因此，HANPP 与其他相关指标的概念、优缺点等方面的对比及其关联研究也一直是国内外学者关注的重要话题，尤其是在 HANPP 理论建设初期，该类讨论与争鸣更为突出。目前，学界对该部分的讨论主要集中于 HANPP 与生物多样性之间的关联关系辨析，以及 HANPP 与其他同类指标之间的对比两个方面。Haberl 等（2004a，2005）在样地尺度下分别将农业景观的物种多样性和鸟类多样性与 HANPP 进行关联分析，均得到一致的负向相关结果，由此指出 HANPP 可以作为生物多样性丧失评价的有效压力指标。其后，学界不再仅限于对此二者之间的讨论，Marull 等（2018）利用中间干扰复杂性模型（Intermediate disturbance complexity，IDC）建立了 HANPP、生物多样性与景观结构之间的关系，探究在保证区域生物多样性的前提下最为适宜的 HANPP 与景观研究尺度，这一研究可对生态保护区的实际规划提供可行性建议。

包含生态足迹、环境可持续指数、环境绩效指数、环境脆弱性指数、生态系统健康指数、资源环境综合绩效指数等在内的指标体系均能在不同程度上表示社会—生态综合系统的可持续发展程度，而这些指标在具体应用时各有侧重。表 2－2 归纳了国内外现有生态可持续性指标的优缺点（赵霞 等，2014），全面了解其理论内涵有助于我们对可持续性指标的科学选择。

表2-2 HANPP与其他生态可持续性指标对比

指标名称	优点	缺点
HANPP	客观、易于理解；可进行明确的空间分析；补充了生态足迹在解释可持续方面信息缺乏的不足	没有明确的阈值；不涉及生物量进出口问题，不利于战略制定
生态足迹	表达简单明了；结合生态承载力可计算生态赤字与生态盈余	基于用地空间互斥假设易造成高估或低估；具有生态倾向性，不关注经济、社会、技术进步的影响
环境可持续指数	对环境可持续性的衡量比较全面，可支撑环境决策	变量多，收集完整数据难度高；个别指标度量标准不同，难以进行区域间横向对比
环境绩效指数	可提供跨国、跨部门的绩效比较，有较强的政策指导意义	计算量较大，完整数据不易收集
环境脆弱性指数	区分了风险、完整性、弹性，便于评估可能存在的环境风险	分级方法有一定的主观性；有效数据依赖于长时序的完整收集
生态系统健康指数	真实刻画保护措施前后的生物多样性和生态系统变化状态	核算过程不确定性高，个别地区误差较大
资源环境综合绩效指数	将资源消耗与污染物排放与国民经济发展联系起来，有政策支撑作用	指标权重选择易造成结果的不确定性

生态足迹（ecological footprint，EF）被定义为某一特定区域内生态系统为生产区内人口消费的所有资源以及为吸纳人类活动产生的所有废弃物所需要的生物生产土地面积（Wackernagel and Yount，1998），其常被比喻为“一只负载着人类与其所创造的城市等人工设施的巨脚在地球上的脚印”。生态足迹、HANPP均从土地利用的角度出发，并与社会经济代谢机制联系起来，但二者是从不同的角度来分析生态可持续性问题的（Haberl et al. ，2004b）。在度量方式上，生态足迹计算支撑特定人口的社会经济系统需要多少生物生产性面积，而 HANPP 则衡量人类对生态资源的实际占用量与程度，二者的度量单位并不相同。在对可持续性的表征方面，生态足迹与生态承载力的结合可以量化区域生态赤字或盈余状态，相较 HANPP 的单因子分析可以更加直观地度量过度消费导致的生态耗竭（周涛 等，2015），而 HANPP 自学科发展以来，并未形成权威的可持续性阈值，因此只能进行区域内部的时序对比或区域间的分异对比。总体而言，生态足迹与 HANPP 在表征可持续性上具有互补性；而由于 HANPP 的数据特性，HANPP 在明确的空间分析方面更胜一筹（Haberl et al. ，2004b），且其能够将社会经济系统与土地利用及其对生态系统的影响联系起来。

环境可持续指数（environmental sustainability index，ESI）由耶鲁大学与哥伦比亚大学合作开发，其可定量评价一个国家或地区能为所居住人口提供与保持良好环境状态的能力，重点强调良好环境的可持续程度（Samuel-Johnson and Esty，2000）。该指数提出后经历了多次改进与更新，2005 年提出的 ESI 使用了 21 个指标和 76 个变量，通过 0 ～ 100 的数值表征可持续程度的高低（Esty et al. ，2005）。ESI 在学界引起了诸多讨论与争议（Morse and Fraser，2005），Siche 等（2008）认为其在政策与法治领域被广泛提及的部分原因在于世界经济论坛（World Economic Forum，WEF）的大力推动。ESI 在进行可持续性评价过程中由于所需变量过多，许多国家难以收集到完整且有效的数据，且与 HANPP 不同的是，ESI 在各国对同一指标的度量方式不尽相同，因此，其所获评价结果难以进行国家之间的等量比较，这些均成为推广应用 ESI 的主要阻碍。

由耶鲁大学、哥伦比亚大学与世界经济论坛提出的环境绩效指数（environmental performance index，EPI）可对国家政策中的环保绩效进行有效度量，各国每两年开展一次 EPI 评估工作并发布全球评估报告。2018 年的 EPI 报告从环境健康和生态系统活力两个方面入手进行环境绩效评估，共涵盖 10 个政策范畴共 24 项具体评估指标（Yale University，2018），数据源自政府统计、实际监测、模型模拟等，各指标具体权重通常依靠层次分析法确定。与 ESI 相似，EPI 同样存在完整指标体系的基础数据不易获取的问题，因此，EPI 研究迫切需要更为完善的数据收集系统（董战峰 等，2018）。同时，由于 EPI 以国家为评估对象，因此其在指标选择过程中易缺乏对面积较大国家环境问题的空间分异特征的充分考虑。与

HANPP 相比，EPI 更多着眼于空气质量、农林牧渔、用水安全、重金属污染等环境健康评估体系，并未重点关注与量化人类活动在生态系统中的作用。

环境脆弱性指数（environmental vulnerability index，EVI）从自然或人为造成的环境风险、环境应对风险的能力以及生态系统的完整性三个角度度量环境承受不利影响所表现出的脆弱程度（Kaly et al.，1999），这三个角度分别对应 EVI 所含的风险暴露指数、内在弹性指数和环境退化指数。但 EVI 与完全依据客观指标体系的 HANPP 相比存在指标确权的主观影响，容易造成不同研究结果难以类比的情况。

生态系统健康指数（ecosystem health index，EHI）常通过活力、组织力、恢复力框架进行测度，其与 EVI 存在负相关关系（马克明 等，2001）。EHI 适用于大尺度研究区的生物多样性与生态系统保护评估，并同样依赖于水、土、气、生等方面的丰富指标的支撑，对基础数据难以收集的欠发达地区易形成较大评价偏差。

资源环境综合绩效指数（resource and environmental performance index，REPI）由中国科学院可持续发展战略研究组提出，其重点评价区域污染物排放与资源消耗状况，评价结果与指标确权的合理性关系密切（中国科学院可持续发展战略研究组，2010）。总体而言，除 HANPP 与 EF 属单一评价指标外，其他指标均依赖大量基础资料的收集与下属子指标系统的合理构架；而 HANPP 计算过程受主观影响更小，表达形式更加直观，具备在遥感数据的支撑下能够进行明确空间分异刻画的突出优势，且其在多种生态可持续性指标中对生态资源的人类活动占用与干扰度量效果最佳，因此，HANPP 是进行生态可持续性城市化响应研究的理想指标。

第二节　HANPP 主要研究领域

HANPP 的标准概念于 1997 年提出后，国内外相关研究成果不多，目前该研究领域总体仍处于初始阶段。因此，为准确把握国内外研究主题、明晰研究进展，需对当前已有成果进行全面、深入的解读。基于 CNKI（中国知网）和 Web of Science 核心文集数据库检索，设置中文文章关键词为“HANPP”或“净初级生产力的人类占用”，英文文章关键为词“HANPP”或“human appropriation of net primary productivity（production）”进行相应主题文章检索。截至2019年5月，HANPP研究成果在CNKI检索结果为8篇，Web of Science检索结果为106篇。国内学者对HANPP研究关注较少，国外研究成果数量波动较明显，但保持上升趋势。其中，国际期刊*Ecological Economics*于2009年第69卷第2期推出了关于净初级生产力人类占用的研究专辑（Special Section：Analyzing the global human appropriation of net primary production-processes，trajectories，implications），涉及HANPP的核算、生物量生产消费的空间脱节、工业化与社会经济发展对HANPP的作用、自然保护区与城市HANPP关联特征等多个方面的研究成果。该专辑的推出对HANPP的研究起到了一定的推进作用，后续的HANPP相关研究成果数量明显增加。同时，现有对HANPP的研究以国外学者为主，其中Helmut Haberl、Karl-Heinz Erb、Fridolin Krausmann等为主要研究学者。

总体而言，对HANPP的估算仍然为HANPP研究的主体，这在一定程度上反映出HANPP概念框架下大量指标的选取与收集对完整核算及后续扩展分析造成的阻碍。此外，研究初期大量文章集中于对HANPP概念的界定与完善，随着研究内容的不断深入，部分学者开始尝试对模型进行改进和调整，并开始关注HANPP的衍生指标及其生态指示意义。由于HANPP能够定量化指示生态系统可持续发展的程度，因此，讨论其与其他生态指标的关联关系、应用方向、优势特征的研究成为贯穿始终的主题，社会经济要素对HANPP的驱动作用及自然本底对HANPP的约束也逐步得到学界的关注。区域自然本底差异及社会经济发展差距造成了生态资源的进出口与空间流转，由此形成了区域间生态资源占用的近远程耦合现象，该现象在城市及其周边区域尤为显著（方创琳 等，2016；周伟奇 等，2017）。目前，对该现象的解读需要依赖与进出口流转数据密切相关的Embodied HANPP核算，这也逐步成为HANPP研究的新领域（Erb et al.，2009；Haberl et al.，2009；Kastner et al.，2015）。但囿于小尺度区域各类生物资源流转统计量获取的困难，目前多数研究仍限于对国家之间Embodied HANPP的探索。此外，研究还涉及全球或区域尺度未来社会发展与气候情景下的HANPP估算（Krausmann et al.，2013；Ma et al.，2012；Zhou et al.，2018）、HANPP所代表的人类活动过程对景观格局的影响（Marull et al.，2018；Wrbka et al.，2004）、辅助解析政治决策与土地制度影响下的生态可持续变化（Niedertscheider and Erb，2014）、喀斯特地区土地退化的人类贡献（Lin et al.，2016；Sutton et al.，2016）等方面。为深入解析当前 HANPP 研究的发展特征与成果指向，了解该领域未来发展的趋势与挑战，本节将主要从 HANPP 模型改进、HANPP 时空动态、HANPP 驱动机理三个方面对当前研究进行分析。

一、HANPP 模型改进

任一研究领域的稳健发展都根植于对其关键指标与核心内涵的科学界定，HANPP 的概念提出以来也经历了不断发展和完善的过程。由前文分析可知，在 1997 年 Haberl 等学者首次提出 HANPP 概念及其计算方法之前，不同学者对其生态学指示意义进行了多次调整。此后，相关研究不断增加，然而学界对 HANPP 核算细节并无统一标准，这使得部分学者在对以 $HANPP_{harv}$ 为主的关键指标选取与转化因子的收集方面存在诸多不确定性。基于此种状况，长期关注 HANPP 研究的 Haberl、Erb 和 Krausmann 三位学者于 2014 年对 HANPP 研究所涉及的概念模型、计算方法、数据来源进行了重新声明，对关键指标进行了重新命名，并介绍了 HANPP 衍生指标（如 HANPP efficiency、HANPP intensity 等）的生态学意义与应用方向。同时，该研究也讨论了 HANPP 与行星边界、全球资源使用以及生物多样性之间的关系（Haberl et al.，2014），这对后续研究有极大的指导意义。

此外，也有部分学者在 HANPP 核算标准模型的基础上对 HANPP 进行了适当的改进。Razali 等（2016）使用土地利用影响（land use impact，LUI）和人类活动指数（human activity index，HAI）来量化生态资源的人类占用。其中，LUI 包含至道路的距离、至城区的距离、至经济作物种植园的距离等空间因子，HAI 则由区域人口总量、人类发展指数、总收获生物量等决定。由于 LUI 的构成指标在选取过程中具有较大的灵活性，因而该方法更适用于小尺度的生态系统人类干扰研究。Marull 等（2018）从格网尺度的土地利用类型出发，在关注各格网土地利用类型占比的基础上，结合各用地类型的地均干物质积累量对区域生态占用进行核算。该种方法可以实现不同格网尺度的 HANPP 对比，并可进一步与表征景观格局及尺度的研究结合进行扩展讨论。Pan 等（2016）在原有 HANPP 模型的基础上，引入对 NPP_{gap} 变量的探讨，并将其定义为潜在 NPP 减去生态系统存余量与 HANPP 的总和，该指标旨在明确研究过程中可能的由研究者知识框架欠缺或数据处理中的不确定性而产生的对 HANPP 的高估或低估。

二、HANPP 时空动态

准确的 HANPP 核算是评价人类活动生态资源占用程度与区域生态可持续性评价的基础，是目前学界对 HANPP 最为主流的研究类型，这从侧面反映了生态资源人类干扰的合理度量是可持续性评价的迫切需求。已有研究的研究区域涉及全球、大洲、国家、地区等多个尺度，图 2－3 对大部分 HANPP 研究的核算结果（以 HANPP% 展示）进行了对比。由图 2－3 我们可以直观地看到，在全球尺度，自然植被与人类未开发区仍占地表面积的大多数，因此，多位学者的评估结果显示：全球人类活动强度虽在年际呈现小幅上升趋势（1910 年、1995 年、2000 年及 2005 年分别为 13%、20.32%、23.8%、25%），但总体仍处于较低水平（Haberl et al.，2007；Imhoff et al.，2004；Krausmann et al.，2013）。

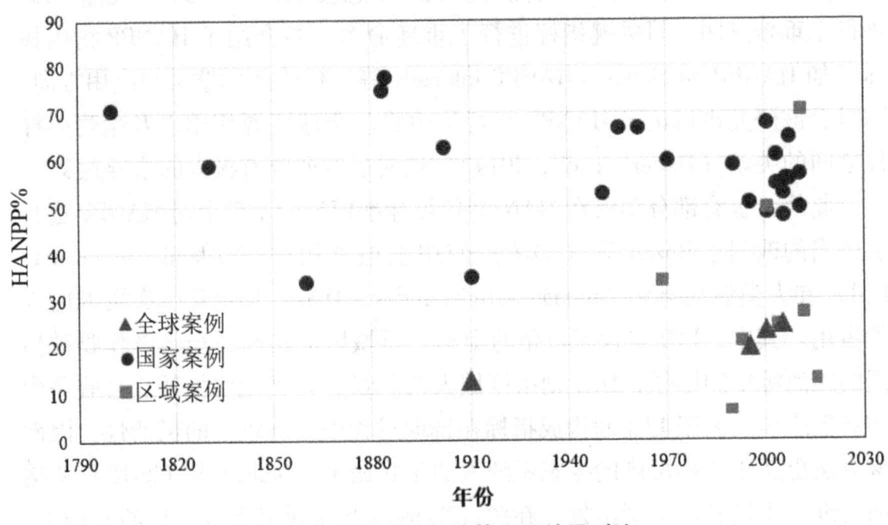

图 2－3　HANPP 核算主要结果对比

在国家尺度，Krausmann（2001）与 Haberl 等（2001）对奥地利 1830 年、1950 年、1995 年三个时间点的 HANPP 核算发现，当地生态资源占用比例呈现逐渐降低的趋势，分别为59%、53%、51%。此外，不同学者通过对西班牙（由1955年的67%降至2003年的61%）、匈牙利（由1961年的67%降至2005年的48%）、英国（由1800年的71%降至2000年的68%）、德国（由1883年的75%降至2007年的65%）、意大利（由1884年的78%降至2007年的56%）、芬兰（由1990年的59%降至2010年的50%）等国家的HANPP核算，也发现了这些国家的生态资源占用比例存在不同程度的下降（Kohlheb and Krausmann，2009；Musel，2009；Niedertscheider and Erb，2014；Niedertscheider et al.，2014；Saikku et al.，2015；Schwarzlmueller，2009），这与Gingrich等（2015）对包含丹麦、荷兰在内的欧洲9个国家近一个世纪的HANPP监测结果一致。与此相反，菲律宾（由1910年的35%升至1970年的60%）、新西兰（由1860年的34%升至2005年的53%）的HANPP则呈现明显上升（Fetzel et al.，2014；Kastner，2009）。我国的HANPP研究显示，在人口和经济快速增长的压力下，2001—2010年我国的HANPP由49%升至57%（Chen et al.，2015a），其中江苏（由2000年的50%升至2010年的71%）、西藏（由1989年的7%升至2015年的14%）的HANPP也呈现上升趋势（Zhang et al.，2015；Zhang et al.，2018）。

总体来看，HANPP核算的大部分研究区集中于欧洲各国，其HANPP虽一直维持在较高的水平上，但在时间序列上均呈现较为一致的年际递减趋势。相反，亚洲国家的生态占用程度则随时间变化明显增高，这在一定程度上反映了全球人口集中地区生态可持续性恶化的倾向。同时，目前HANPP核算与时空变化分析的研究多集中于国家尺度或全球尺度，对小尺度研究区涉及较少，仅个别研究涉及省域（O'Neill et al.，2007；Zhang et al.，2015；Zhang et al.，2018）及流域（Andersen et al.，2015；龙爱华 等，2008），研究所关注的年限较新且时序较短。这与HANPP收获量核算时所需统计数据在小尺度难以收集、NPP_{pot}核算模型难以降尺度有直接关系。此外，绝大多数HANPP研究均在国外展开，关注我国生态资源的占用状况的研究仍十分有限，全国及各省（市、区）亟须推广HANPP研究。值得注意的是，由于研究尺度、研究时段、模型指标可获得性等存在差异，已有研究结果分异性强、分布阈值较广（见图2-3），难以进行横向对比，因此，对HANPP区域内部差异、组分贡献、年际变化的关注更显重要，这也对HANPP模型指标选取的规范化与可获得基础数据的系统集成提出了更高要求。

三、HANPP 驱动机理

HANPP 是综合反映自然本底约束下社会经济对生态资源占用的指标，其与社会经济系统及自然生态系统之间存在复杂的生物量流动关系（见图 2-4）。在区域生态占用合理核算的基础上，逐渐有学者开始关注影响 HANPP 时空变化的驱动因子。总体来看，已有研究多围绕人口与 GDP 两大因素作为社会经济发展对 HANPP 的驱动表征，并发现人口密度是决定单位面积 Embodied HANPP 及其空间分布的关键因素（Krausmann et al.，2009）。同时，在对 HANPP 长时间序列的分析过程中，其与人口、GDP 的脱钩现象也在多个案例研究中被发现（Krausmann et al.，2012；Niedertscheider et al.，2012），该现象反映了土地利用类型转化对生态资源积累的双向效应，且与农业集约化与农业技术发展密不可分。因此，综合考虑人口、经济、技术、农业发展水平对 HANPP 变化的解释极为重要。

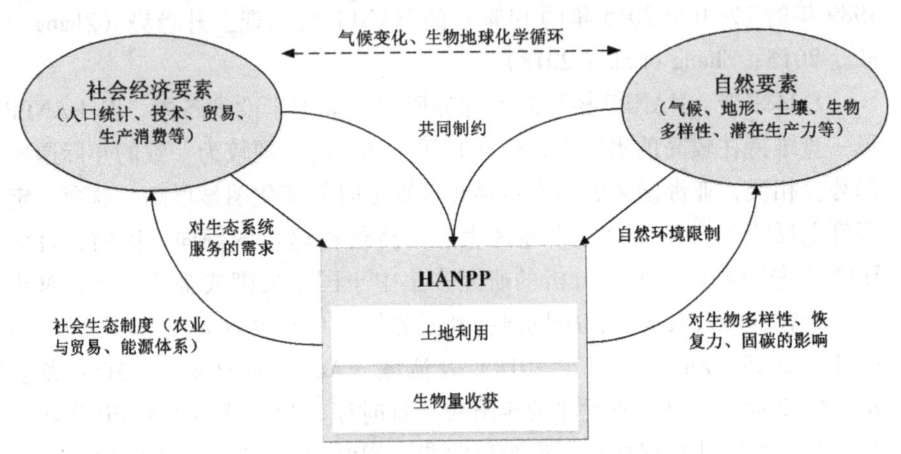

图 2-4　HANPP 与社会经济系统及自然生态系统的作用关系
（引自 Krausmann et al.，2009）

在选择驱动因子分析方法方面，综合阐释人口、经济与环境压力之间关系的 IPAT 模型应用最为广泛。该模型认为，环境压力（environment impact）应为人口数量（population）、富裕程度（affluence）、技术水平（technology）三者的乘积。其衍生模型还包括将技术水平因子分解为单位

GDP 消耗量与其对环境影响作用的 ImPACT 模型。Saikku 等（2015）将生态资源的进出口纳入 ImPACT 模型，强调了国际贸易和消费在解释区域内部 HANPP 总体变化方面的重要作用。然而，IPAT 模型与 ImPACT 模型均将环境影响与其驱动因子进行简单的线性刻画，而 STIRPAT（stochastic impacts by regression on population, affluence, and technology）模型则克服了该缺点（Anser, 2019），因此更适用于研究 HANPP 与其复杂驱动因子间的非线性关系。Teixidó-Figueras 等（2016）利用 STIRPAT 模型将人口、经济、基尼系数等指标对 HANPP 的作用进行了分解，并对比了该种影响在不同城市化程度区域的差异。虽然 IPAT 模型及其衍生模型可以在一定程度上分析区域 HANPP 对社会经济要素的响应，但受模型指标选取的限制，无法考虑更为全面的空间区位以及自然本底对 HANPP 的约束。因此，如何选取合理的、全面的驱动因子分析方法是后续研究需要考虑的关键问题。

第三节　HANPP 重点研究方向

随着人类活动的影响不断加剧，人类对自然本底的开发和对生态资源的占用程度必将逐步上升，如何平衡生态系统可持续性与社会经济发展之间的关系，以及如何解决经济增长和人口增长与生态系统之间的矛盾，成为未来全球范围内需要面对的重要问题。HANPP 作为定量化评估生态可持续性的指标，其在刻画社会经济与土地利用对生态系统的影响过程中具有很大的潜力，现有研究框架下的 HANPP 核算方法已比较完善，全球及国家范围内也已有大量研究案例积累。但是，HANPP 在应用的广度和综合性方面还有待加强，尤其是在当前全球城市化水平不断提高的背景下，城市区域及其周边生态资源占用状况亟待明确，城市化进程与 HANPP 关联关系的研究有待补充。此外，在 HANPP 的模型内涵与生态学指示意义方面，目前尚未有研究提出合理度量生态可持续性的权威阈值。同时，HANPP 仅考虑区域内部本地生产与消费所造成的生态压力，对区域之间生态资源流转引起的生产—消费脱节关系还有待进一步深入探究，这也将成为 HANPP 相关研究未来发展的趋势和挑战。

土地利用与土地覆被变化是最为典型的人类对生态系统的改造方式。城市作为人类活动最为集中的区域，其内部土地改造、资源消耗等需求对区域 HANPP 产生了直接影响，而近年来全球城市化水平的不断提高也伴随着区域生态压力的不断攀升。值得注意的是，现有的 HANPP 研究较多关注行政区划范围内社会—自然耦合系统的 HANPP，而较少关注人类活动最为集中的城市区域生态资源占用如何变化。在生态资源实际生产、消费和流动过程中，城市化不仅通过土地利用与土地覆被变化直接完成了生态资源占用（Guan et al.，2019），其同时驱动着区域性的人口聚集、经济融合、物资流转，直接或间接地影响着以 HANPP 为代表的生态资源占用变化。因此，HANPP 对城市化的响应研究亟待补充与深入探究。目前，学界尚无研究专门关注 HANPP 对城市化的响应，仅有极少数文章简要涉及。O'Neill 和 Abson（2009）关注了全球典型自然保护区及周边城市范围内的 HANPP，研究指出保护区内部生态资源占用与周边地区的城市化程度存在正相关关系；杨齐（2011）关注我国中小城市的城市化过程对 $HANPP_{luc}$ 的影响，并基于样带截取的方法对 $HANPP_{luc}$ 进行城乡梯度分析，研究结果指出，$HANPP_{luc}$ 与城市化过程具有相关性，可将其作为城市化水平的测度指标。但是，已有研究存在对城市化度量不全面（Teixidó-Figueras et al.，2016）、对 HANPP 的城市化响应评价方法过于简单的问题（O'Neill and Abson，2009；杨齐，2011）。因此，借助多种地理学模型与数理方法，从多视角全面剖析城市化影响人地耦合系统的碳占用过程的系统化研究亟待补充。

总体而言，关于 HANPP 与城市化关联关系的研究仍存在一些不足。首先，对 HANPP 驱动因素的讨论多集中于人口、经济方面（Krausmann et al.，2012；Niedertscheider et al.，2012），未见城市发展视角下的城市化强度、等级、扩张过程对 HANPP 影响的讨论。其次，已有研究暂未明确何种等级的 HANPP 具有生态系统预警意义，尚缺乏对 HANPP 组分在可持续性科学视角下的指示意义的讨论，对 HANPP 组分贡献的不均衡性如何影响其生态可持续性的剖析还不足。最后，已有研究多着眼于全球或欧洲国家，对中国的研究较少，且未见长时序的省际对比研究，基于 HANPP 的中国生态资源人类占用的系统化研究仍属空白。因此，关注城市化视角下人口与经济增长、产业结构调整、城市空间蔓延等对 HANPP 的驱动特征与机理，是未来研究需要拓展的方向。具体研究可着眼于不同等级、规模城市生态资源占用的横向对比，或者单个城市发育过程与生态资源占用的纵向拟合。同时，也可在宏观尺度讨论城市化引起的土地覆被变化对不同区域 HANPP 削减程度的差异，还可在微观尺度探究城市发展轴向、扩张方式对区域 HANPP 重心偏移的制约。

此外，HANPP 多以其与 NPP_{pot} 比值（百分比）的形式展现，并以此度量人类占用生态资源的比例。然而，对于 HANPP% 在达到何种水平后生态系统将走向恶化，以及 HANPP% 是否存在预示生态破坏与不可修复的固定阈值或范围，目前学界还没有相关的讨论（彭建 等，2007）。因此，无法明确定义权威性阈值将导致 HANPP 的核算结果只能在区域间进行横向或纵向比较，且无法判定生态占用与人类干扰是否已经达到了生态系统可以承受的临界值，进而难以与实际的政策指导及生态预警相接轨。虽然从理论角度而言，HANPP 超过 100% 便意味着生态系统的崩溃，但随着农业集约化水平的提高、农作物品种改良以及化肥施用等，单位面积土地的产量逐步上升，这将直接导致资源占用比例的增加。甚至已经有学者在研究过程中发现 HANPP 达到或超过 100% 的现象（Vǎckář and Orlitová，2011；龙爱华 等，2008）。对该类极高值生态指示意义的解析，将对探索 HANPP 可持续性阈值提出更大挑战。由此可见，权威性阈值的提出已成为 HANPP 应用于可持续发展评估的最大瓶颈（彭建 等，2007），同时也是未来 HANPP 理论研究的突破点所在。

第四节　小结

本章通过追溯 HANPP 概念体系的产生背景与核算方法的完善过程，系统梳理 HANPP 及其衍生指标的相关概念和理论，对比评价现有核算方法的差异，并通过文献计量的方式明晰当前国内外的 HANPP 研究进展。在此基础上，本章提炼出当前 HANPP 研究的热点主题：通过概念界定和模型改进不断厘清复杂的人地关系，基于全球、国家、区域等多个尺度的 HANPP 定量研究明晰不断加剧的人类活动对生态系统所造成压力的空间分异与时间动态，借助 Embodied HANPP 探讨生产消费视角下的生态资源空间近远程耦合，解析 HANPP 在受到社会、经济、人口发展与自然本底制约下的变化特征，尝试刻画 HANPP 与多种驱动因子间的非线性关联。此外，本章在指出 HANPP 已有研究的局限性的基础上，结合当前地理学与生态可持续性发展的研究热点，指出 HANPP 研究未来可能的发展方向和存在的挑战，以期推动其在生态系统可持续性评估领域的进一步发展。

在社会经济高速发展和人口快速增长的背景下，本研究将针对 HANPP 与城市化这一典型土地开发利用方式关联关系的研究缺口，从 HANPP 时空量化入手，探究我国区域发展与城市化导致的生态资源占用不均衡现象及其原因，以明晰我国城市化背景下生态系统的响应机理。

第三章

中国HANPP时空演变

2001—2015 年，我国人口从 12.7 亿增至 13.7 亿，其中城镇人口在 15 年间实现了 2.9 亿的增长。社会经济发展与人类活动大幅改变了自然环境地表覆被状况以及生态系统物质能量的交换。本章基于当前权威的 HANPP 核算模型，利用遥感影像、统计资料等多源数据，实现对我国 2001—2015 年 HANPP 的定量刻画；从空间分异与时间动态角度，分析我国及分省 HANPP 的变化特征，明晰以 HANPP 绝对值代表的人类对生物量积累的直接占用量及以 HANPP 百分比表征的区域生态占用程度；重点关注 $HANPP_{luc}$ 的正负分异现象，剖析不同土地利用类型对自然本底生物量积累的多重作用；细化各省级行政区农业收获、畜牧业收获和林业收获对 HANPP 的贡献率。上述研究结果证明了从碳循环角度关注生态可持续性在大尺度研究中的科学性与必要性，同时为本研究后续进行 HANPP 对城市化响应的深入研究提供基础数据支持。

第一节　HANPP 空间分异及时间动态

一、HANPP 的核算方法

根据 HANPP 的概念可知，其具体核算主要依赖于对 NPP_{pot}、NPP_{act}、$HANPP_{harv}$、NPP_{eco} 等关键指标的量化，但由于生态系统存余量在核算过程中存在指标难以选取、资料获取不足等问题，因此，目前大部分已有研究均通过 $HANPP_{luc}$ 与 $HANPP_{harv}$ 的加和形式求算 HANPP（Haberl et al.，2007）。值得注意的是，我们可以通过区域碳占用的地均值（单位：gC/m^2）与统计单元内的总值（单位：PgC）体现人类占用的绝对数量，也可以通过 HANPP 与 NPP_{pot} 的比值（单位：%）侧面反映区域人类资源占用的生态占用程度。HANPP 的具体计算方法如式（3－1）所示。同时，本章研究也从对 NPP_{pot}、NPP_{act} 及 $HANPP_{harv}$ 三个核心指标的核算展开，详细的 HANPP 计算流程如图 3－1 所示。

$$HANPP = HANPP_{luc} + HANPP_{harv} = NPP_{pot} - NPP_{act} + HANPP_{harv} \tag{3-1}$$

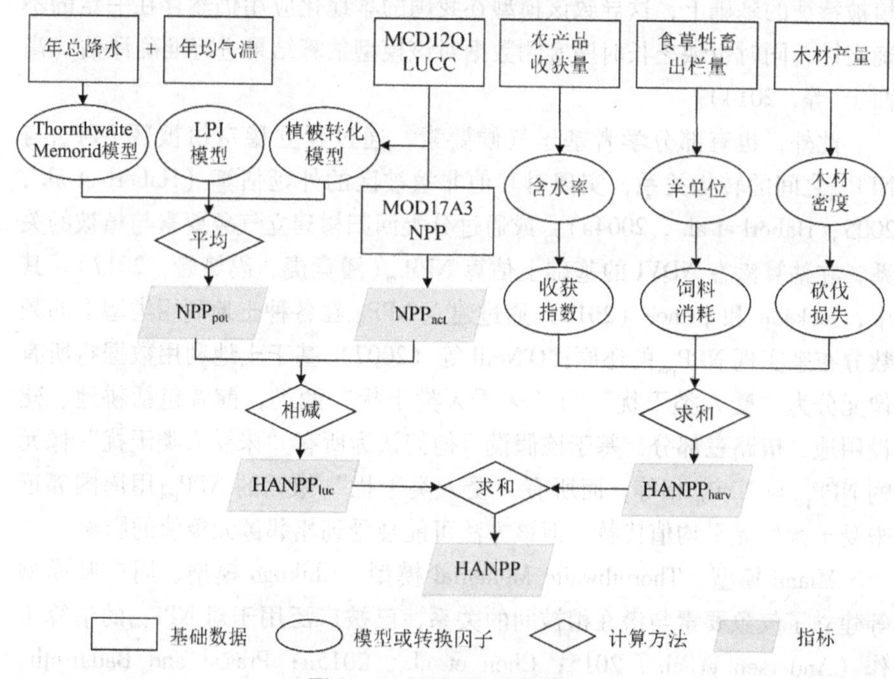

图3-1　HANPP计算流程

NPP_{pot}的合理估算是核算$HANPP_{luc}$的关键。在模型的选择上，大部分学者以动态全球植被模型（Lund-Potsdam-Jena dynamic global vegetation model，LPJ-DGVM）为主（Haberl et al.，2007；Kastner，2009；Niedertscheider and Erb，2014）。也有学者使用集成生物圈模拟器（integrated biosphere simulator，IBIS）对我国过去50年潜在植被的NPP进行估算（苑全治 等，2016）。此外，通用生态系统模型（Lund-Potsdam-Jena general ecosystem simulator，LPJ-GUESS）也能用以不同气候情景下的植物种群动态过程模拟（Smith et al.，2001；Tang et al.，2010；刘瑞刚 等，2009）。LPJ-DGVM等大气圈—生物圈动态耦合模型虽可实现对NPP_{pot}和NPP_{act}的同时估算，相较其他模型的叠加运用，该模型减少了数据处理过程的不确定性，但目前该类模型主要适用于全球尺度的HANPP刻画，其分辨率一般为0.5°×0.5°，单独使用该模型并不适合进行小尺度的HANPP刻画，尤其难以满足城市化与HANPP的关联分析（苑全治 等，2016）。同时，包含LPJ与IBIS在内的DGVMs模型中的关键参数与过程模拟均建立在全球植被特征的基础上，这导致该模型在我国的本地化应用仍然存在一定的不确定性，同时也缺乏长时序实测数据对该模型估算结果进行准确评估（高西宁 等，2014）。

此外，也有部分学者基于气候要素，通过建立稳定植被区 NPP_{act} 与 NPP_{pot} 之间的转化关系，实现对其他非植被区的外延估算（Haberl et al.，2005；Haberl et al.，2004a），或通过分类回归树建立气象要素与植被的关系，在估算潜在 NDVI 的基础上估算 NPP_{pot}（潘竟虎、冯娅娅，2017）。其中，Jackson 和 Prince（2016）通过建立 NPP_{act} 在各种土地利用类型上的频数分布来实现 NPP_{pot} 的还原；O'Neill 等（2007）基于土地利用数据将所有像元分为“受人类干扰”与“未受人类干扰”两类，前者包括耕地、建设用地、道路三部分，基于该假设，他们认为所有“未受人类干扰”像元的 NPP_{pot} 与 NPP_{act} 相等，而所有“受人类干扰”像元的 NPP_{pot} 用周围邻近未受干扰像元平均值代替，但该方法可能会受到相邻像元极值的影响。

Miami 模型、Thornthwaite Memorial 模型、Chikugo 模型、周广胜模型等建立了气象要素与潜在植被间的关系，已被广泛用于对 NPP_{pot} 的估算工作（Andersen et al.，2015；Chen et al.，2015a；Prasad and Badarinth，2004；Zhang et al.，2015；Zhou et al.，2013；杜金燊、于德永，2018）。但该类气候生产力模型所得的 NPP 主要基于气温和降水的线性拟合，缺乏对植被生理反应的考虑（朱文泉 等，2005）。其中，Miami 模型对 NPP_{pot} 的拟合仅建立在气温与降水的基础上，易导致干旱区的 NPP_{pot} 被高估的现象；相对而言，Thornthwaite Memorial 模型不仅考虑了气温、降水，而且加入了对蒸散量的考量，更能反映地表自然特征（Chen et al.，2019b；李枫、蒙吉军，2018；李福根 等，2017）。为了综合各模型的优势，提高 NPP_{pot} 估算结果的精度，Erb 等（2016）在研究中采用 Miami 模型、植被转化模型与 LPJ-DGVM 模型估算结果的平均值代表最优 NPP_{pot} 核算结果，其中植被转化模型基于土地利用数据与相应因子完成了各用地类型 NPP_{act} 向 NPP_{pot} 的转化。

参考 Erb 等（2016）的方法，本研究将基于 Thornthwaite Memorial 模型、植被转化模型及 LPJ 模型三者模拟结果的平均值实现对我国 NPP_{pot} 的量化，2001—2015 年各模型所得全国 NPP_{pot} 结果及三种模型平均值的关键统计量见表 3－1。

表 3-1　2001—2015 年三种模型所得全国 NPP_{pot} 结果及三种模型平均值的关键统计量

模型	最大值（gC/m^2）	最小值（gC/m^2）	平均值（gC/m^2）	标准差（gC/m^2）
Thornthwaite Memorial	2229.59	0.51	734.64	575.97
植被转化	1952.87	0	380.91	308.87
LPJ	1138.82	0	358.74	253.07
三种模型平均值	2325.71	0	573.14	320.91

三种模型模拟的 NPP_{pot} 空间格局相似度较高，其中 Thornthwaite Memorial 模型、植被转化模型、LPJ 模型分别对我国东南部、西南部及东北部 NPP_{pot} 有高值侧重，且植被转化模型较大程度地保留了 NPP_{act} 分异特征。LPJ 模型数据来自 TRENDY 计划提供的 S2 情景下（仅考虑 CO_2 浓度与气候变化）0.5°×0.5°分辨率的潜在 NPP 模拟结果①，通过与其他两个模型 1 km 模拟结果的结合，可以避免单独使用 LPJ 模型在城市化研究中分辨率过低的问题。Thornthwaite Memorial 模型基于各大洲植被净初级生产力实测值与相应站点的实际蒸散量资料，通过最小二乘法对 NPP_{pot}（gC/m^2）进行模拟（Lieth，1972），具体估算方法见式（3-2）。式中，E 为年实际蒸散量（mm），其可由各气象站点年总降水量 P（mm）与年最大蒸散量 L（mm）决定［见式（3-3）、式（3-4）］，T 为年平均气温（℃）。本研究对逐年气象因子采用 Kriging 方法进行插值，并在栅格尺度进行 NPP_{pot} 核算。

$$NPP_{pot} = 3000 \times (1 - e^{-0.0009695(E-20)}) \tag{3-2}$$

$$E = \frac{1.05P}{\sqrt{1 + (1 + 1.05P/L)^2}} \tag{3-3}$$

$$L = 3000 + 25T + 0.05T^3 \tag{3-4}$$

根据 Erb 等（2016）对全球植被生物量的研究成果，提取各种土地利用类型 NPP_{act} 与 NPP_{pot} 的转化规则（见表 3-2），从而基于植被转化模型实现对全国 NPP_{pot} 的核算。表 3-2 中的所有转化因子均为 Erb 等（2016）

① 参见 http：//dgvm. ceh. ac. uk/index. html。

基于多套实际与潜在生物量数据综合分析所得。值得注意的是，MCD12Q1数据集并未严格区分人工草地与自然草地，故本研究均按照自然草地的转化规则处理。此外，永久湿地、冰雪、水体的 NPP 未在 Erb 等（2016）的研究成果中找到对应的分类，由于这三类用地植被覆盖率较低且几乎无人类活动干扰，因此，本研究将它们的 NPP_{pot} 与 NPP_{act} 进行等量处理。同时，耕地也属于人类活动所导致的典型土地利用与土地覆被变化，其在无人类干扰情况下应为林地或草地等，为此，本研究参考 O'Neill 等（2007）的研究方法，对耕地斑块所在的 10 km 格网内的林地与草地采用 NPP_{pot} 平均值作为该耕地斑块的 NPP_{pot}。

表 3-2　基于植被转化模型的 NPP_{pot} 转化规则（引自 Erb et al.，2016）

土地利用类型	MCD12Q1 土地利用类型	转化规则
荒地（有或无植被覆盖）	荒地与稀疏植被	$NPP_{pot} = NPP_{act}$
建设用地	城市和建设区	$NPP_{pot} = 3 \times NPP_{act}$
稀树草原、灌木、草木镶嵌体	郁闭灌丛、稀疏灌丛、多树草原、稀树草原	$NPP_{pot} = NPP_{act}$
人工草地或耕地与植被镶嵌体	耕地与植被镶嵌体	$NPP_{pot} = 1.28 \times NPP_{act}$
自然草地	草地	$NPP_{pot} = NPP_{act}$
林地	常绿针叶林、常绿阔叶林、落叶针叶林、落叶阔叶林、混交林	$NPP_{pot} = NPP_{act}$

当前已有研究在计算 NPP_{act} 时所选模型多样，如 O'Neill 等（2007）使用北部生态系统生产力模拟（Boreal Ecosystem Productivity Simulator，BEPS）模型对加拿大 NPP_{act} 进行核算，Haberl 等（2007）则选择 LPJ-DGVM 模型实现对全球 NPP_{act} 的定量化。此外，基于植被光能利用率的 CASA（Carnegie-Ames-Stanford Approach）模型在实际 NPP 的估算研究中已经较为成熟，该模型也是研究者们的主要选择（Imhoff et al.，2004）。针对各种模型的核算精度，BEPS 模型属于综合性模型，虽具有碳循环估算模块，但仍较多用于对蒸散发的估算中。综合来看，LPJ-DGVM 模型及 CASA 模型在 NPP_{act} 核算中表现较好。考虑到本研究将采用 MODIS 长时序全球土地利用数据分析 HANPP 的城市化响应特征，为避免不同模型机理

产生的误差，同时尽量减少基础指标核算过程中的不确定性，故选用MOD17A3的1 km全球NPP数据表征我国生态系统实际NPP。此外，由于MOD17A3数据对城市地区并无NPP测量值，而NDVI数据能够灵敏反映区域内NPP动态变化（蒋蕊竹 等，2011），因此，本研究通过建立全国面积大于100 km^2 的主要城市斑块周围10 km缓冲区内的NDVI平均值与MOD17A3平均值的线性关系，实现对城市区域 NPP_{act} 的还原和补充。

代表生物收获量的 $HANPP_{harv}$ 由于包含类目众多，同时受制于数据收集与指标转换的困难，因此成为HANPP核算过程的难点。完整的 $HANPP_{harv}$ 核算由人类直接从生态系统获取并使用的生物量以及未回收的残余物组成（Haberl et al.，2014），具体计算涉及农业收获（$Crop_{harv}$）、畜牧业收获（$Grazed_{harv}$）和林业收获（$Forest_{harv}$）三大部分（Haberl et al.，2007），见式（3-5）。相关指标主要源自国家统计局的农业、林业、牧业统计年鉴数据以及从已有文献中收集的关键转化系数。基于干物质量（Dry matter，DM）向碳单位的转化率为0.5（Krausmann et al.，2013），本研究中的 $HANPP_{harv}$ 各部分结果均以碳单位（gC）表示。

$$HANPP_{harv} = Crop_{harv} + Grazed_{harv} + Forest_{harv} \tag{3-5}$$

人类通过农业收获占用的资源包括作物收获量（crop harvest）和作物收获残余量（crop residue）两部分（Schwarzlmüller，2009；Zhang et al.，2015），见式（3-6）。

$$Crop_{harv} = \text{作物收获量} + \text{作物收获残余量} \tag{3-6}$$

为核算式（3-6）中的作物收获量，本研究选取我国广泛种植的15种主要作物年产量（万吨）及其含水率(%)，实现作物收获鲜重向干物质量的转化，进而通过转化因子将干物质量转化为碳质量（gC）。含水率可从FAO提供的全球粮食作物系统平台（International Network of Food Data Systems）[①] 获得。

此外，由于农业统计数据中未给出农业残留量，因此，地上作物秸秆残留量需借助各种作物的收获因子（harvest factor，HF）进行反向推算（Krausmann et al.，2013），HF为作物收获残余量与作物收获量之比。同时，由于作物收获残余量并非都将得到再利用，即仍有一部分会直接进入生态循环，因此，核算有效使用残余量需要恢复率（recovery rate）的辅

① 参见http：//www.fao.org/infoods/infoods/tables-and-databases/。

助，恢复率为有效使用残余量与总残余量的比值，作物收获残余量的计算方法见式（3－7）。

$$作物收获残余量 = 作物收获量 \times HF \times 恢复率 \quad (3-7)$$

本研究所选取的作物类型及其含水率、收获因子、恢复率详见表3－3，表中的指标来自Krausmann等（2013）与Schwarzlmüller（2008，2009）对东亚地区作物的研究。

表3－3　典型作物含水率、收获因子及恢复率

作物类型	含水率	收获因子	恢复率	作物类型	含水率	收获因子	恢复率
水稻	14	1	0.8	棉花	10	2.6	0.1
小麦	14	1.5	0.8	烟叶	10	0.7	0.1
玉米	14	3	0.8	向日葵籽	7	2.6	0.5
高粱	11	3	0.8	花生	4	1.2	0.8
大麦	14	1.5	0.8	芝麻	3	2	0.8
大豆	10	1.2	0.7	甘蔗	83	0.7	0.9
油菜籽	12	2.3	0.7	甜菜	77	0.7	0.75
谷子	12	3	0.8	—	—	—	—

$HANPP_{harv}$中的畜牧业收获（$Grazed_{harv}$）常通过主要食草牲畜存栏所涉饲料的供需差异进行生态资源转化（Schwarzlmüller，2009），见式（3－8）。

$$Grazed_{harv} = 饲料需求量 - 饲料供给量 \quad (3-8)$$

本研究选择驴、马、骡、牛、羊5种代表性大型食草家畜所需草料量为饲料需求量（feed demand）。收集我国牧业统计年鉴中各类家畜年末存栏量并将其转换为标准羊单位（sheep unit），研究取每单位驴、马、骡、牛相当于5羊单位，按照每羊单位每天采食1.8公斤干物草料为标准换算需求量（Chen et al.，2015a），饲料需求量的计算方法见式（3－9）。

$$饲料需求量 = 羊单位 \times 羊单位日均草料消耗量 \quad (3-9)$$

此外，秸秆饲料的供给量（feed supply）可从基于主要提供草料的6种作物收获所得秸秆的转化系数核算得到（见表3－4），同时需考虑秸秆到饲料转化中的25%利用率（Chen et al.，2015a），见式（3－10）。由于

$Crop_{harv}$已经计算了各种作物收获残余量，其中包括能够以饲料形式被利用的部分。为避免重复计算，需要在$Grazed_{harv}$中将饲料需求量减去供给量并同时转化为碳单位，从而可得到$HANPP_{harv}$中的畜牧业收获部分。

$$饲料供给量 = 作物收获量 \times 秸秆转化系数 \times 利用率 \quad (3-10)$$

表3-4　供应草料的典型作物类型及其秸秆转化系数

指标	水稻	小麦	玉米	谷子	高粱	大豆
秸秆转化系数	0.9	1.1	1.2	1.6	1.8	1.5

$HANPP_{harv}$中林业收获的计算包括木材采伐量和砍伐过程中的损失量两部分（Schwarzlmüller，2008），见式（3-11）。

$$Forest_{harv} = 木材采伐量 + 采伐损失量 \quad (3-11)$$

其中，木材采伐量（万立方米）来自国家统计局统计数据，个别省份缺失年份由我国林业统计年鉴补齐。利用49.5%的木材密度（即0.495 t/m^3）将木材鲜重换算为干物质量（Schwarzlmüller，2009），进而通过转化系数0.5换算为碳质量。砍伐损失的部分虽未被人类直接利用，但也属于因人类活动而造成的生态占用。已有研究表明，木材实际总砍伐量的71%能够以木材的形式被产出（Schwarzlmüller，2008）。因此，本研究采用该转化率，基于木材产量反推得到实际总砍伐量，并以此估算林业收获的生物资源。

二、HANPP空间分异

对HANPP空间分异的研究可从地均人类占用量、区域人类占用总量、HANPP占NPP_{pot}的百分比所反映的生态占用度三方面进行解析。图3-2展示了2001—2015年我国31个省级行政区的HANPP（gC/m^2）在每5年间隔的省际分异特征。从总体上看，HANPP由我国东南向西北梯度递减，在胡焕庸线两侧差异明显。在典型年份中，HANPP（gC/m^2）均值大于500 gC/m^2的高值始终分布于河南、江苏、山东、上海、安徽等地，西藏、新疆、青海则保持相对最低的地均HANPP（gC/m^2）。此外，栅格尺度的地均HANPP（gC/m^2）在局部地区出现了负值。该负值主要来自$HANPP_{luc}$的贡献，分布于新疆中部、云南西部、藏南地区，反映出这些地区的生态系统

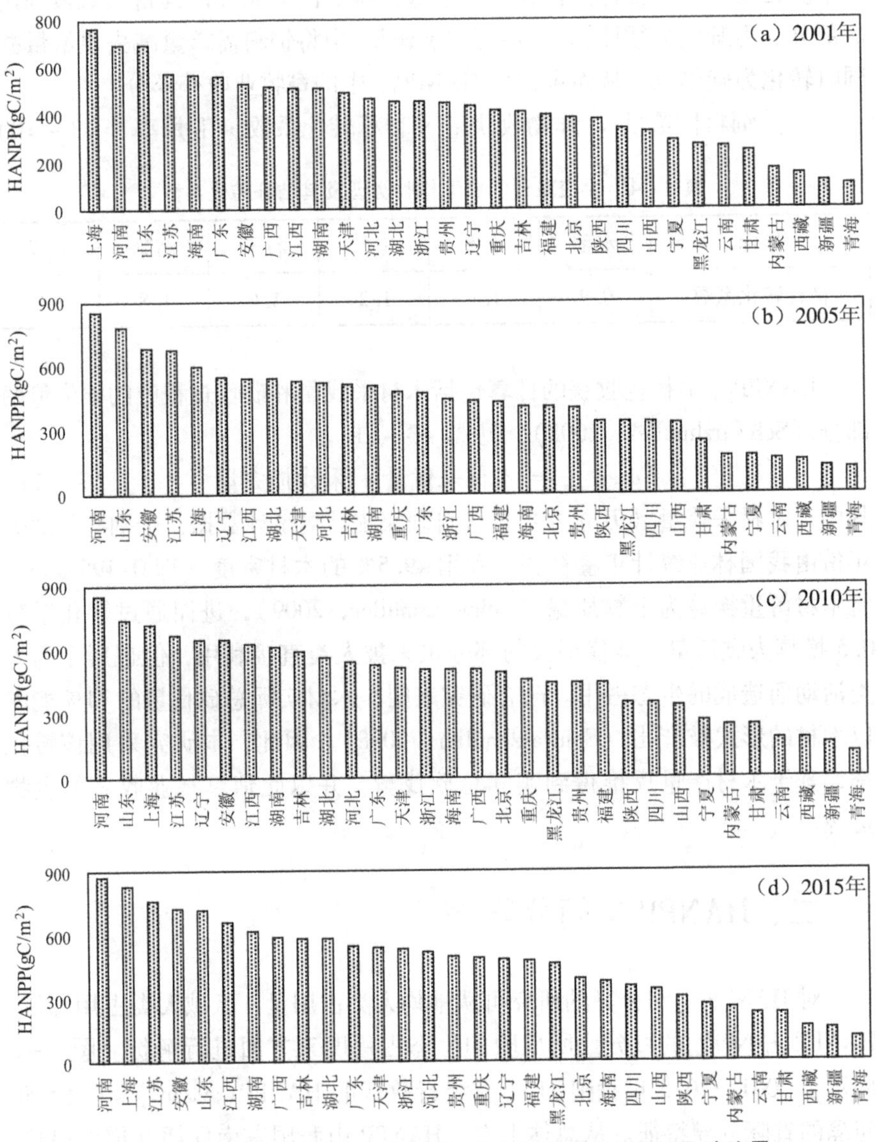

图 3－2　2001—2015 年我国 31 个省级行政区 HANPP 地均量

植被的实际固碳能力高于同等气候条件下的潜在固碳能力。新疆地区的负值主要来自耕地斑块，说明人类对土地的耕作与开发提供了比原有草地更高的生产力，人工管理可使土地生产能力突破气候限制。藏南地区的 HANPP 负值区与周边呈明显分界，这主要缘于我国国家级气象站点在该区并无分布，从而导致 Thornthwaite Memorial 模型对该区 NPP_{pot} 的低估，由此也在插值中影响了云南地区。从 2001 年、2005 年、2010 年及 2015 年 HANPP(gC/m^2) 的区域差异来看，我国华北平原、东北平原、四川盆地的生态资源人类占用强度逐年增加，这在一定程度上缘于人类通过耕地斑块所占用的粮食产量持续攀升。同时，除数据误差引起的 NPP_{pot} 的低估外，表征人类活动提升生态系统固碳能力的 HANPP(gC/m^2) 负值在各时间段均有面积缩减趋势，其中内蒙古苏尼特左旗北部负值区在研究时段内完全转变为正值，表征该地人类活动已经开始削减潜在植被固碳能力。

省际 HANPP 绝对量受制于区域生态本底、人类活动强度及区域面积，因而 HANPP(gC) 低值区主要集中在面积较小的北京、天津、上海、宁夏与重庆等地（见图 3－3）。内蒙古、西藏的地均 HANPP(gC/m^2) 虽处于较低水平（见图 3－2），但其面积广阔，故具备极高的年际总占用量（>0.14 PgC）。黑龙江和四川则因同时具备较高的 $HANPP_{luc}$ 与以粮食收获为主的 $HANPP_{harv}$，同样处于生态占用的前列。通过年际对比可知，新疆、吉林、云南的 HANPP(gC) 在 2001—2015 年持续攀升。相较之下，河北、西藏、湖南的总占用量的升高多发生于 2005—2010 年，安徽、江苏的总占用量则于 2001—2005 年提升后趋于稳定，广西、广东、云南的总占用量显示出先降后升的趋势，辽宁的总占用量在 2010 年达到较高水平后又有所回落。除此以外，我国十余省级行政区的 HANPP(gC) 尚未在 2001—2015 年出现明显量级变化。其中，不透水面对土地生产能力的剥夺使城市化水平较高的我国各直辖市的 $HANPP_{luc}$ 趋于饱和，且在严格的城市扩张政策及辖区面积限制下，短期内难以进行更大范围的土地利用改造；同时，以引领政治、经济为发展定位的直辖市均不具备高水平的农、林、牧生产能力，故其 HANPP(gC) 年际变化较小。

单位用地 HANPP 所占该单元 NPP_{pot} 的百分比是反映人类对生态系统潜在资源占用程度的关键指标，其可提供一个评价人类活动生态环境效应的新维度。以行政区边界量化的 HANPP（%NPP_{pot}）有助于识别我国生态占用度过饱和（>100%）的省级行政区及年际显著增长的省级行政区，并且在结合区域发展现状的基础上为制定城市发展战略与生态建设措施提供科学支撑。由图 3－4 可知，我国生态占用度高值区集中于华北平原的产粮大省，而低值区则位于水热条件相对优越的南部及地势复杂的西南各省级行政区，其中云南始终为 HANPP（%NPP_{pot}）的全国最低值，而河南则始

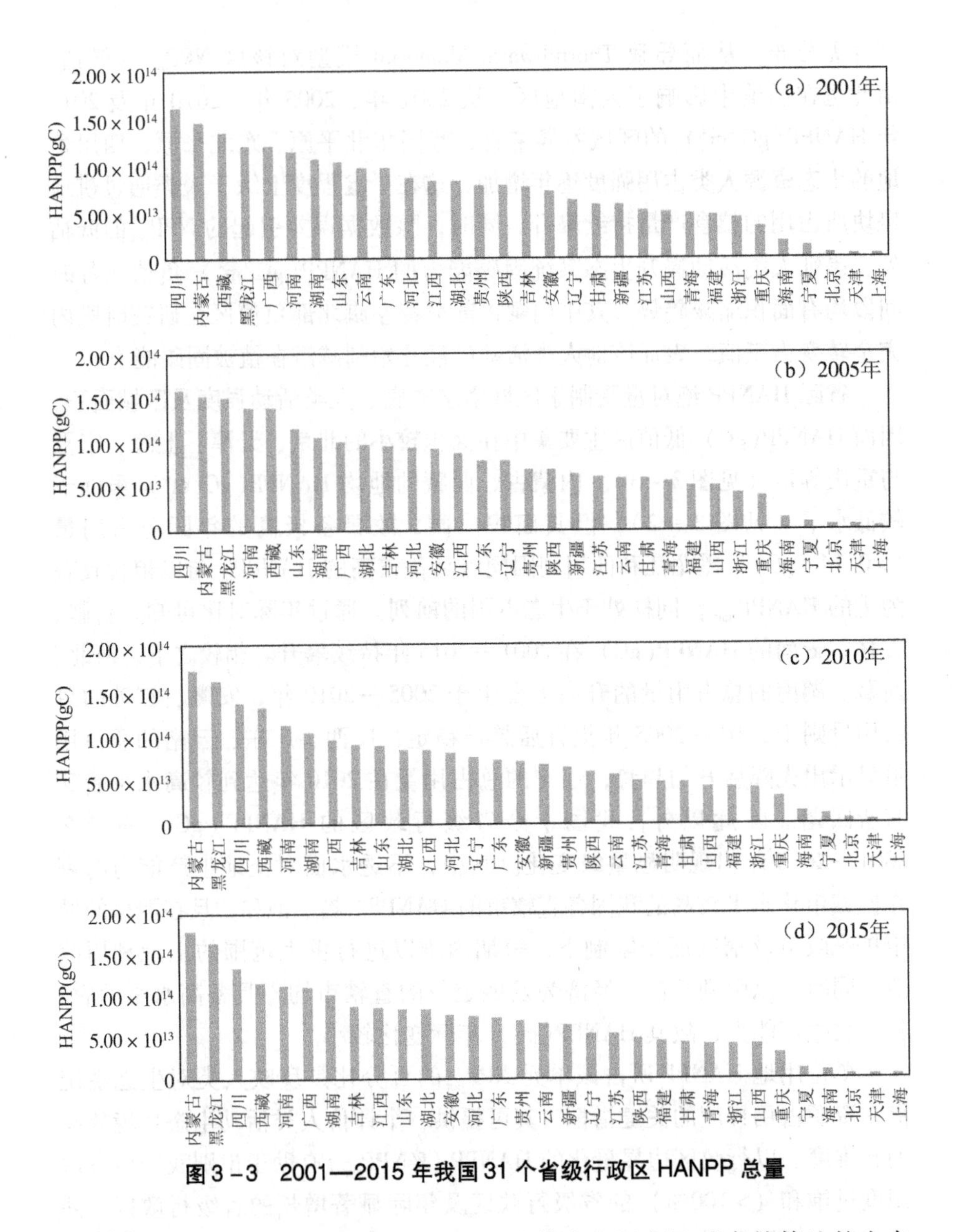

图 3-3　2001—2015 年我国 31 个省级行政区 HANPP 总量

终为最高值。从年际变化来看，新疆、内蒙古、黑龙江及吉林等地的生态占用度有明显上升，河北则显示出一定程度的下降趋势。由前文可知，目前学界对 HANPP（$\%NPP_{pot}$）在达到何种水平时表征生态破坏尚无定论，且不同研究因模型、指标选取的差异使其无法对不同地区 HANPP（$\%NPP_{pot}$）

最高值的核算结果进行横向比较。经济发达且人口密度较大的北京、上海等地的生态占用度始终处于全国前列并保持在 60%～70%，但耕地广布且人类活动强度次之的河南、山东、河北等地已出现生态占用度超过 100% 的现象。虽然理论上实际占用超过生态系统潜在供应能力意味着生态系统的崩

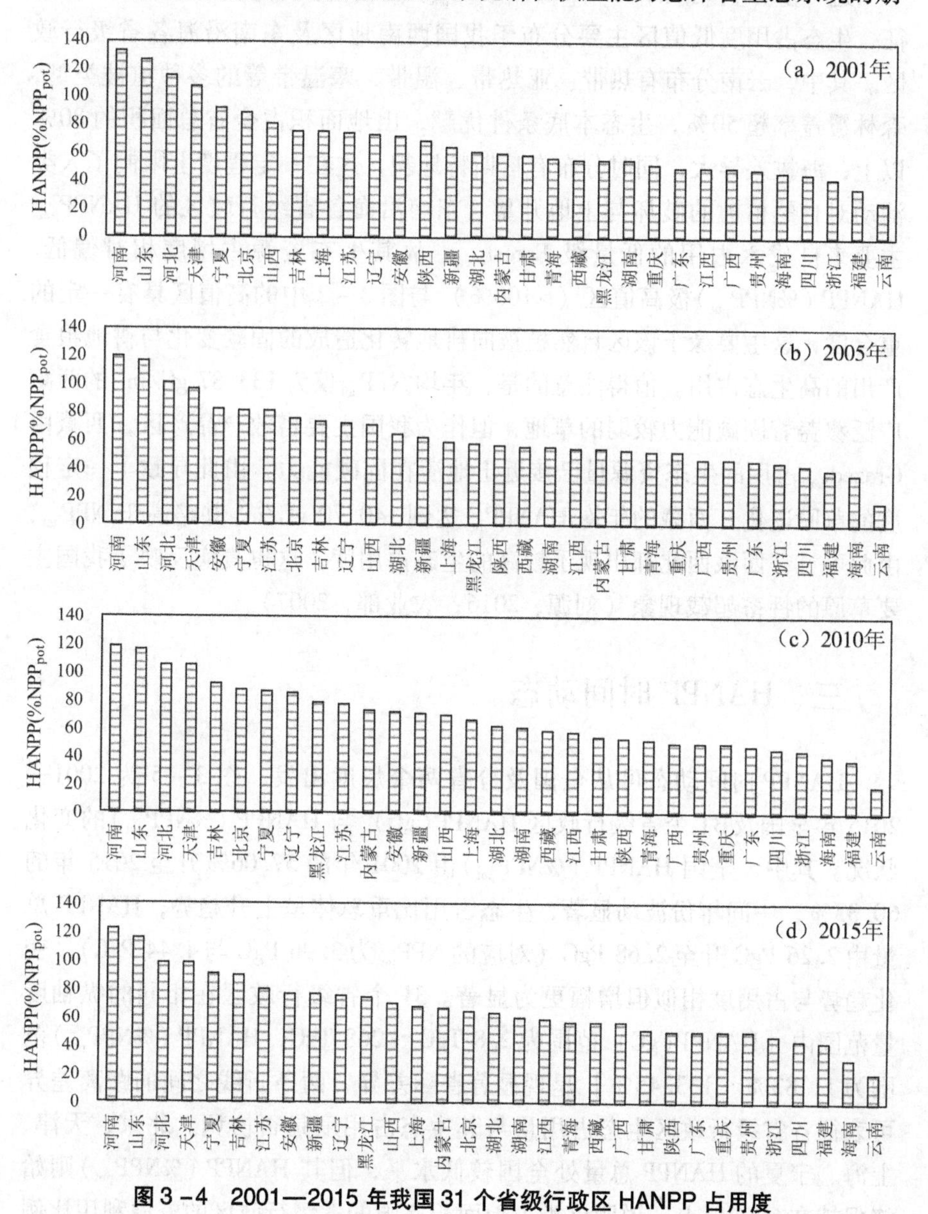

图 3 -4　2001—2015 年我国 31 个省级行政区 HANPP 占用度

溃，但受益于现代农业技术的提高与更加科学高效的人工管理，产粮大省 HANPP（$\%NPP_{pot}$）过饱和实际是土地生产效率大幅提高的表征。相较于此，过度的城市开发导致生态用地被大幅压缩更需要得到重视。

进一步分析可知，HANPP（$\%NPP_{pot}$）在我国具有复杂的空间分异特征，生态占用度低值区主要分布于我国西南地区及东南沿海各省级行政区。其中，云南分布有热带、亚热带、温带、寒温带等的多种植被类型，森林覆盖率超 50%，生态本底条件优越；山地面积占全省总面积的 80% 以上，海拔差异大，同时分布有喀斯特地貌，这在一定程度上限制了人类活动对自然植被的破坏与土地开垦。东南沿海各省级行政区的 $HANPP_{harv}$ 主要来自伐木占用的低量级 $Forest_{harv}$，故其生态资源占用度相对偏低。HANPP（$\%NPP_{pot}$）极高值区（>100%）与图 3－2 中的高值区具有一定的重合度，这主要缘于该区自然植被向耕地转化造成的固碳变化与耕地粮食产出的高生态占用。值得注意的是，年均 NPP_{act} 仅为 133.87 gC/m^2 的西藏广泛覆盖着固碳能力较弱的草地，但作为我国主要畜牧产品产区，西藏由 $Grazed_{harv}$ 占用的生态资源量已接近土地潜在固碳能力，由此导致了一定程度的草原退化。西藏的年均 $HANPP_{luc}$ 达到 140.70 gC/m^2 并略高于 NPP_{act}，由此可见，西藏西北部出现了较高的生态占用度，这也真实反映了我国主要草原的牲畜超载现象（刘源，2016；农业部，2007）。

三、HANPP 时间动态

HANPP 时间动态可从全国及分省两个尺度出发，图 3－5 为 2001—2015 年全国及 31 个省级行政区 HANPP(gC) 与 HANPP（$\%NPP_{pot}$）的变化状况。其中，全国 HANPP（$\%NPP_{pot}$）由 2001 年的 57.06% 升至 2015 年的 60.33%，中间年份波动显著，生态占用比重总体呈上升趋势；HANPP 总量由 2.26 PgC 升至 2.68 PgC（对应的 NPP_{pot} 为 3.96 PgC 与 4.44 PgC），变化趋势与占用度相似但增幅更为显著。31 个省级行政区在相同的纵轴度量范围内［HANPP(gC) 范围为 2.8 TgC～268 TgC，HANPP（$\%NPP_{pot}$）范围为 11.83%～133.45%］呈现显著省际差异，两条折线之间的距离差异可表征各省级行政区生态占用量与其生态占用度是否协调。北京、天津、上海、宁夏的 HANPP 总量处全国较低水平，但其 HANPP（$\%NPP_{pot}$）则始终保持在 60% 以上，说明该类占地面积有限的省级行政区的资源利用比例

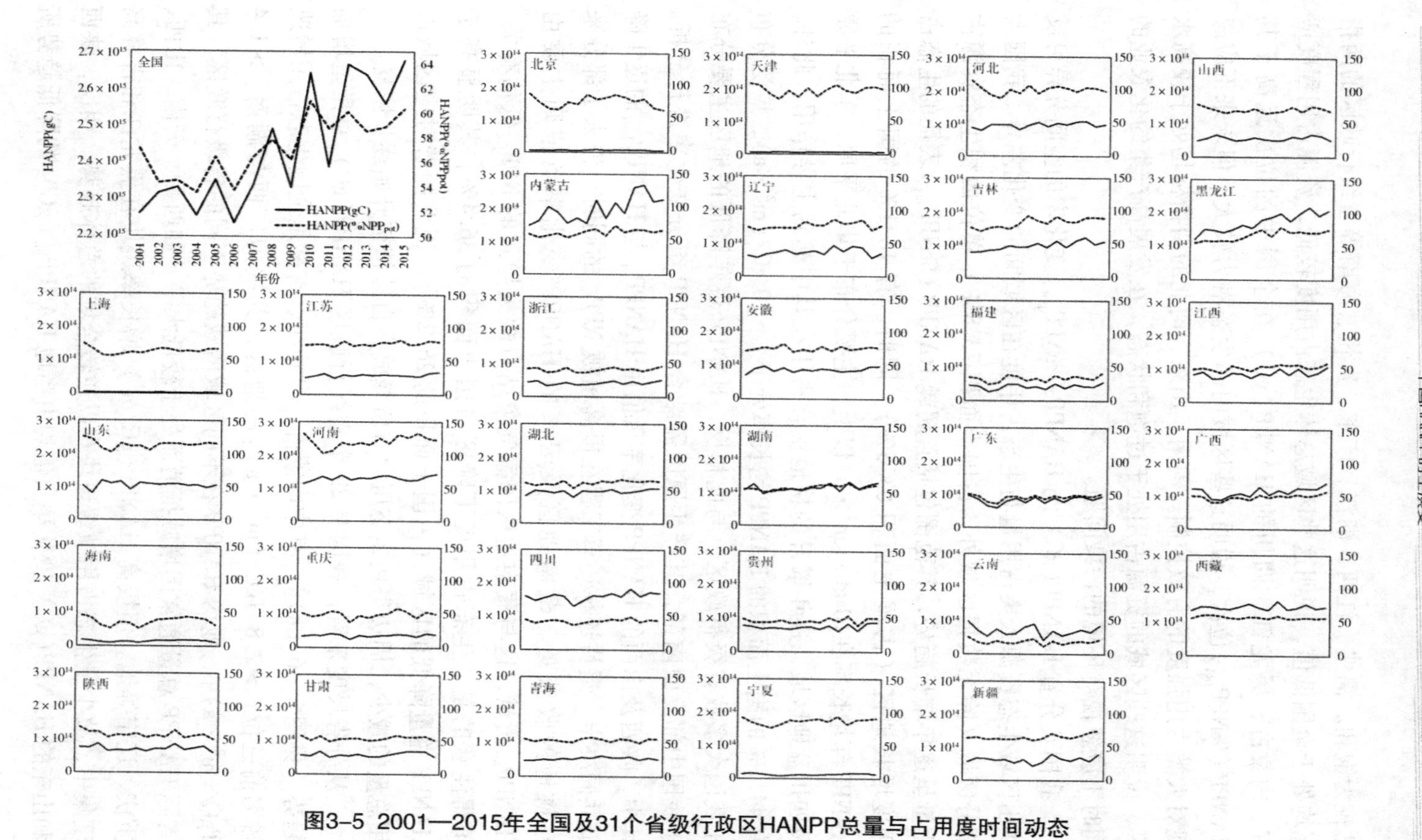

图3-5 2001—2015年全国及31个省级行政区HANPP总量与占用度时间动态

已较为饱和。福建、江西、浙江、广东、贵州、海南等省级行政区的两指标均处于全国低值，说明这些区域总体生态占用度较低，资源占用程度适宜。内蒙古、黑龙江、四川的 HANPP(gC) 在全国中的位次远高于其 HANPP（$\%NPP_{pot}$）位次，说明这些区域内部生态潜力较大，但未来不应忽视对人类占用强度的有效控制。河南、山东、河北的两指标均处于较高水平，说明这些区域的资源占用处于过饱和状态，在发展高产集约化农业的同时不应忽视对环境的污染问题。

我国及分省 HANPP(gC) 与 HANPP（$\%NPP_{pot}$）变化率的空间分异可反映出区域生态资源人类占用量与生态占用度在区域间的变化差异。我国大部分区域（除无数据区域外，占国土面积 73.8%）单位面积生态资源占用量呈逐年增长趋势，其范围包括且超越 HANPP（$\%NPP_{pot}$）表征的生态占用度增长地区（占国土面积 63.6%）。同时，有 18.1% 的国土面积的 HANPP 年增长率在10 gC/(m^2 · a)以上，主要分布于华北平原、东北平原及四川盆地区域，逐年攀升的耕地粮食占用在其中起到主导作用。此外，有 44.1% 的国土面积的 HANPP 增长率处于 1 ~10 gC/(m^2 · a)，广泛分布于我国大多数省级行政区。与此相反，HANPP 逐年降低的地区主要分布于我国中部及西南部，其产生原因需结合 HANPP 组分变化率进行分析。其中，陕西及山西的 HANPP 变化率负值由 $HANPP_{luc}$ 与 $HANPP_{harv}$ 的逐年降低共同决定，退耕还林还草工程在提高植被 NPP_{act} 的同时，失去了部分来自耕地的收获量。藏南地区及云南的 HANPP 变化率负值则主要由 $HANPP_{luc}$ 贡献，这与藏南地区国家气象站点缺失导致的 NPP_{pot} 低估有关。值得注意的是，生态占用度下降区占国土面积的 36.4%，其明显高于 HANPP 总量降低的区域（占国土面积的 26.2%），说明随着对应区域占用总量的减少，周边斑块生态压力有所释放，自然植被开始逐步恢复。

从分省尺度来看，我国有 29 个省级行政区 HANPP(gC) 总量呈增加趋势［见图 3－6（a）］，其中内蒙古、黑龙江、吉林是全国生态占用增速排名前三位［＞2.8 TgC/(m^2 · a)］的地区，其次为广西与湖南［＞1.4 TgC/(m^2 · a)］。地均 HANPP 在不同区域增减趋势不同的省级行政区，其省际 HANPP 总量通常因增减抵消而处于较低水平，如西藏、云南、山西、重庆、辽宁等地。但极高 HANPP(gC/m^2) 增长率斑块在黑龙江和吉林高度集中，故少量生态占用减缓斑块难以逆转全域的总体趋势。相反，陕西和山东的 HANPP(gC) 变化率负值均由当地 $HANPP_{luc}$(gC) 的降低趋势所决定（见图3－7），辐射范围涵盖陕西大部分地区的退耕还林工程使自然植被 NPP_{act} 明显提高，而山东的 $HANPP_{harv}$ 提高也伴随着 NPP_{act} 的同步变化，其均在短时段气候变幅较小的背景下对 $HANPP_{luc}$ 有抑制作用。

从总体来看，图3－6（b）中 HANPP(%NPP_{pot}/a) 变化率为负值的省级行政区 HANPP（%NPP_{pot}）的降幅依然较低，其中陕西以－0.6 %NPP_{pot}/a 的速率逐年递减，其次为新疆（－0.2 %NPP_{pot}/a）与北京（－0.1 %NPP_{pot}/a），而山西与云南的降幅极低，但在人类活动加剧与全球气温升高的大背景下，小幅度的生态占用度降低也对提升区域生态可持续性有着关键意义。相对而言，黑龙江（1.4 %NPP_{pot}/a）、吉林（1.3 %NPP_{pot}/a）、河南（1.1 %NPP_{pot}/a）如以当前增长率发展，未来将可能较其他省级行政区更早达到区域生态资源消耗饱和与面临更高的生态退化风险。需要注意的是，河南（120.82%）、山东（114.02%）、河北（100.50%）为全国年均 HANPP（%NPP_{pot}）超过100%的省级行政区，其占用度在研究时段内保持增长趋势，且河南的 HANPP（%NPP_{pot}）基数大、增速快，在未来发展中应特别关注该地的区域人地关系协调。

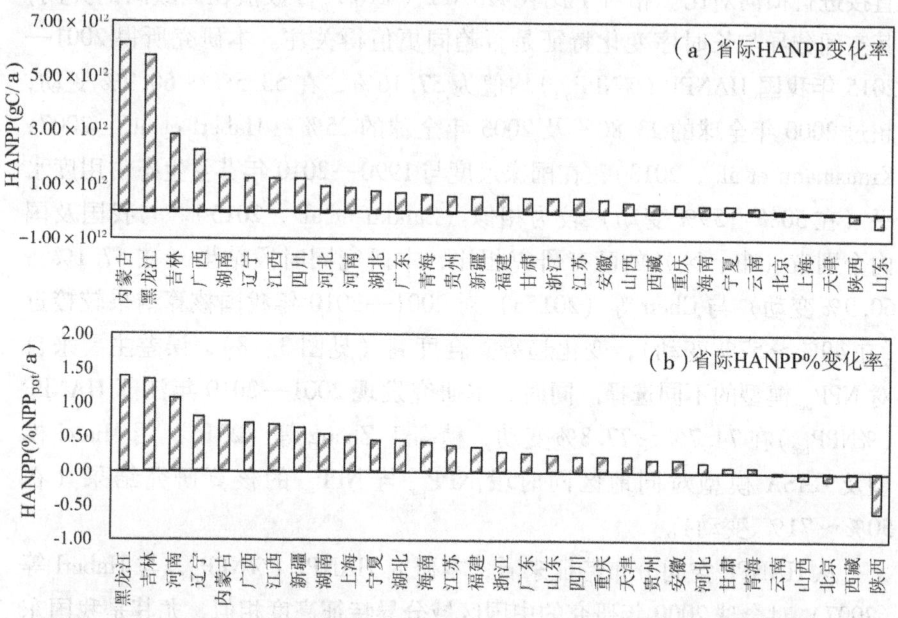

图3－6　2001—2015年我国31个省级行政区 HANPP 总量及占用度变化率

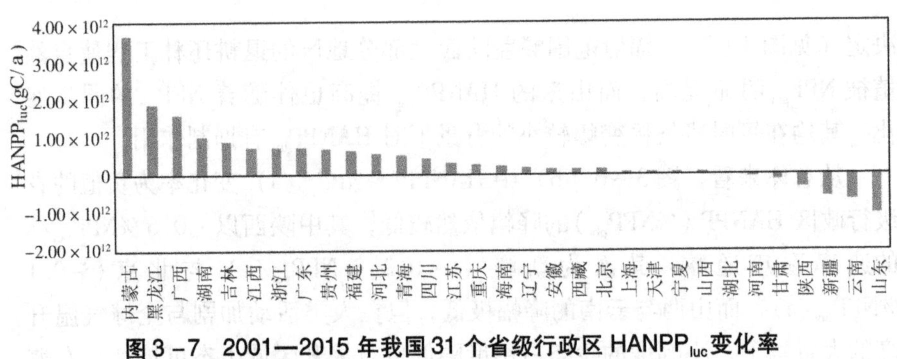

图 3－7　2001—2015 年我国 31 个省级行政区 $HANPP_{luc}$ 变化率

四、对 HANPP 的估算与验证

HANPP（$\%NPP_{pot}$）因具备区域生态可持续性的表征能力而在相关研究中较 HANPP 地均值或总占用量更受关注，但由于 HANPP 已有研究成果在模型与指标选择等方面尚无统一标准，因此，不同研究区的评估结果难以直接进行横向对比。相对于比较 HANPP（$\%NPP_{pot}$）数值在区域间的异同，其空间分异与长时序变化特征是否趋同更值得关注。本研究所得 2001—2015 年我国 HANPP（$\%NPP_{pot}$）均值为 57.16%，在 53.5%～60.9% 变动，超过 2000 年全球的 23.80% 及 2005 年全球的 25%（Haberl et al.，2007；Krausmann et al.，2013），在国家尺度与 1990—2010 年芬兰生态占用度水平（在 50%～59% 变动）较为相似（Saikku et al.，2015）。与我国及国内个别省（市、区）的已有研究相比，本研究同时段结果（在 57.1%～60.9% 变动）与 Chen 等（2015a）对 2001—2010 年我国核算结果较接近（在 49%～57% 变动），变化趋势契合度高（见图 3－8），误差主要来自对 NPP_{pot} 模型的不同选择。同时，本研究发现 2001—2010 年江苏 HANPP（$\%NPP_{pot}$）在 74.7%～77.8% 变动，稍高于 Zhang 等（2015）用 Miami 模型及 CASA 模型对同地区同时段 NPP_{pot} 与 NPP_{act} 的核算研究结果（在 50%～71% 变动）。

从 HANPP 空间分布特征来看，本研究 HANPP（$\%NPP_{pot}$）与 Haberl 等（2007）对全球 2000 年研究的中国区域分异特征高度相似，尤其是我国东部 HANPP（$\%NPP_{pot}$）>100% 的高值区与 Imhoff 等（2004）研究结果契合度高。本研究同时也识别出西藏的 HANPP 占用度较高，但该现象暂未在

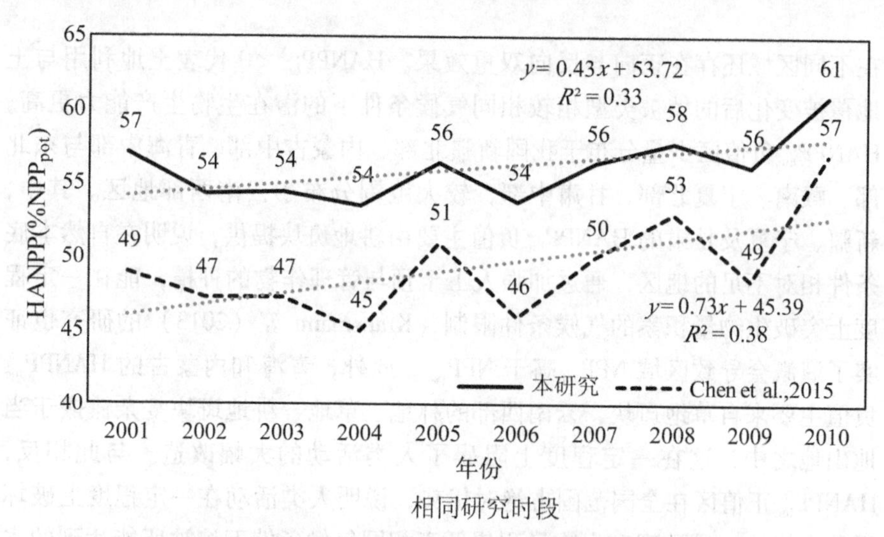

图3－8　本研究HANPP占用度与已有研究结果对比

全球尺度研究结果中找到对应。这一方面源于对 NPP_{pot} 模型选择的差异，Haberl 等（2007）的研究仅采用 LPJ 模型对潜在生产力进行核算；另一方面也由于其研究采用的全国尺度 $HANPP_{harv}$ 统计资料在对粮食、畜牧、林业指标进行空间化时极大程度上取决于植被覆盖程度，从而难以精准反映真实的出产地来源，因此存在对我国西藏的草地生态压力估计不足的情况。

第二节　$HANPP_{luc}$与$HANPP_{harv}$时空动态

一、$HANPP_{luc}$时空演变

$HANPP_{luc}$为 NPP_{pot}与 NPP_{act}的差值，由于 NPP_{pot}、NPP_{act}在核算过程中对应相同的气象要素（Erb et al.，2017），因此 $HANPP_{luc}$可以表征人类通过改变土地利用类型（如将原有林草用地开发为耕地、建设用地等）所占用的生态资源。图3－9展示了2001—2015年我国 $HANPP_{luc}$的省际差异。栅格尺度的 $HANPP_{luc}$（gC/m^2）在局地出现了负值，说明人类活动引起的土地利用与土地覆被变化对生态系统 NPP 不一定仅有单向削减作用，其

在不同区域还存在正向与反向双重效果。$HANPP_{luc}$ <0 代表土地利用与土地覆被变化后的植被类型相较相同气候条件下的潜在生物生产能力更高。$HANPP_{luc}$负值区少量分布于我国新疆北部、内蒙古中部、青海中部与东北部、藏南、宁夏北部、甘肃中部，较大范围分布于云南西部地区。其中，新疆、宁夏及甘肃的 $HANPP_{luc}$负值主要由耕地斑块提供，说明在自然本底条件相对不足的地区，通过加强人工干预与管理作物的种植，能在一定程度上突破生物量积累的气候条件限制，Krausmann 等（2013）的研究也证实了灌溉会导致区域 NPP_{act}高于 NPP_{pot}。此外，青海和内蒙古的 $HANPP_{luc}$负值主要来自草地斑块，云南西部的林地、草地、耕地斑块复杂镶嵌于当地山地之中，这在一定程度上阻碍了人类活动的大幅改造。与此相反，$HANPP_{luc}$正值区在全国范围占绝对优势，说明人类活动在一定程度上破坏了原有绿地，导致现有生物量积累低于相同气候条件下植被所能达到的水平。具有生物量积累正向作用的斑块面积总体呈现先增后减的趋势，2005 年内蒙古中部的 $HANPP_{luc}$负值斑块在 2010 年与 2015 年完全转化为表征生物量正向占用的斑块，2015 年青海境内 $HANPP_{luc}$负值斑块也几乎消失。同时，$HANPP_{luc}$正向占用的高值区也在我国东南部各省级行政区呈小幅扩张趋势，但华北平原各省级行政区占用量有所降低，具体变化趋势需结合图 3－7 中的 $HANPP_{luc}$多年变化率进一步讨论。

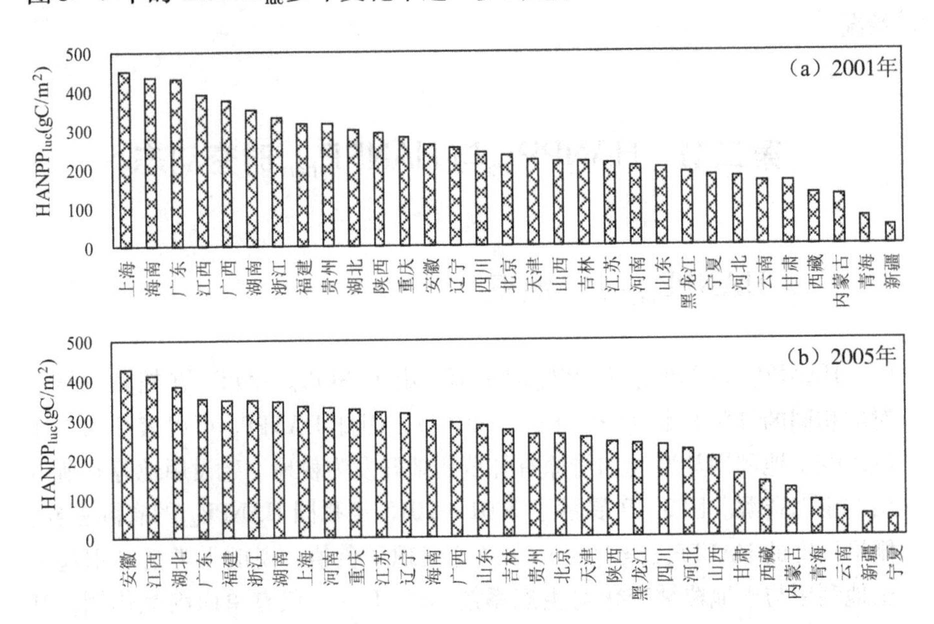

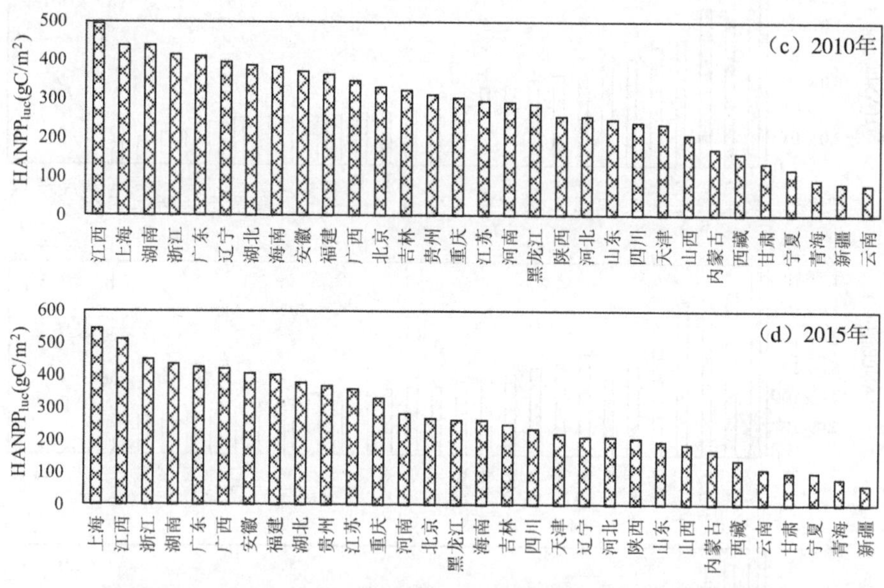

图 3－9　2001—2015 年我国 31 个省级行政区 $HANPP_{luc}$ 地均量

省际 $HANPP_{luc}$ 总量统计体现了人类通过土地利用占用生态资源在行政区之间的差异。如图 3－10 所示，2001—2015 年 $HANPP_{luc}$（gC）的空间分异特征在年际之间较为稳定，除最高值地区外，南部的省级行政区 $HANPP_{luc}$ 总量普遍高于东部的省级行政区。高值区（>0.1 PgC）主要集中于西藏、四川、内蒙古和黑龙江，其同时决定于单位面积土地利用产生的资源损耗以及行政区面积。作为我国草原的主要分布地与关键牧区，内蒙古与西藏的 $HANPP_{luc}$（gC）高值主要是由放牧引起的草地退化导致的。虽然我国在近几年不断加强草原的保护与建设，着力推行“退牧还草”政策、加强防止鼠虫危害、降低草原火灾隐患与病虫害，但我国大部分草原仍然处于超载过牧状态（缪冬梅、刘源，2013），因此，相应区域的草地生长远无法达到气候条件下的理想水平，并由此导致了高水平的 $HANPP_{luc}$（gC）占用。此外，黑龙江与四川同时覆被有大面积的耕地、林地和草地，人类通过采伐、放牧，在一定程度上减少了林草斑块的 NPP_{pot} 积累。从 2001—2015 年 $HANPP_{luc}$（gC）省际变化来看，陕西与云南通过土地利用占用生态资源总量有所降低，而青海、山东、辽宁等地则呈现先增后减趋势。

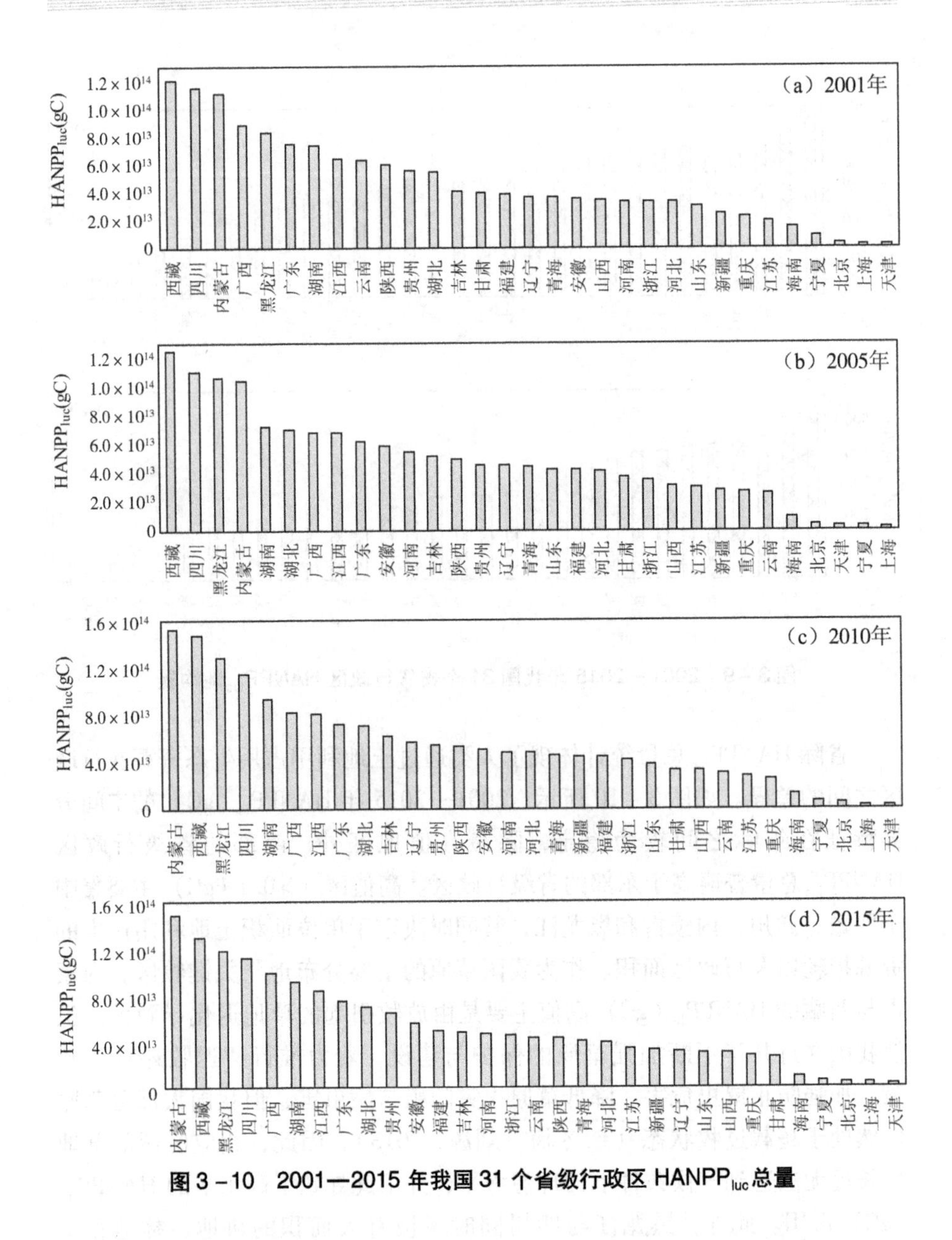

图 3-10　2001—2015 年我国 31 个省级行政区 $HANPP_{luc}$ 总量

全国尺度与分省尺度的 $HANPP_{luc}$ 多年变化率在空间上呈现较为相似的正负分异态势。新疆北部、藏南地区及云南西部的 $HANPP_{luc}$ 变化率负值区与 $HANPP_{luc}$（gC/m^2）负值区空间对应，说明这些区域通过土地利用增加的生态资源逐年提升。黄土高原覆盖地区的 $HANPP_{luc}$ 呈现明显下降趋势，这主要依赖于退耕还林还草工程对当地自然植被的有效恢复；此外，在农业技术、人工管理及“基本农田保护”等多因素共同作用下，耕地广布的华北平原粮食产量逐年上升，其同时伴随着耕地斑块 NPP_{act} 的提高与 $HANPP_{luc}$ 的下降。2001—2015 年全国 $HANPP_{luc}$ 变化率正值区[1～10 gC/(m^2·a)]以中等水平增长速度为主导，负增长区域也均保持在 -1 gC/(m^2·a)量级以下，并在图 3-7 中对应 7 个省级行政区（湖北、河南、甘肃、陕西、新疆、云南、山东）的 $HANPP_{luc}$(gC/a) 减少，其中山东达到 -1.1 TgC/a。总体而言，从单一年份来看，几乎全境的土地利用均对潜在 NPP 积累有剥夺作用，且资源占用量在全国大部分地区仍保持增长，但中部及西南部各省级行政区已开始有小幅的资源正向积累态势。

二、$HANPP_{harv}$时空演变

$HANPP_{harv}$包括人类从生态系统中收获生态产品所占用的生物量以及收获过程中所损耗的生物量，其核算依赖于对农、林、牧业统计数据的完整收集。将行政区单元的统计量进行空间化是近年来地理学、生态学、社会科学的共同热点（廖顺宝 等，2017），也是 $HANPP_{harv}$ 研究的难点所在。HANPP 的已有研究多基于网格中各用地类型的面积比例对收获量进行空间分配，但该方法忽略了土地生产能力的空间差异（Văckář and Orlitová，2011）。通过梳理文献可知，当前学界对粮食或畜牧产量的空间化方法主要包括建立生态用地面积与产量的回归模型（廖顺宝 等，2014；姬广兴 等，2015）、借助土地利用与土地覆被数据在统计单元内对产量进行直接分配（王情 等，2010；刘忠、李保国，2012）、建立 NDVI 或 EVI 与产量的比例关系（赵文亮 等，2012；汤斌 等，2015；武文欢 等，2017；毛祺 等，2019）三种途径。需要指出的是，统计指标的空间化过程必然伴随着一定的误差（姬广兴 等，2015），因此，不同空间化方法也各有利弊。例如，回归模型法对于大尺度区域的空间化结果误差较大，因此需要在合理分区方案下的子分区内部进行细化分析；直接分配法忽略了统计单元内部生产用地产量的异质性；植被指数法避免了统计单元内的同质性问题，但其核算精度会随着统计单元的细化而提高。

囿于对 2001—2015 年县级统计数据完整收集的困难，本研究的农、林、牧业产量数据均来自 31 个省级行政区。综合上文所述空间化方法的

适用条件，本研究利用区域 NDVI 与作物产量、畜牧产量等之间显著的线性关系（赵文亮 等，2012），将 $Crop_{harv}$、$Grazed_{harv}$ 及 $Forest_{harv}$ 分别分配到耕地、草地与林地所对应的斑块上，以实现 $HANPP_{harv}$ 的空间化，从而实现对省内空间异质性的刻画，并与 NPP_{pot} 及 NPP_{act} 统一单位［见式（3－12）］。其中，将林地斑块和中国科学院地理科学与资源研究所提供的每 5 年 1 km 分辨率土地利用监测数据进行对比，选择用材林所在分类对应的 MCD12Q1 林地斑块，即常绿针叶林、常绿阔叶林、落叶针叶林、落叶阔叶林、混交林及林地占比在 30%～60% 的林草混合斑块。耕地斑块对照该数据集中旱地和水田分布，选择 MCD12Q1 中耕地及耕地与植被镶嵌体两种用地类型。此外，城市地区由于园林绿化、公园绿地修缮、绿色基础设施维护等而损耗的生物量部分按照实际 NPP 的 50% 进行核算（Krausmann et al.，2013）。

$$Harv_i = \frac{NDVI_i}{NDVI_{avg}} \times Harv_{avg} \qquad (3-12)$$

式中，$Harv_i$ 指第 i 个栅格所分配的 $Crop_{harv}$、$Grazed_{harv}$ 或 $Forest_{harv}$ 地均量（gC/m^2），$NDVI_i$ 指第 i 个栅格的 NDVI，$NDVI_{avg}$ 指各省级行政区耕地、草地或林地斑块 NDVI 平均值，$Harv_{avg}$ 指各省级行政区 $Crop_{harv}$、$Grazed_{harv}$ 或 $Forest_{harv}$ 分配到三种对应用地斑块的地均收获量。

选取研究时段中的关键时间节点，对比我国 2001 年、2005 年、2010 年及 2015 年 $HANPP_{harv}$ 省际分异。如图 3－11 所示，我国华北平原及东北各省级行政区的收获量普遍较高，均值可达 480 gC/m^2 以上，该区的收获量主要来自耕地。其中，山东与河南的耕地分布最为广泛且生产能力稳定。此外，位于我国南部的省级行政区 $HANPP_{harv}$ 空间差异显著，通过粮食收获占用的 $Crop_{harv}$ 明显高于周围林地所提供的 $Forest_{harv}$。例如，湖南北部和南部、江西北部、广西中南部以及云南东部地区，个别地区单位面积占用量可达 1100 gC/m^2 以上，这主要得益于南部优良的水热条件。位于我国西部的省级行政区及黑龙江大部分地区通过放牧间接占用的草地 $Grazed_{harv}$ 较低，值得注意的是，新疆北部有限的生态用地显示出了较高的生产能力，其主要由草地和耕地共同提供。通过对比关键年份可以看出，我国 $HANPP_{harv}$ 空间分异趋势总体较为稳定，但 2005—2010 年河南的地均收获量明显上升，2010—2015 年吉林西北部及江苏东部地区的生态资源占用也呈现增长态势。

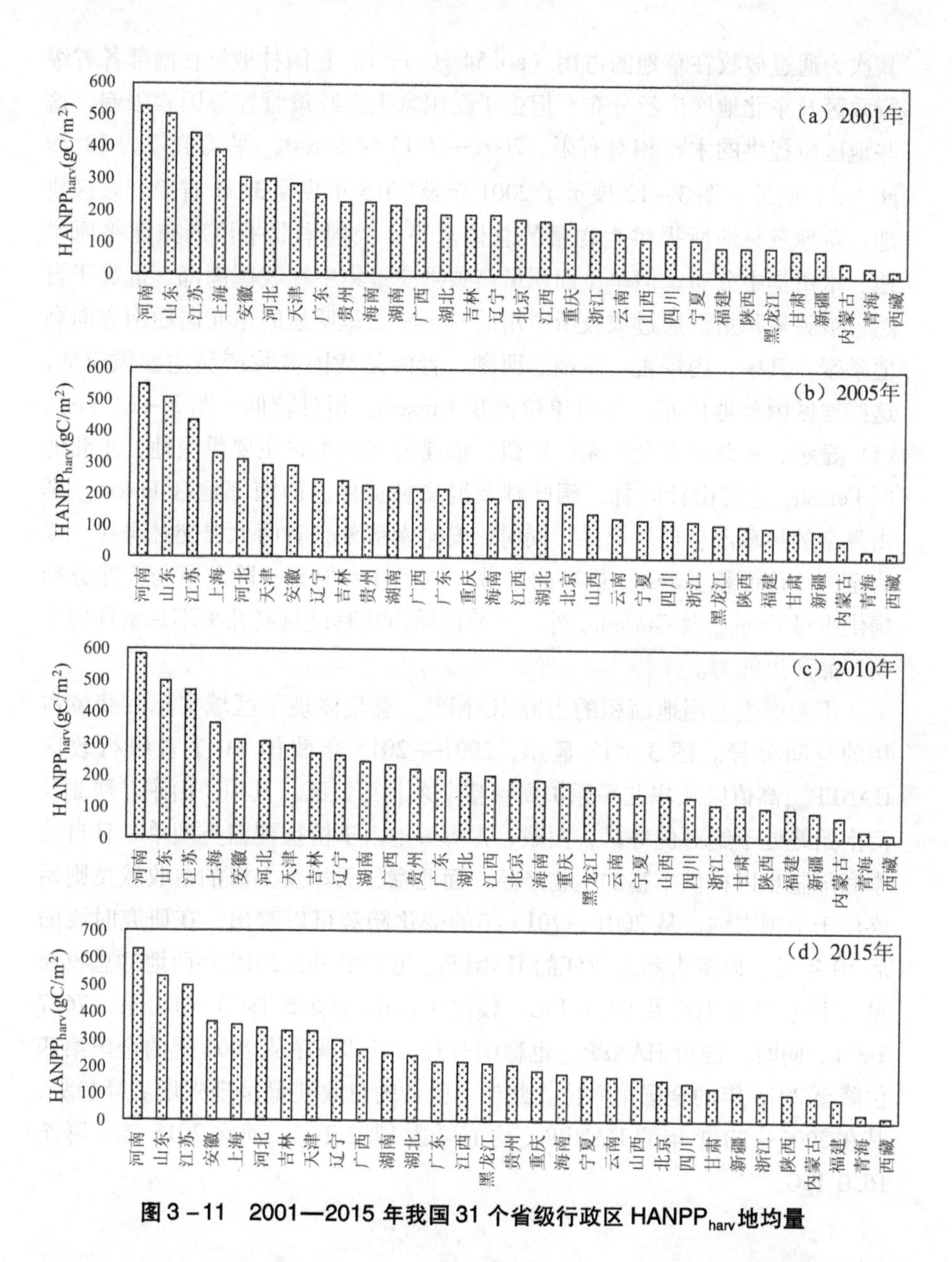

图3-11　2001—2015年我国31个省级行政区 $HANPP_{harv}$ 地均量

从 $HANPP_{harv}$ 组分 $Crop_{harv}$、$Grazed_{harv}$ 及 $Forest_{harv}$ 多年的均值统计来看，2001—2015年我国人类通过生物产品收获所占用的地均资源量为125.33 gC/m^2。其中，在耕地占用的生态资源最多，平均值可达444.57 gC/m^2，其次为通过放牧在草地的占用（66.54 gC/m^2）。我国林地虽在南部各省级行政区及东北地区广泛分布，但由于受国家生态政策管控等因素限制，这些地区所提供的木材相对有限，2001—2015 年 $Forest_{harv}$ 平均值仅为 12.39 gC/m^2。此外，图 3－12 展示了 2001 年及 2015 年我国 31 个省级行政区耕地、草地及林地所提供生物量的总体水平，我国华北平原和东北平原旱地、水田集中分布，但单位面积最高碳供应量集中在我国南部，远高于自然植被碳累积量。通过放牧所占用的 $Grazed_{harv}$ 呈明显的东北向西南方向高值条带，其中，内蒙古、新疆、西藏、青海是我国畜牧产品主要供应地，这些地区因草地广布，所以单位面积 $Grazed_{harv}$ 相对较低。图 3－12（c）、（f）显示，东北三省及广东、广西、福建为我国木材主要供应地，东北地区 $Forest_{harv}$ 主要由针叶林、阔叶林及混交林提供，而南部地区 $Forest_{harv}$ 则由复杂的林草混合斑块提供。同时，安徽南部分布有两大混交林斑块，成为全国单位面积 $Forest_{harv}$ 最高的区域。值得注意的是，除北京与天津分别提供少量 $Crop_{harv}$ 及 $Grazed_{harv}$ 外，上海因城市化程度过高几乎不具备任何生物产品产出能力。

不考虑生态用地面积的省际 $HANPP_{harv}$ 总量体现了区域实际收获量占用的空间分异。图 3－13 显示，2001—2015 年我国 31 个省级行政区 $HANPP_{harv}$ 高值区从华北平原扩展到整个东北部地区。其中，山东、河北及河南始终处于绝对优势区，西藏、青海等地由于植被覆盖类型单一且自然本底限制难以提供丰富的生物产品，而北京、天津及上海的总收获量则始终位于全国末列。从 2001—2015 年的变化趋势可以看出，在研究时段的后 10 年间，内蒙古和黑龙江的 $HANPP_{harv}$ 迅速攀升，2015 年两地的总收获量分别达 75.8 TgC 及 88.7 TgC，仅次于河南（96.5 TgC）与山东（76.7 TgC）。同时，四川 $HANPP_{harv}$ 也稳中有升，但其排序从 2001 年的全国第四位降至 2015 年的全国第六位。此外，西藏的总收获量呈现先增后降趋势，其在 2006—2011 年的 $HANPP_{harv}$ 均值可达 17.2 TgC，而在 2015 年下降至 16.0 TgC。

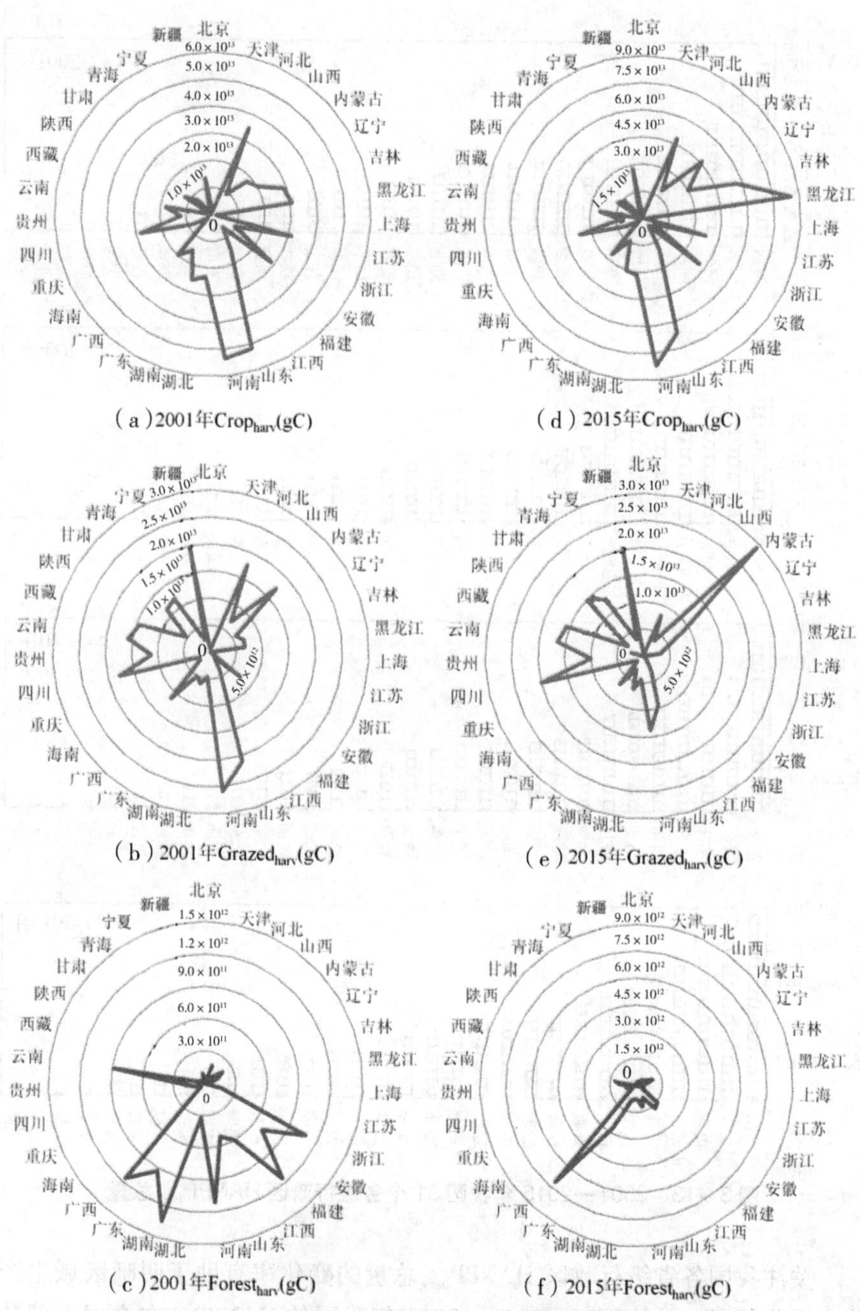

图3-12 2001年及2015年我国31个省级行政区$Crop_{harv}$、$Grazed_{harv}$、$Forest_{harv}$总量

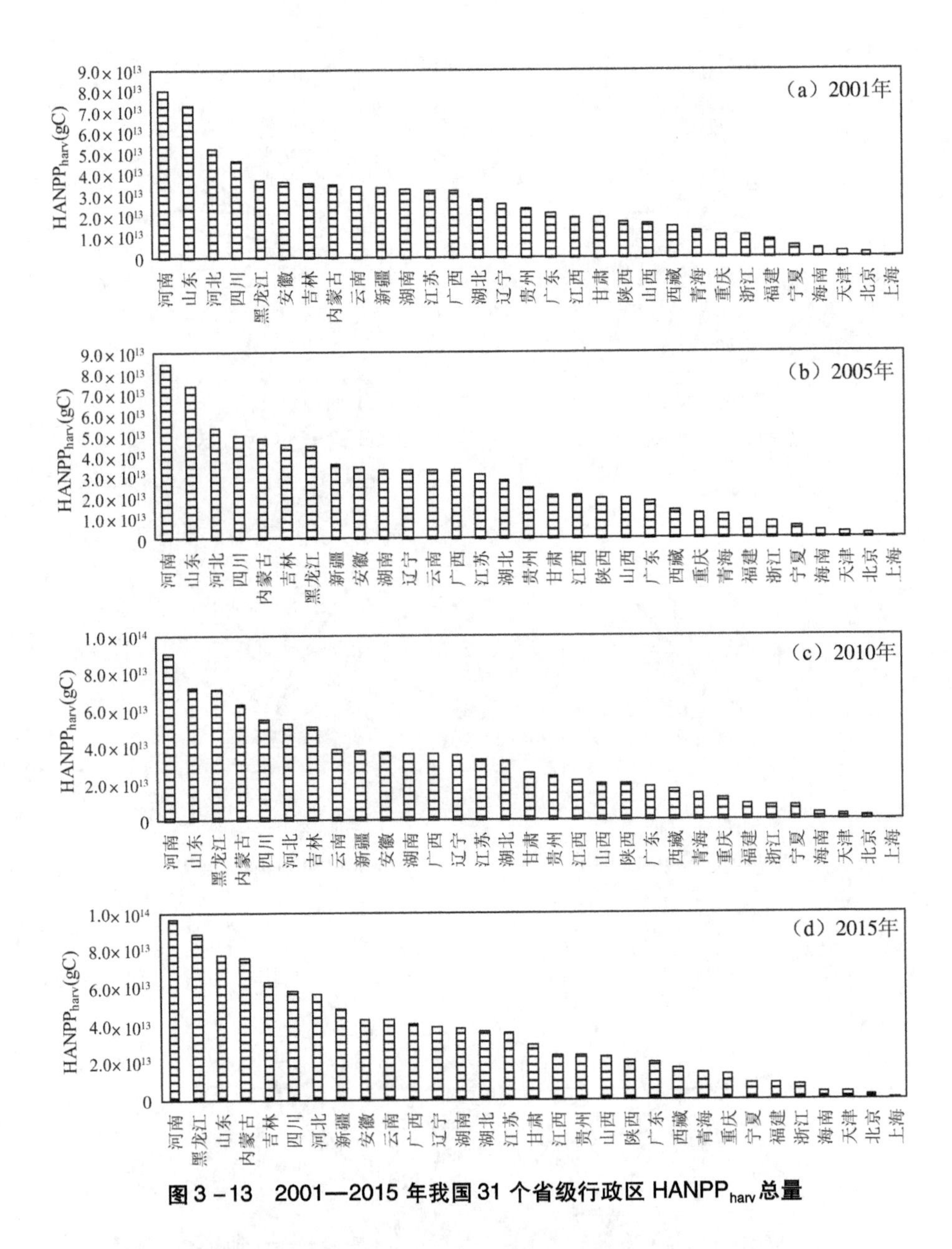

图 3－13　2001—2015 年我国 31 个省级行政区 $HANPP_{harv}$ 总量

关注我国各省级行政区 $HANPP_{harv}$ 总量的变化率有助于明晰区域生产能力变化情况。总体而言，2001—2015 年我国的 $HANPP_{harv}$ 在全国大部分区域呈上升趋势。地均生产力下降区域主要集中于陕西、山西及河北北部，该区收获量主要由草地提供，主要缘于退耕还林、退牧还草措施与对过度放牧的控制。此外，黑龙江、浙江、江西的大部分林地 $Forest_{harv}$ 及新疆北部草地 $Grazed_{harv}$ 均有小幅降低趋势。相对而言，我国耕地生产能力持续上浮，变化率超过 10 gC/(m^2·a)的区域与耕地空间分布相似度高，而我国南部林地及西部草地所提供的 $HANPP_{harv}$ 仅显示出微弱的小幅上升[<1 gC/(m^2·a)]。从各省级行政区 $HANPP_{harv}$ 总量的时间变化率来看（见图3－14），全国仅北京、上海、贵州、浙江、福建及海南的收获量呈下降趋势，其中贵州和浙江 $HANPP_{harv}$ 降幅最大，后者首末年份 $HANPP_{harv}$ 相差3.9 TgC。黑龙江 $HANPP_{harv}$ 增幅最大且持续增长，首末年份增幅达137%。

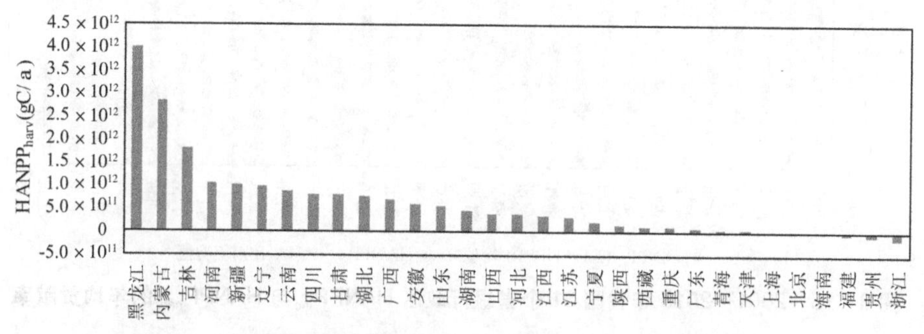

图3－14　2001—2015年我国31个省级行政区 $HANPP_{harv}$ 变化率

三、$HANPP_{luc}$ 贡献率与 $HANPP_{harv}$ 贡献率

关注 $HANPP_{luc}$ 与 $HANPP_{harv}$ 对HANPP的贡献率及其多年变化状况有助于了解人类活动占用生态资源的重心变化以及区域主导资源占用类型的转型。图3－15展示了我国31个省级行政区 $HANPP_{luc}$ 与 $HANPP_{harv}$ 的年均贡献率差异，后者代表土地使用效率，其高值代表可为人所用的部分更多，二者在空间上互补，且全国大部分地区 $HANPP_{luc}$ 总体贡献率远高于 $HANPP_{harv}$。$HANPP_{luc}$（%HANPP）中贡献率低于50%的区域多为耕地，其通过土地利用改变所占用的生态资源低于耕地粮食产出，而通过伐木与畜牧占用的资源量远不及对相应林地与草地斑块的损耗量。值得注意的是，由于单位面积收获量几乎均为正值，因此，$HANPP_{luc}$ 与 $HANPP_{harv}$ 的贡献率分别高于100%和低于0可表征通过土地利用引起的正向碳积累抵消了

负向的收获碳损耗；而贡献率分别低于 0 和高于 100% 则表征收获碳损耗高于少量的土地利用碳积累。31 个省级行政区 $HANPP_{luc}$ 与 $HANPP_{harv}$ 的年均贡献率分别为 62.34% 及 37.66%，除新疆、吉林、宁夏、河北、山东、河南、江苏、云南外，其余地区均为土地利用碳损耗占主导，其中西藏（88.96%）、浙江（81.17%）、福建（80.89%）的 $HANPP_{luc}$ 年均贡献率分别居全国前三，$HANPP_{harv}$ 年均贡献率前三位分别为山东（68.78%）、河南（66.86%）、新疆（61.31%）。

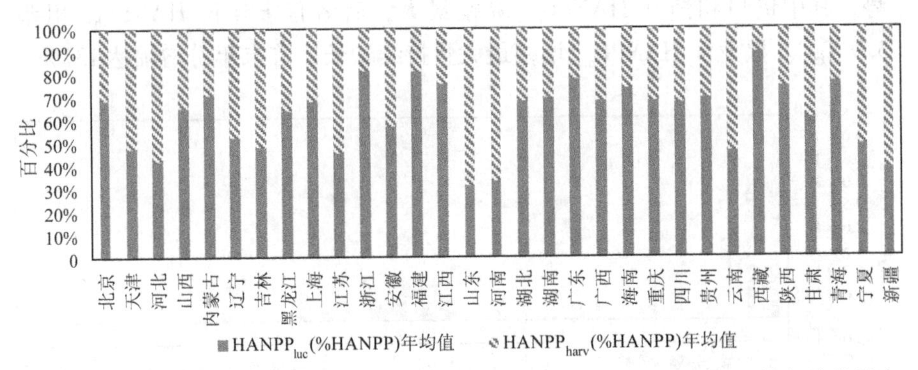

图 3-15　2001—2015 年我国 31 个省级行政区 $HANPP_{luc}$ 与 $HANPP_{harv}$ 的年均贡献率

图 3-16 显示 $HANPP_{luc}$ 与 $HANPP_{harv}$ 对 HANPP 的贡献率呈相反变化趋势，前者量级虽高但在绝大部分地区占比下降。$HANPP_{luc}$ 贡献率降幅较高（< -1 %HANPP/a）区及 $HANPP_{harv}$ 贡献率增幅较高（>1 %HANPP/a）区分别主要集中于秦岭—淮河一线以北的大部分耕地斑块和内蒙古、宁夏、甘肃境内的草地斑块。草地斑块的 $HANPP_{harv}$ 贡献率的提升在一定程度上得益于退牧还草、草原生态保护措施的大力推行，而农业技术与耕作水平的提高则是耕地斑块增产的主要原因。$HANPP_{harv}$ 与 $HANPP_{luc}$ 绝对量明显降低区的贡献率也呈现较大幅度的下降；两指标在陕西的积累量均有降低，但 $HANPP_{luc}$ 贡献率反升，说明当地 $HANPP_{harv}$ 降幅更大。从 31 个省级行政区的贡献率变化来看，$HANPP_{harv}$ 绝对量的普遍增加使其成为 HANPP 积累的主要贡献，而在 $HANPP_{luc}$ 绝对量逐年积累的 25 个省级行政区中仅有 11 个省级行政区仍保持贡献率优势。其中，浙江（0.71 %HANPP/a）、北京（0.69 %HANPP/a）、上海（0.64 %HANPP/a）是全国增速排名前三位的地区，其多由城市化对植被的压缩导致。位于我国北部的省级行政区

$HANPP_{harv}$贡献率增速较南部更快，最高值（1.17 %HANPP/a）位于以粮食收获与木材砍伐占用为主的黑龙江。

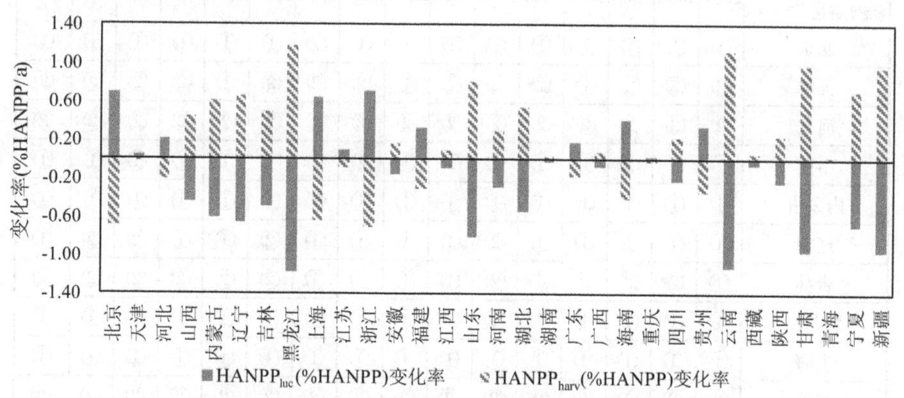

图3-16　2001—2015年我国31个省级行政区$HANPP_{luc}$、$HANPP_{harv}$贡献率多年变化率

HANPP受$HANPP_{luc}$与$HANPP_{harv}$的主导效应在空间尺度分异明显，通过提取两指标贡献率绝对值较高者，可明晰HANPP主导要素的变化特征（见表3-5）。地均尺度HANPP在全国大部分地区由土地利用碳占用控制（年均面积占比为70.08%），主要分布于我国西北部及南部各省级行政区，东北平原、华北平原、四川盆地等地高水平粮食收获碳占用使对应区域以$HANPP_{harv}$贡献为主导。地均HANPP多年主导要素空间变化不明显，山东在2003—2005年粮食产量有小幅下降，直接导致山东中部地区在该时段转为$HANPP_{luc}$主导，但后期仍保持为收获量主导；黑龙江中部地区虽耕地分布广泛，但在2002—2005年其$HANPP_{harv}$贡献率低于土地利用占用量。除新疆、吉林、河北、天津、宁夏、山东、河南、江苏、云南外，其余22个省级行政区的年均HANPP均为$HANPP_{luc}$主导。2001—2015年，有3个省（河北、山东、河南）始终为$HANPP_{harv}$主导，有19个省级行政区始终为$HANPP_{luc}$主导，江苏及新疆分别仅有1年非$HANPP_{harv}$主导，安徽与甘肃也分别仅有1年非$HANPP_{luc}$主导。此外，个别省级行政区的主导要素变化较为复杂。例如，吉林在2010年之前其主导要素变化规律不明显，但在2010年后稳定为$HANPP_{harv}$主导；宁夏的主导要素则分别在2001—2003年（$HANPP_{luc}$）、2004—2011年（$HANPP_{harv}$）、2012—2014年（$HANPP_{luc}$）经历了一次变化；云南的主导要素交替出现，但仍以农林牧收获量为主。

表 3-5　2001—2015 年我国 31 个省级行政区 HANPP 主导组分

省级行政区＼年份	2001	2002	2003	2004	2005	2006	2007	2008	2009	2010	2011	2012	2013	2014	2015	年均
北京	①	①	①	①	①	①	①	①	①	①	①	①	①	①	①	①
天津	②	②	②	①	②	②	②	①	②	②	②	①	②	②	②	②
河北	②	②	②	②	②	②	②	②	②	②	②	②	②	②	②	②
山西	①	①	①	①	①	①	①	①	①	①	①	①	①	①	①	①
内蒙古	①	①	①	①	①	①	①	①	①	①	①	①	①	①	①	①
辽宁	①	①	①	①	①	②	①	①	①	①	②	①	①	②	②	①
吉林	①	②	②	②	①	②	①	①	①	①	②	②	②	②	②	②
黑龙江	①	①	①	①	①	①	①	①	①	①	①	①	①	①	①	①
上海	①	①	①	①	①	①	①	①	①	①	①	①	①	①	①	①
江苏	②	②	①	②	②	②	②	②	②	②	②	②	②	②	②	②
浙江	①	①	①	①	①	①	①	①	①	①	①	①	①	①	①	①
安徽	②	①	①	①	①	①	①	①	①	①	①	①	①	①	①	①
福建	①	①	①	①	①	①	①	①	①	①	①	①	①	①	①	①
江西	①	①	①	①	①	①	①	①	①	①	①	①	①	①	①	①
山东	②	②	②	②	②	②	②	②	②	②	②	②	②	②	②	②
河南	②	②	②	②	②	②	②	②	②	②	②	②	②	②	②	②
湖北	①	①	①	①	①	①	①	①	①	①	①	①	①	①	①	①
湖南	①	①	①	①	①	①	①	①	①	①	①	①	①	①	①	①
广东	①	①	①	①	①	①	①	①	①	①	①	①	①	①	①	①
广西	①	①	①	①	①	①	①	①	①	①	①	①	①	①	①	①
海南	①	①	①	①	①	①	①	①	①	①	①	①	①	①	①	①
重庆	①	①	①	①	①	①	①	①	①	①	①	①	①	①	①	①
四川	①	①	①	①	①	①	①	①	①	①	①	①	①	①	①	①
贵州	①	①	①	①	①	①	①	①	①	①	①	①	①	①	①	①
云南	①	①	②	①	②	②	①	①	②	②	②	②	②	②	①	②
西藏	①	①	①	①	①	①	①	①	①	①	①	①	①	①	①	①
陕西	①	①	①	①	①	①	①	①	①	①	①	①	①	①	①	①
甘肃	①	①	①	①	①	①	①	①	①	①	①	①	①	①	②	①
青海	①	①	①	①	①	①	①	①	①	①	①	①	①	①	①	①
宁夏	①	①	①	②	②	②	②	②	②	②	②	①	①	①	②	②
新疆	②	②	②	②	②	②	②	②	②	①	②	②	②	②	②	②

注：①为 $HANPP_{luc}$ 主导，②为 $HANPP_{harv}$ 主导。

第三节　HANPP 组分构成变化

一、我国 HANPP 组分构成变化

HANPP 由 $HANPP_{luc}$、$Crop_{harv}$、$Grazed_{harv}$、$Forest_{harv}$ 四部分组成，2001—2015 年我国 HANPP 组分年均占比如图 3－17（a）所示，人类通过多种形式在生态系统以碳单位形式占用的资源总量年均值为 2.43 PgC，其中由土地利用导致的占用比例最大（62.34%），其次依次为 $Crop_{harv}$（27.05%）、$Grazed_{harv}$（9.71%）、$Forest_{harv}$（0.90%）。图 3－17（b）显示出 $HANPP_{luc}$、$HANPP_{harv}$ 及其三个组分全国碳积累总量的变化趋势。总体来看，$HANPP_{luc}$ 具有较明显的年际波动特征，在 2009—2012 年经历了两次大幅涨跌。与此相反，$HANPP_{harv}$ 总体以 18.62 TgC/a 的速度呈显著的稳步增长趋势（$R^2=0.978$，$P<0.01$），其主要由指标内部贡献率最高的 $Crop_{harv}$ 变化趋势决定。由图 3－17（b）可见，$Crop_{harv}$ 与 $HANPP_{harv}$ 的变化趋势十分相似，但其具有更高的年均碳积累增长率为 21.36 TgC/a（$R^2=0.977$，$P<0.01$）。此外，$Grazed_{harv}$ 与其他各 HANPP 组分呈现相反的碳积累趋势，其以 －3.93 TgC/a 的速率逐年显著递减（$R^2=0.843$，$P<0.01$）。尽管 $Forest_{harv}$ 年际变化较小，但其仍以 1.19 TgC/a 的增速逐年积累（$R^2=0.812$，$P<0.01$）。

从各 HANPP 组分贡献率及其变化来看，各组分在 2001—2015 年始终保持 $HANPP_{luc}>Crop_{harv}>Grazed_{harv}>Forest_{harv}$ 的占比结构，但由于 HANPP 总量由 2.26 PgC 升至 2.68 PgC，因此各组分贡献率变化趋势略有差异［见图3－17（c）］。具体而言，$HANPP_{luc}$ 虽总体以 11.58 TgC/a 的速率小幅增长（$R^2=0.257$，$P<0.01$），但其对 HANPP 贡献率由 2001 年的 64.25% 降至 2015 年的 60.82%。随着农业技术的发展、耕作制度的合理调整以及高产作物品种的推出，我国耕地单位面积粮食产量不断上升，$Crop_{harv}$ 贡献率由 2001 年的 23.54% 增至 2015 年的 29.92%；相反，在主要食草牲畜存栏量下降及主要草料供应作物产量上升的双重作用下，

$Grazed_{harv}$ 贡献率由 2001 年的 11.72% 下降至 2015 年的 8.36%；$Forest_{harv}$ 在 HANPP 中占比最少，其贡献率由 2001 年的 0.50% 升至 2015 年的 0.91%。

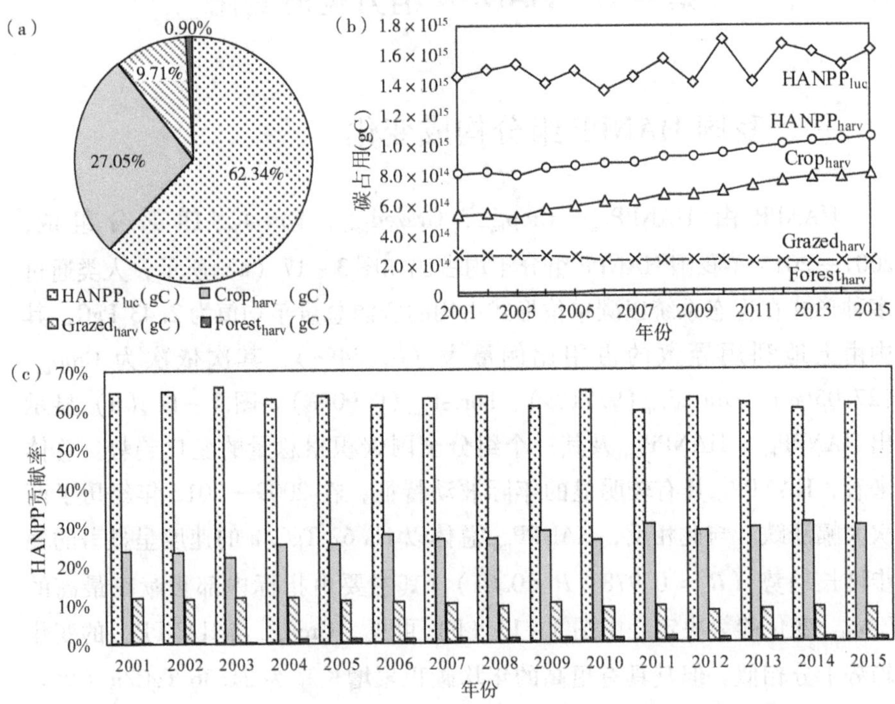

图 3-17　2001—2015 年我国 HANPP 组分时间动态及其贡献率变化

二、省际 HANPP 组分构成变化

我国 HANPP 组分贡献率在研究时段内呈现稳定的数量结构，但由于 31 个省级行政区在发展程度、城市化阶段、产业结构特征、主要用地类型等方面各不相同，故其 HANPP 组分贡献呈分异特征。

图 3-18（a）为 2001 年按 $HANPP_{luc}$ 贡献率由高到低排序的 31 省级行政区 HANPP 组分贡献率累积柱状图。其中，排名高于安徽的 24 个省级行政区 $HANPP_{luc}$ 贡献率均超过 50%，而排名后四位的山东（29.07%）、河南（29.41%）、江苏（37.82%）、河北（38.32%）均为我国传统产粮大省，其省内贡献率占比最高的组分均为 $Crop_{harv}$。北京、上海、天津、重

庆等发展较快的城市仍以城市化过程中不透水面扩张导致的土地利用碳占用为主，且2001年北京（63.06%）与上海（63.03%）的$HANPP_{luc}$贡献率相近，天津$HANPP_{luc}$贡献率略低（46.12%），但其$Crop_{harv}$贡献率达42.46%，说明天津在一定程度上承担着为本市及北京进行粮食供应的任务。新疆（34.34%）、青海（24.51%）、河北（20.64%）等地的畜牧生产占用碳资源贡献率排在全国前列，同为传统牧区的西藏与内蒙古则因行政区草地面积广阔和一定程度的草地退化而以$HANPP_{luc}$占用为主导。

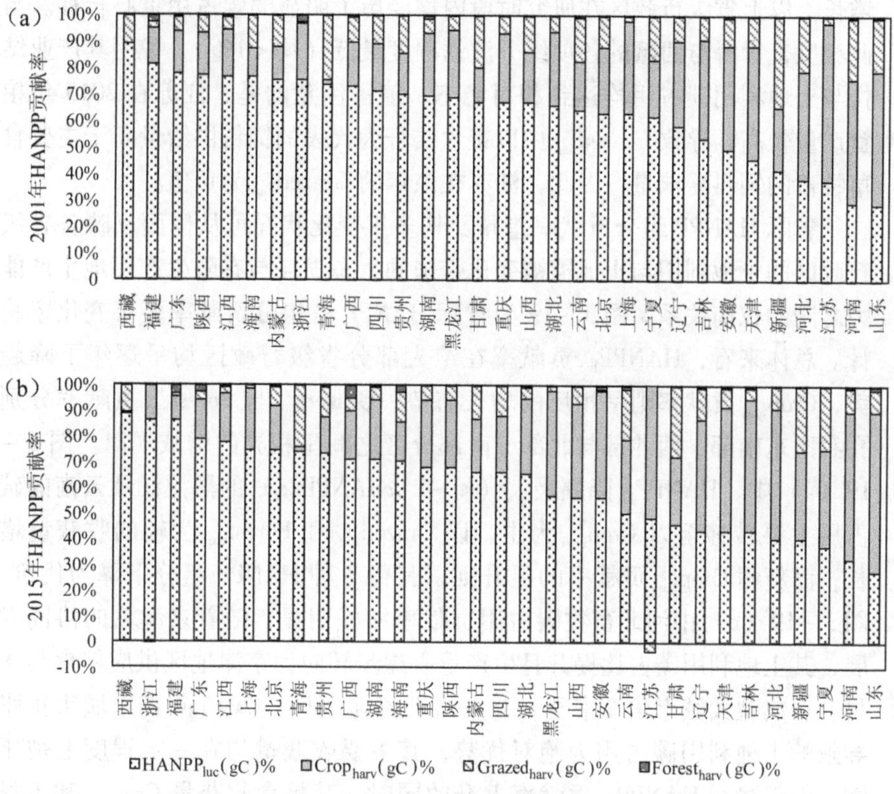

图3-18 2001年及2015年省际HANPP组分贡献率

图3-18（b）为2015年省际HANPP组分贡献状况（以$HANPP_{luc}$贡献率由高到低排序），31个省级行政区排序较2001年发生明显变化。2015年$HANPP_{luc}$贡献率超过50%的省级行政区降至21个，变动地区包括宁夏（由2001年的61.95%降至2015年的37.60%）、吉林（由2001年的53.50%降至2015年的43.34%）、辽宁（由2001年的58.17%降至

2015 年的 43.71%）、甘肃（由 2001 年的 67.52% 降至 2015 年的 46.22%），此外，安徽的 $HANPP_{luc}$ 贡献率由 2001 年的 49.53% 增至 2015 年的 56.41%。2001—2015 年 HANPP 单项组分贡献率的最大差异出现在不同的省级行政区，其中，宁夏与甘肃的首尾年份 $HANPP_{luc}$ 贡献率均减少 20% 以上，山西、宁夏、黑龙江的 $Crop_{harv}$ 贡献率则均有超过 15% 的明显上涨，河南、河北、山东的 $Grazed_{harv}$ 在首尾年份的降幅均超过 10%，广西、海南、广东的 $Forest_{harv}$ 虽在 HANPP 中占比极低，但仍呈现超过 1% 的增长。以上省级行政区在研究时段内均经历了明显的碳占用重心转移。与此相反，青海与西藏的各项组分波动程度最低（均 $<1\%$），说明其产业结构与土地利用碳占用均达到相对稳态。值得注意的是，江苏在 2015 年粮食产量较高，导致 $Grazed_{harv}$ 中以粮食秸秆为代表的饲料供给量高于主要食草牲畜的饲料需求量，因此，江苏在该年的 $Grazed_{harv}$ 为负值。

省际 HANPP 组分贡献率差异及其多年变化状况可从侧面反映各省级行政区的土地利用与土地覆被变化带来的生态损耗与有限生产用地生产能力之间的权衡关系。图 3 - 19 为省际 HANPP 各组分贡献率多年变化率统计。总体来看，$HANPP_{luc}$ 贡献率在绝大部分省级行政区均呈逐年下降趋势，$Crop_{harv}$ 贡献率则呈相反的增长态势，$Grazed_{harv}$ 与 $Forest_{harv}$ 贡献率分别在我国东南部、西北部与北部、南部分区之间呈相异的增减规律。图 3 - 19（a）中，$HANPP_{luc}$ 降幅最大（< -1 %HANPP/a）的黑龙江及云南的碳占用主要转移至以 $Crop_{harv}$ 为主、以 $Grazed_{harv}$ 和 $Forest_{harv}$ 为辅的收获量增长，而新疆 $Crop_{harv}$ 贡献率的提升则以其他 3 种 HANPP 组分下降为代价。图 3 - 19（c）中河北畜牧碳占用贡献率缩减明显，随着京津冀的协同发展，其土地利用碳占比提升且生产重心逐步转向为京津地区供应粮食与木材。从典型大城市角度来看，北京与上海在 2001—2015 年仍以城市扩张导致的土地利用碳占用为绝对优势，其主要收获量均在一定程度上被压缩；但天津在 $HANPP_{luc}$ 贡献率上升的同时，其粮食收获量 $Crop_{harv}$ 和木材收获量 $Forest_{harv}$ 也呈逐年积累趋势，仅畜牧生产量 $Grazed_{harv}$ 有所退化。总体而言，我国典型大城市及东南沿海各省在 2001—2015 年仍保持城市化土地利用碳占用走高趋势，华北平原各省同时发展粮食与木材生产，东北各省以粮食生产一枝独秀。

表 3 - 6 提取了 2001—2015 年我国 31 个省级行政区对 HANPP 贡献率最高的主导组分及其年际变化特征。在研究时段内，共有 21 个省级行政

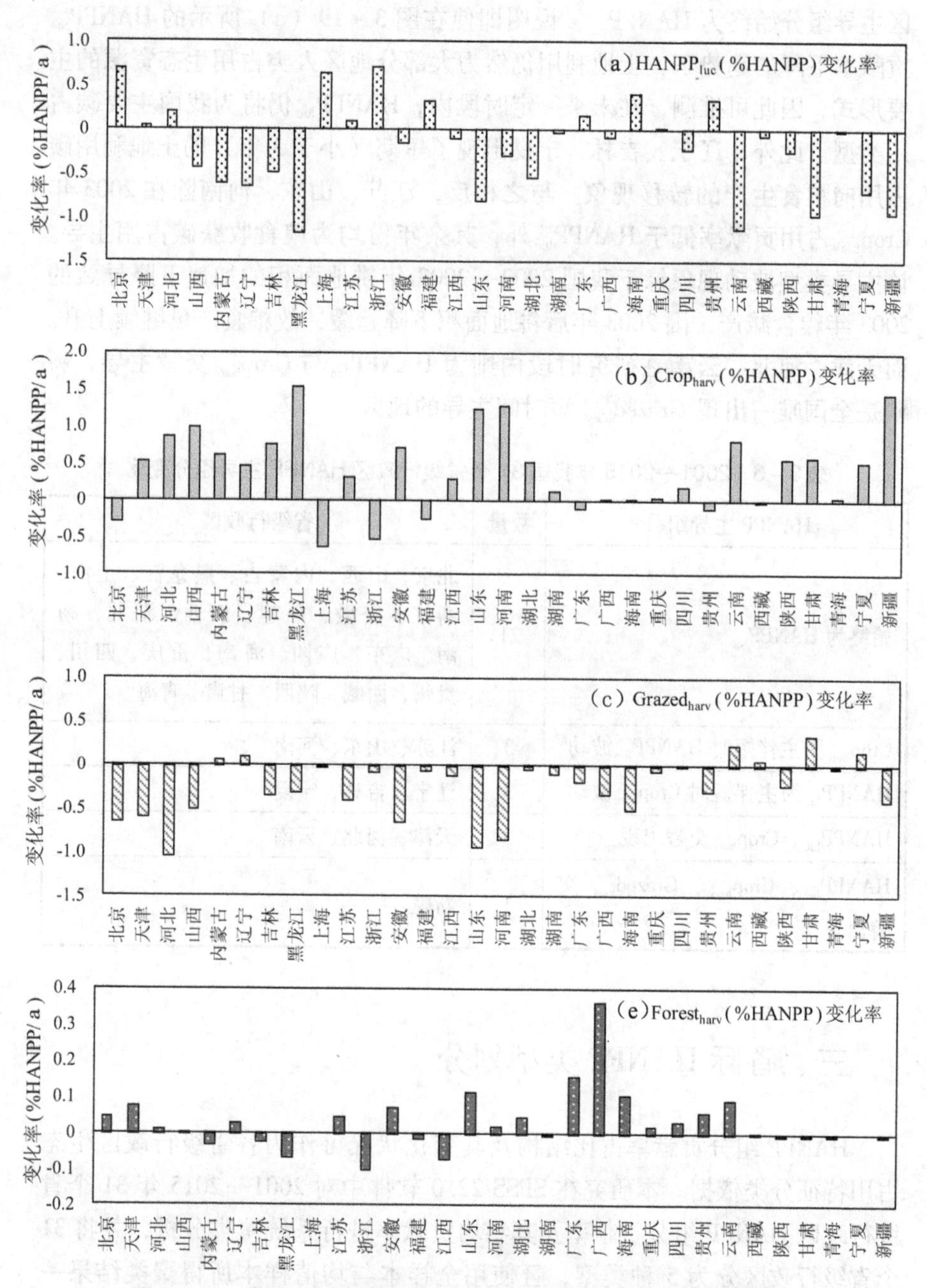

图 3－19　我国 31 个省级行政区 HANPP 组分贡献率多年变化率

区主导组分始终为 $HANPP_{luc}$，说明即使在图 3-19（a）所示的 $HANPP_{luc}$ 贡献率下降的趋势下，土地利用仍然为大部分地区人类占用生态资源的主要形式，因此可推测，在未来一定时段内，$HANPP_{luc}$ 仍将为我国主要碳占用类型。此外，辽宁、吉林、宁夏出现了短期（小于3年）的土地利用碳占用向粮食生产的转移现象。与之相反，江苏、山东、河南除在2003年 $Crop_{harv}$ 占用贡献率低于 $HANPP_{luc}$ 外，其余年份均为粮食收获碳占用主导。该主导类型波动现象缘于我国2002—2003年耕地面积的加速下降导致的2003年粮食减产，因2003年后耕地面积下降趋缓，故粮食产量继续上升。而天津、河北、云南在研究时段内则为 $HANPP_{luc}$ 与 $Crop_{harv}$ 交替主导，新疆是全国唯一出现 $Grazed_{harv}$ 短时间主导的地区。

表3-6　2001—2015年我国31个省级行政区HANPP主导组分变化

HANPP主导组分	数量	省级行政区
始终为 $HANPP_{luc}$	21	北京、山西、内蒙古、黑龙江、上海、浙江、安徽、福建、江西、湖北、湖南、广东、广西、海南、重庆、四川、贵州、西藏、陕西、甘肃、青海
$Crop_{harv}$ 为主伴短时 $HANPP_{luc}$ 波动	3	江苏、山东、河南
$HANPP_{luc}$ 为主伴短时 $Crop_{harv}$ 波动	3	辽宁、吉林、宁夏
$HANPP_{luc}$、$Crop_{harv}$ 交替出现	3	天津、河北、云南
$HANPP_{luc}$、$Crop_{harv}$、$Grazed_{harv}$ 交替出现	1	新疆

三、省际HANPP类型划分

HANPP组分贡献率占比结构及其变化状况可作为各省级行政区生态占用特征分类依据。本研究在SPSS 22.0软件中对2001—2015年31个省级行政区HANPP组分贡献率及其年均贡献率进行系统聚类分析，并将31个省级行政区分为5种类型，且使用全样本与均值样本所得聚类结果一致。图3-20为5种类型区中各省级行政区HANPP组分年均贡献率累积。其中，类型区一包括北京、上海、广东等18个省级行政区，其组分贡献

总体呈 $HANPP_{luc}$ > $Crop_{harv}$ > $Grazed_{harv}$ > $Forest_{harv}$ 的趋势，故将其命名为“土地利用主导型”（见表3-7）。该类型广泛分布于我国华北平原以外的中东部地区，该区的高产耕地分布相对稀疏，因而以区域土地利用碳占用为主，其与我国主要的人类活动区域具有空间一致性。

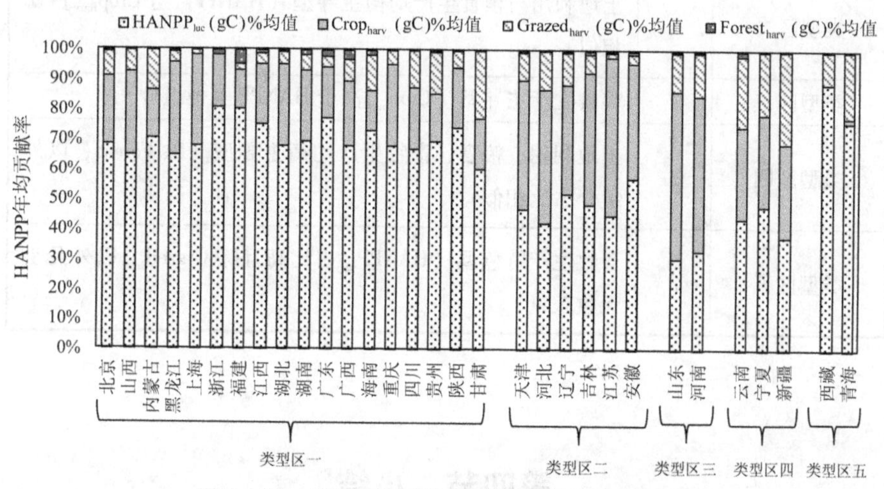

图3-20 基于HANPP组分贡献率的类型区划分

类型区二包括天津、河北、辽宁等6个省级行政区，其 $HANPP_{luc}$ 占比明显低于类型区一中的各省级行政区，但其 $Crop_{harv}$ 占比大幅增加，且在量级上二者占比相似（均为40%左右），故将其命名为“土地利用与粮食生产均衡主导型”。其在空间上主要分布于我国东北平原、京津冀地区及华东地区，同时具备较大强度的土地利用开发及高水平的粮食生产能力。山东与河南的 $Crop_{harv}$ 贡献率明显高于其他HANPP组分且均在总占比中超过50%，故类型区三为典型的“粮食生产主导型”，其为我国华北平原耕地覆盖度最高的区域，也因此成为其他地区的粮食供应源地。类型区四为“土地利用、粮食、畜牧生产均衡主导型”，包含云南、宁夏、新疆，其展示出除 $Forest_{harv}$ 以外的3个HANPP组分贡献率相似（均为30%左右）的特征，这在一定程度上避免了人类活动对单一组分过度占用的风险。类型区五的西藏和青海为我国草地覆盖最为广泛的传统牧区，其 $HANPP_{luc}$ 占比高且 $Crop_{harv}$ 与 $Forest_{harv}$ 总贡献均不足2%，畜牧收获几乎成为区域唯一的生态资源收获类型，故依据该种HANPP组分贡献率特征将其命名为“畜牧生产特色型”。

表 3 –7　各类型区命名及其 HANPP 组分贡献率特征

类型	数量	HANPP 组分贡献率特征
类型区一	18	土地利用主导型（$HANPP_{luc}$高于 $HANPP_{harv}$各组分）
类型区二	6	土地利用与粮食生产均衡主导型（$HANPP_{luc}$与 $Crop_{harv}$占比相似）
类型区三	2	粮食生产主导型（$Crop_{harv}$高于 HANPP 其他组分）
类型区四	3	土地利用、粮食、畜牧生产均衡主导型（除 $Forest_{harv}$以外组分占比相似）
类型区五	2	畜牧生产特色型（$HANPP_{luc}$占比高且除 $Grazed_{harv}$以外几乎无收获量）

第四节　小结

本章基于遥感数据、统计数据、基础地理信息数据，在结合研究区特征与研究目标的基础上选取合理的 HANPP 核算模型，实现对 NPP_{pot}、$HANPP_{luc}$、$Crop_{harv}$、$Grazed_{harv}$、$Forest_{harv}$等指标在 1 km 分辨率、2001—2015 年时间跨度下的量化。在此基础上，本研究从全国尺度与分省尺度分别刻画 HANPP 及其关键组分的地均占用量与省际总占用状况，关注各指标在空间上的分异特征及随时间的变化规律；依据 31 个省级行政区 HANPP 各组分贡献率及主导组分的变化，明晰各省级行政区人类活动生态占用的核心途径，以从侧面反映各省级行政区土地利用与土地覆被变化带来的生态损耗和有限生产用地生产能力之间的权衡关系。主要研究结论如下。

首先，单位面积 HANPP 由我国东南向西北梯度递减，在胡焕庸线两侧差异明显。大于 1000 gC/m^2 的极高值在研究时段内始终分布于湖南、江西、广西、广东等地，且我国 73.8% 的区域单位面积生态占用量呈逐年增长趋势。HANPP (%NPP_{pot}) 可反映人类活动伴随的生态占用度，2001—

2015 年我国 HANPP（%NPP_{pot}）由 57.06% 升至 60.33%，生态占用比重总体上升。地均生态占用度低值区主要分布于西南地区及东南沿海各省级行政区，高值区分布于耕地广泛覆被的华北平原、东北平原，以及草地退化明显且牲畜超载的西藏地区。省际生态占用度高值区集中于华北平原的产粮大省，低值区则位于水热条件相对优越的南部地区及地势复杂的西南地区，大部分省级行政区的生态占用度逐年增长趋势仍未削减。此外，山东、河南、河北等地的 HANPP（%NPP_{pot}）均出现大于 100% 的现象，这主要得益于农业技术提高、作物改良、化肥施用、科学轮作制度等伴随的单位面积土地产量提升。2001—2015 年我国 HANPP 总量增幅显著（由 2.26 PgC 增至 2.68 PgC），除陕西、山东以外的 29 个省级行政区的 HANPP 总量均逐年增加。

其次，人类通过土地利用所占用的 $HANPP_{luc}$ 具有碳资源的正向积累与负向削减双向效应，负值表征生态系统真实固碳能力高于同等气候条件下的潜在固碳能力，其主要分布于新疆北部、内蒙古中部、云南西部；$HANPP_{luc}$ 正值表征的人类活动对原有绿地的破坏在全国范围占绝对优势。省际 $HANPP_{luc}$ 总量高值（>0.1 PgC）集中于西藏、四川、内蒙古及黑龙江等地，单一年份土地利用仍在全国大部分地区对 NPP_{pot} 有持续剥夺作用，但位于我国中部及西南部的省级行政区已开始有资源正向积累态势。本研究基于 NDVI 将 $Crop_{harv}$、$Grazed_{harv}$ 及 $Forest_{harv}$ 分别在耕地、草地与林地斑块进行空间化，发现在研究时段内我国地均收获量为 125.33 gC/m^2，耕地占用的生态资源最多（444.57 gC/m^2）。此外，$HANPP_{harv}$ 地均量及分省总量在全国大部分地区均呈上升趋势，其中，山东、河北及河南的 $HANPP_{harv}$ 总量始终处于全国前列，而北京、天津及上海的 $HANPP_{harv}$ 总量则始终位于末列。$HANPP_{luc}$ 对 HANPP 的贡献率均远高于 $HANPP_{harv}$，且 HANPP 在全国面积 70% 以上区域均由 $HANPP_{luc}$ 主导，但在研究时段内 $HANPP_{luc}$ 贡献率持续走低。

研究时段内全国 HANPP 年均积累量为 2.43 PgC，其中各组分贡献率由高到低依次为 $HANPP_{luc}$（62.34%）、$Crop_{harv}$（27.05%）、$Grazed_{harv}$（9.71%）、$Forest_{harv}$（0.90%），且 $HANPP_{luc}$ 与 $Grazed_{harv}$ 贡献率在 2001—2015 年均有所下降。而省际 HANPP 组分贡献率并不完全遵循这一规律，大部分省级行政区 $HANPP_{luc}$ 及 $Crop_{harv}$ 贡献率分别呈逐年下降与上升态势，而 $Grazed_{harv}$ 与 $Forest_{harv}$ 贡献率则在我国东南—西北分区与南北分区呈相异

的增减规律。从2001—2015年我国31个省级行政区HANPP主导组分变化来看，研究时段内21个省级行政区始终以$HANPP_{luc}$为最大组分，其余省级行政区则由$Crop_{harv}$与$HANPP_{luc}$交替主导。此外，基于2001—2015年各省级行政区HANPP组分贡献率全样本与均值样本，可将31个省级行政区分为“土地利用主导型”“土地利用与粮食生产均衡主导型”“粮食生产主导型”“土地利用、粮食、畜牧生产均衡主导型”“畜牧生产特色型”五大类型区，其中以“土地利用主导型”最为普遍，该类型区包含18个省级行政区。

第四章

中国HANPP空间不均衡性

HANPP及其组分均具有明显的时空分异特征，为探究其空间格局在我国各种分区单元之间是否构成显著差异，从而回答“我国HANPP在区域间是否存在显著的不均衡状况”及“HANPP及其组分在哪些典型分区间呈显著差异”两个关键问题，本章首先选取HANPP、$HANPP_{harv}$、$HANPP_{luc}$的地均量、贡献率、区域总量等多个度量维度，以判断它们在胡焕庸线两侧、东西分区、南北分区、沿海内陆分区、传统六大分区、八大经济区、三大地带等是否有显著差异。其次，HANPP是由人类活动及其生存消耗引起的，本章借助洛伦兹曲线与基尼系数探究HANPP及其组分构成在人口分布约束下的不均衡性。最后，为回答“自然本底条件如何约束区域不均衡HANPP”的问题，本章基于NPP_{pot}等指标所表征的区域生态本底特征对全国进行合理分区，探究相同自然本底是否对应同等的人类干扰压力。通过解析$HANPP_{luc}$与$HANPP_{harv}$在可持续性科学视角下可更新与否的差异性，借助两指标的多年变化率构建HANPP生态可持续性评价体系，关注不同生态可持续性等级在用地类型间的特异性，为客观理解人类活动生态干扰提供新的思路，并由此回答“如何从可持续性科学视角理解HANPP组分特征”及“HANPP组分贡献不均衡性如何影响生态可持续性”等问题。

第一节　社会经济驱动

一、区域发展的HANPP不均衡性

HANPP及其组分构成在地均量、贡献率、区域总量等度量视角具有不同的生态地理意义，其受制于人口密度、行政区面积、自然本底、农业技术、城市化进程等多种因素，因而在全国不同分区之间体现出各异的空间差异特征。本节基于表4-1所梳理的三种度量视角下HANPP、$HANPP_{harv}$、$HANPP_{luc}$特征因子，借助独立样本t检验与单因素方差分析方法分别判断31个省级行政区的9个特征因子在典型二分区（如胡焕庸线两侧、东西分区、南北分区、沿海内陆）及典型多分区（如传统六分区、八大经济区、三大地带）之间有无显著差异，并识别多分区中有显著差异

的分区组合，以此判断我国区域发展的 HANPP 不均衡程度。各分区的省级行政区归属与分布见表4－2，典型多分区分类标准来自国家统计局。此外，由于正态性假定和方差齐性假定是进行差异显著性检验的前提，因此，本研究首先对 9 个 HANPP 特征因子进行正态分布检验与方差齐次性检验，对样本呈正态分布但方差不齐的因子进行 Kruskal-Wallis 非参数检验，并判断各分区间两两比较的结果。

表4－1　HANPP 及其组分构成指标体系

指标		指代含义	影响因素
HANPP	HANPP (gC)	总生态占用量	人类活动、行政区面积、农业、城市化
	HANPP (%NPP_{pot})	生态占用度	总生态占用量、自然本底
	HANPP (gC/m^2)	综合生态占用强度	人类活动、农业、城市化
$HANPP_{harv}$	$HANPP_{harv}$ (gC)	总收获量	人类活动、行政区面积、生产用地、农业
	$HANPP_{harv}$ (%HANPP)	农业生产贡献率	总收获量、总生态占用量
	$HANPP_{harv}$ (gC/m^2)	土地生产能力	人类活动、生产用地、农业
$HANPP_{luc}$	$HANPP_{luc}$ (gC)	总 LUCC 碳占用量	人类活动、行政区面积、土地利用强度、自然本底
	$HANPP_{luc}$ (%HANPP)	LUCC 碳占用贡献率	LUCC 占用量、总生态占用量
	$HANPP_{luc}$ (gC/m^2)	LUCC 碳占用强度	人类活动、土地利用强度、自然本底

表4-2 HANPP不均衡性度量典型分区

分区	子分区	所辖省级行政区
南北分区	南部	上海、江苏、浙江、安徽、福建、江西、湖北、湖南、广东、广西、海南、重庆、四川、贵州、云南
	北部	北京、天津、河北、山西、内蒙古、辽宁、吉林、黑龙江、山东、河南、西藏、陕西、甘肃、青海、宁夏、新疆
东西分区	东部	北京、天津、河北、山西、辽宁、吉林、黑龙江、上海、江苏、浙江、安徽、福建、江西、山东、河南、湖北、湖南、广东、海南
	西部	内蒙古、广西、重庆、四川、贵州、云南、西藏、陕西、甘肃、青海、宁夏、新疆
沿海内陆	沿海	北京、天津、河北、辽宁、上海、江苏、浙江、福建、山东、广东、广西、海南
	内陆	山西、内蒙古、吉林、黑龙江、安徽、江西、河南、湖北、湖南、重庆、四川、贵州、云南、西藏、陕西、甘肃、青海、宁夏、新疆
胡焕庸线两侧	胡焕庸线东南侧	北京、天津、河北、山西、辽宁、吉林、黑龙江、上海、江苏、浙江、安徽、福建、江西、山东、河南、湖北、湖南、广东、广西、海南、重庆、四川、贵州、云南、陕西
	胡焕庸线西北侧	内蒙古、西藏、甘肃、青海、宁夏、新疆
传统六分区	华北	北京、天津、河北、山西、内蒙古
	东北	辽宁、吉林、黑龙江
	华东	上海、江苏、浙江、安徽、福建、江西、山东
	中南	河南、湖北、湖南、广东、广西、海南
	西南	重庆、四川、贵州、云南、西藏
	西北	陕西、甘肃、青海、宁夏、新疆

续表4-2

分区	子分区	所辖省级行政区
八大经济区	东北	辽宁、吉林、黑龙江
	北部	北京、天津、河北、山东
	东部沿海	上海、江苏、浙江
	南部沿海	福建、广东、海南
	黄河中游	山西、内蒙古、河南、陕西
	长江中游	安徽、江西、湖北、湖南
	西南	广西、重庆、四川、贵州、云南
	大西北	西藏、甘肃、青海、宁夏、新疆
三大地带	东部	北京、天津、河北、辽宁、上海、江苏、浙江、福建、山东、广东、海南
	中部	山西、吉林、黑龙江、安徽、江西、河南、湖北、湖南
	西部	内蒙古、广西、重庆、四川、贵州、云南、西藏、陕西、甘肃、青海、宁夏、新疆

在正态分布检验中，除 $HANPP_{harv}$（%HANPP）与 $HANPP_{luc}$（%HANPP）以外的各 HANPP 特征因子均符合正态性假定。表4-3典型二分区不均衡检验结果显示，除 HANPP（%NPP_{pot}）表征的生态占用度与 $HANPP_{luc}$（gC/m^2）外的绝大部分 HANPP 特征因子在我国南北分区均无显著差异。东西分区各样本间均符合方差齐次特征，且通过 $P<0.05$ 显著性水平差异检验的 HANPP 指标最多。考虑到我国城市化引领的区域综合发展程度是东西分区的划分依据，故需要进一步关注 HANPP 对城市化的响应。由于各省级行政区三种地均生态占用指标排除了区域面积差异影响，能够真实反映区域人口与社会综合发展下单位面积生态资源占用强度差异，因此，在依地理区位与经济发展共同划分的东西分区呈现显著差异。同时，沿海各省级行政区的面积相对内陆部分省级行政区更小，因而其 HANPP 与 $HANPP_{luc}$ 占用总量显著低于内陆各省级行政区（$P<0.05$），但其单位面积 HANPP 占用量显著高于内陆各省级行政区。胡焕庸线为我国人口密度分界线，其在空间上跨越多个省界。对于被分割的省级行政区，本研究按照主导面积

确定胡线两侧的归属。研究显示，在绝大多数特征因子方差齐次的情况下，仅表征地均占用的 HANPP、$HANPP_{harv}$、$HANPP_{luc}$ 三个因子在胡焕庸线两侧差异显著，说明生态资源地均占用强度与人口密度高度相关，能够较为真实地反映人类活动碳消耗的空间特征。此外，根据各 HANPP 指标通过显著性差异检验的数量可发现，在典型二分区中，HANPP 指标的不均衡程度排序为 HANPP > $HANPP_{luc}$ > $HANPP_{harv}$。

表 4-3　典型二分区 HANPP 及其组分构成不均衡性

指标	样本正态分布	南北分区		东西分区		沿海内陆		胡焕庸线两侧	
		方差相等	差异显著	方差相等	差异显著	方差相等	差异显著	方差相等	差异显著
HANPP (gC)	是	是	否	是	否	是	是	是	否
HANPP ($\%NPP_{pot}$)	是	是	是	是	是	是	否	是	否
HANPP (gC/m^2)	是	是	否	是	是	否	是	是	是
$HANPP_{harv}$ (gC)	是	否	否	是	否	是	否	是	否
$HANPP_{harv}$ (%HANPP)	否	否	否	是	否	是	否	是	否
$HANPP_{harv}$ (gC/m^2)	是	否	否	是	是	是	否	是	是
$HANPP_{luc}$ (gC)	是	是	否	是	否	是	是	否	否
$HANPP_{luc}$ (%HANPP)	否	否	否	是	否	是	否	是	否
$HANPP_{luc}$ (gC/m^2)	是	是	是	是	是	是	否	是	是

在表 4-4 典型多分区 HANPP 特征因子差异检验中，传统六分区的各

因子均符合方差齐次性，但仅有HANPP(gC/m^2) 与$HANPP_{luc}$(gC/m^2) 两因子呈现显著差异（$P<0.05$）。前者在华北—华东、华东—西南、中南—西南等区均呈不均衡特征，且西北地区除与西南未通过检验外，其HANPP(gC/m^2) 与全国其他四分区均具有显著差异；后者与HANPP(gC/m^2) 在传统六分区间检验结果相似，西北地区的$HANPP_{luc}$(gC/m^2) 也同样与大部分其他分区不均衡性明显，但收获量因子在该分区系统间均未表现出显著不均衡。在我国八大经济分区中，HANPP与$HANPP_{luc}$地均占用及HANPP（$\%NPP_{pot}$）分别在11个、8个、18个子分区组合间通过差异性检验。其中，北部地区HANPP占比与其他各区不均衡性最高，地均HANPP及$HANPP_{luc}$的不均衡特征几乎全部来自大西北地区。$HANPP_{harv}$(gC/m^2) 因未呈方差齐次性，故通过Kruskal-Wallis非参数检验，判断出其仅在北部—大西北分区间有明显不均衡性。在我国三大地带中，展现不均衡性的特征因子数量最多，西部地带的各个地均HANPP指标与其他分区差异显著，中部与东部地带之间相似度高；而生态占用总量指标的空间不均衡性则主要来自东部地带。

值得注意的是，$HANPP_{harv}$各因子在二分区或多分区间空间不均衡性总体不显著，仅地均收获量指标在东西二分区、胡焕庸线两侧、北部—大西北、东部地带—西部地带、中部地带—西部地带几个分区间呈显著差异。其原因在于，相比HANPP与$HANPP_{luc}$与人类活动空间分布的密切关系，$HANPP_{harv}$同时受制于区域自然本底、植被覆盖、气候、地形与人类活动等多重因素，各省级行政区的生物量生产更多由区内耕地、林地、草地分布及自身水热条件决定，因而其较少在基于空间区位与社会经济的分区系统下呈现显著差别。同时，收获量与土地利用碳占用在HANPP中的贡献率均未在任何分区间体现显著的不均衡性，结合前文可知，各省级行政区两指标贡献率总体呈现$HANPP_{luc}$高于$HANPP_{harv}$的稳定特征，个别省级行政区间的差异性在空间上并无明显规律。总体而言，在9个HANPP特征因子中，地均占用指标对不同分区间的差异最为敏感；HANPP各指标可以综合反映自然本底与人类活动特征，因而在各分区系统下的不均衡程度最高，其次为$HANPP_{luc}$及$HANPP_{harv}$；不同分区系统下，与其他各子分区不均衡性最显著的地区有明显共性，其主要集中于大西北地区（来自八大经济分区，含5个省级行政区）、西北地区（来自传统六分区，含5个省级行政区）与西部地带（来自三大地带，含12个省级行政区）。

表4-4　典型多分区HANPP及其组分构成不均衡性

指标	样本正态分布	传统六分区			八大经济区			三大地带		
		方差相等	差异显著	显著差异分区组合	方差相等	差异显著	显著差异分区组合	方差相等	差异显著	显著差异分区组合
HANPP(gC)	是	是	否	—	是	否	—	是	是	1-2，1-3
HANPP(% NPP_{pot})	是	是	否	—	是	是	1-4，1-7，2-3，2-4，2-6，2-7，2-8，4-5，4-8，5-7，7-8	是	否	—
HANPP(gC/m^2)	是	是	是	1-3，1-6，2-6，3-5，3-6，4-5，4-6	是	是	1-8，2-8，3-8，4-8，5-8，6-7，6-8，7-8	是	是	1-3，2-3
$HANPP_{harv}$(gC)	是	是	否	—	否	否	—	是	否	—
$HANPP_{harv}$(% HANPP)	否	是	否	—	是	否	—	是	否	—
$HANPP_{harv}$(gC/m^2)	是	是	否	—	否	是	2-8	是	是	1-3，2-3
$HANPP_{luc}$(gC)	是	是	否	—	是	否	—	否	是	1-2
$HANPP_{luc}$(% HANPP)	否	是	否	—	是	否	—	是	否	—
$HANPP_{luc}$(gC/m^2)	是	是	是	1-3，1-4，1-6，2-6，3-5，3-6，4-5，4-6	是	是	1-3，1-6，1-8，2-3，2-4，2-6，2-8，3-5，3-7，3-8，4-5，4-7，4-8，5-6，5-8，6-7，6-8，7-8	是	是	1-3，2-3

注：传统六分区编号对应1. 华北　2. 东北　3. 华东　4. 中南　5. 西南　6. 西北；八大经济区编号对应1. 东北　2. 北部　3. 东部沿海　4. 南部沿海　5. 黄河中游　6. 长江中游　7. 西南地区　8. 大西北地区；三大地带编号对应1. 东部地带　2. 中部地带　3. 西部地带。

二、人口分布的 HANPP 不均衡性

HANPP 及其组分由人类活动产生，因此，探究各指标占用量在空间分布上是否与我国人口分布具备协调关系有助于深入认识 HANPP 的空间不均衡特征。洛伦兹曲线（Lorenz curve）最初主要用于度量收入在人口之间的分配问题，将人口累计百分比与收入累计百分比分别作为横纵两轴，二者连成一条内凹的实际分配曲线，其与 $y = x$ 绝对平均分配线之间围成的面积越大，则分配越不均衡（Lorenz，1905）。此外，基尼系数（Gini Coefficient）由洛伦兹曲线的理论发展而来，其克服了洛伦兹曲线只能通过图示展现两因素之间不均衡程度的弱点，目前已经广泛用于测度指标分配的不均衡性。基尼系数可借助洛伦兹曲线图中绝对平均分配线与洛伦兹曲线间的面积与绝对平均分配线与坐标轴围成的三角形面积之比计算（Barrett and Salles，1995）。其变化范围为 0 ～ 1，数值越高表示不均衡程度越高，联合国对基尼系数的指征意义进行了分级规定：低于 0.2、0.2 ～ 0.3、0.3 ～ 0.4、0.4 ～ 0.5、高于 0.5 分别代表绝对平均、比较平均、相对合理、差距较大、差距悬殊。当前，洛伦兹曲线与基尼系数已经广泛用于生态资源、水资源、基础设施的公平分配分析（董璐 等，2014；侯华丽 等，2015；周玉科 等，2017）。

本节以 31 个省级行政区为样本，通过对 2001 年、2005 年、2010 年、2015 年 HANPP、$HANPP_{luc}$、$HANPP_{harv}$ 总量的样本由低到高进行排序，进而计算各省级行政区的 HANPP 指标与各省级行政区年末常住人口累计百分比，并分别将其作为洛伦兹曲线的 y 轴与 x 轴，以绘制二者之间的洛伦兹曲线。该曲线弯曲程度越大，则表示该年我国 HANPP 或其组分指标在人口间的分布不均衡程度越高。同时，本节以目前常用的梯形面积法（董璐 等，2014）计算 2001—2015 年我国人口与各 HANPP 指标间的基尼系数，以此识别相同年份各 HANPP 指标在人口分布约束下的不均衡差异，以及同一指标不均衡程度的年际波动。

HANPP、$HANPP_{luc}$、$HANPP_{harv}$ 在我国人口分布约束下的总占用量不均衡性有明显差异（见图 4 - 1），其中 $HANPP_{luc}$ 洛伦兹曲线弯曲程度最大，其他两指标弯曲程度相当，且三者的不均衡性均逐年加剧。从 2001—2015 年的基尼系数来看，HANPP 与 $HANPP_{harv}$ 分别在 2001 年与 2005 年均低于

0.2，即二者与我国人口分布在该时间点均处于绝对平均状态；二者分别在2010 年与 2015 年均升至 0.2 以上，即维持比较平均的水平。而 $HANPP_{luc}$基尼系数除在 2005 年出现短暂下跌外，均处于 0.3 ～ 0.4 区间内，说明土地利用占用的资源总量与人口分布不能完全空间匹配，但尚具相对合理性。$HANPP_{harv}$占用量取决于区域农林牧生物产品产量，其紧密依赖于农林牧用地空间分布，并极大依赖于作物、林木、牲畜生长过程中的人工管理；同时，高生产力土地始终是人口分布的密集区，因此，$HANPP_{harv}$在空间上呈现占用量与人口分布较为均衡的状态。

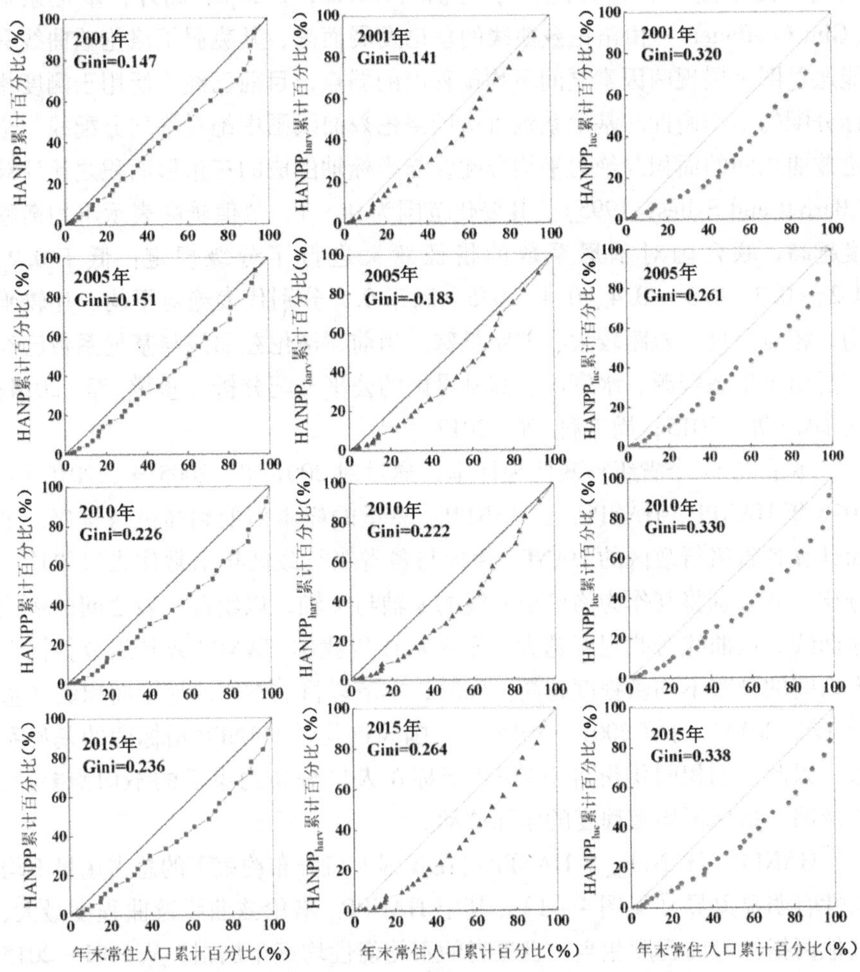

图4－1　2001—2015 年我国人口与 HANPP、$HANPP_{luc}$、$HANPP_{harv}$洛伦兹曲线

人口密度约束下的 $HANPP_{luc}$ 相较其他指标具有更高水平的不均衡性，其与研究时段内我国社会经济发展总体加速及大城市对人口的吸引力不断增强紧密相关，可见城市化可通过影响人类活动重心的空间转移加剧生态占用不均衡性。以我国直辖市为例，其 $HANPP_{luc}$ 总量因行政区面积所限始终处于全国低值，且除重庆和天津的 HANPP 以土地利用与粮食生产共同主导外，北京和上海的 HANPP 及 $HANPP_{luc}$ 绝大部分来自城市化导致的自然植被损耗。北京和上海的城市化起步较早，且 $HANPP_{luc}$ 在城市可持续发展规划与行政区边界的双重限制下难再有大幅增长，但大城市对人口的吸引作用日益加强。由此可见，城市发展始终对我国人口分布与流动起拉动作用，且随着城市建设步伐加快，大城市物资需求上涨常致使周边地区承担生物产品供应的角色，这在一定程度上增加了农林牧业发展导致的自然植被损耗。因此，我国 $HANPP_{luc}$ 总体处于发达地区人口密集导致的土地利用占用饱和，与欠发达地区人口流失及区域持续建设导致的土地利用碳占用增加的双重作用下，其在人口分布约束下的不均衡程度必将逐年加剧。

图4-2（a）展现了2001—2015年我国人口与HANPP、$HANPP_{luc}$、$HANPP_{harv}$ 基尼系数的变化，上述3个指标在人口分布约束下的不均衡程度逐年加强。从变化趋势来看，$HANPP_{luc}$ 基尼系数的波动最为显著，其在2001—2005年的不均衡程度由0.320的相对合理恢复到0.261的比较平均水平，此后大幅波动至2008年后又经历两次先增后减。人口与 $HANPP_{harv}$ 间的基尼系数虽以不足每年0.01的速度平缓增长（$R^2=0.93$，$P<0.01$），但其在人口分布约束下的基尼系数以2006年为关键分界点由绝对平均转为比较平均状态。这在一定程度上取决于我国社会经济发展与城市化背景下农村居民向城市的转移，导致从事农业生产的人口数量逐年下降；同时，随着农业机械化程度提高，区域内部单位面积生物收获量有所提升，从而产生 $HANPP_{harv}$ 与人口分布在空间的不匹配度提高。人口与HANPP基尼系数的变化趋势由其组分共同影响，2008年以后始终处于比较平均水平。

借助图4-2（b）中各指标多年基尼系数箱型图可知，2001—2015年人口分布约束下的生态资源占用不均衡程度由高到低依次为 $HANPP_{luc}$、$HANPP_{harv}$、HANPP，其基尼系数多年均值分别为0.328（相对合理）、0.210（比较平均）、0.204（比较平均），未出现较大程度的不均衡；此外，人口与HANPP基尼系数分布最为集中，而 $HANPP_{harv}$ 则最为分散。综

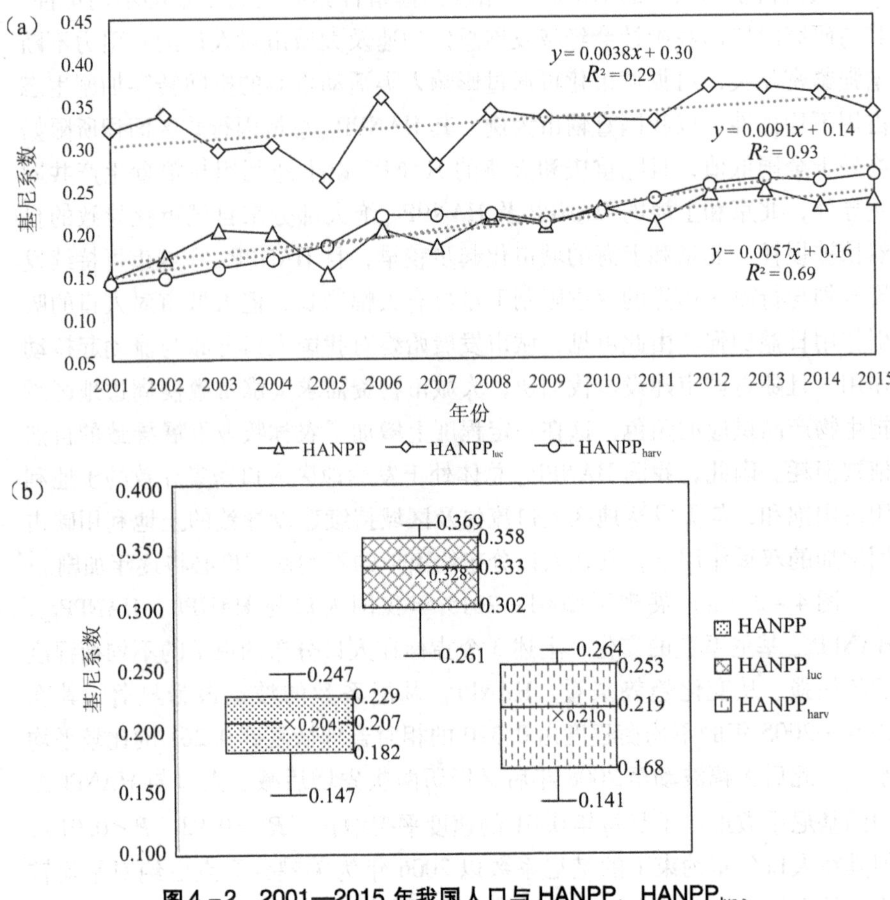

图 4－2　2001—2015 年我国人口与 HANPP、$HANPP_{luc}$、$HANPP_{harv}$ 基尼系数变化

合上文分析可知，2001—2015 年我国生态资源占用总体与人口分布空间匹配，人口分布的 $HANPP_{luc}$ 不均衡度虽高于其他二者，但近年来显示出均衡化趋势；相反，人口与 $HANPP_{harv}$ 基尼系数增长率最高，按照研究时段内的变化趋势，其在 2018 年已跨入高于 0.3 的相对合理水平，HANPP 也将于 2025 年跨入该阶段。值得注意的是，虽然理论上应尽可能保持人口密度与生态资源空间分配的相对匹配，但农业技术的提升必将导致农村人口部分流失，人口分布的 $HANPP_{harv}$ 不均衡性可能进一步加剧。

第二节 自然本底约束

一、自然本底条件分区

HANPP及其组分空间格局受制于自然生态系统本底条件，为探究“相同自然本底是否对应同等人类干扰压力”的问题，本节从气候指标、地形指标、地表生产能力指标三个角度度量我国生态本底条件。其中，多年平均气温、降水、太阳辐射可较全面地表征我国生态系统水热条件，其直接影响我国植被类型与生长态势；我国地势呈西高东低的阶梯状分布趋势，地形种类多样，山区分布广阔，因此，DEM 数据表征的海拔特征须作为自然本底约束条件之一；由于 HANPP 是充分考虑人类活动对生态系统干扰的指标，无论是历史年份或当前土地利用现状，NDVI 等常用的地表覆被类指标均是在人类干扰后的实际状况，探究 HANPP 及其组分的空间不均衡性更关注潜在条件下的自然本底约束作用，因此，本研究选用 NPP_{pot}表征区域地表综合生产能力。此外，国内外关于自然地域分区的方法丰富多样，且在近年来不断变革创新（彭建 等，2018），传统的定性或半定量分区方法因其主观性较强已逐渐被神经网络、聚类分析等能够充分挖掘基础要素特征的定量分区方法所取代。本研究采用 SOFM 神经网络模型对我国自然本底进行分区，该方法是一种直接对未知输入数据进行模拟的非监督型模式识别技术，在保证输入样本量的前提下可得到精确的分区单元界线。

为提取足够样本作为 SOFM 网络输入数据，本研究对所选 5 个分类指标在全国以 3 km 作为半径提取 40000 个随机点，排除新疆 NPP_{pot}的缺测值后共 30995 个样本点。为排除各分类指标量纲影响，基于极差标准化方法对样本数据进行归一化处理，以此构建 5 × 30995 的 SOFM 输入层数据，以［0，1］的随机数为初始权值、0.1 为基本学习速率、100 次为最大循环次数在 Matlab R2014a 中完成程序编译及运算。考虑到本研究意在反映 HANPP 的自然本底约束特征，分区目的并非与已有分区或区划工作进行对比与验证，且过少的分区数目难以保证广阔研究区各分区内部自然本底条件相对均一，故本研究对样本进行 10 ～ 15 类的分区。研究发现，11 ～ 15 类分区在地形、气象复杂性较高的新疆北部与川滇地区均形成了互相交错嵌套的复杂分区，难以进行完整连片的区域分割，故选取 10 分区作为本节的最终方案。

各个分区要素呈现不同的分异特征，其中气温、降水要素均表现出南高北低的变化特征，太阳辐射的高值区集中于我国西北部，海拔呈明显的三级阶梯化，地表潜在生产能力 NPP_{pot}则在各要素综合作用下展现出由东南向西北递减的梯度特征。由此得到的我国自然本底条件分区在我国东南部总体呈相互平行的东北—西南走向的条带状分布，在跨越 400 mm 等降水量线所在区域后，海拔、太阳辐射与气温在我国西北部分区间起主导作用，沿青藏高原边界分解为各分区。此外，在我国川滇地区及青海湖附近分区均在其他分区内部有小面积飞地，但因自然地域分区是相应区划工作的前期阶段与基础，其实质包括类型分区与地域分区，故不需要严格遵循共轭性原则（彭建、王军，2006）。

统计各分区内 5 指标多年平均值（见表 4 - 5），并对其进行归一化处理，考虑到高海拔地区对植被生长及干物质积累的负向作用，除海拔为负向因子外，其他各指标均为正向因子。同时，对各分区归一化 5 指标均值加和进行排序，并将分区进行编号（Ⅰ～Ⅹ）以表征自然本底由优至劣等级。由表 4 - 5 可知，自然本底条件最优Ⅰ区位于我国东南沿海地区，包含广西、广东、福建、江西全域及湖南、浙江大部与云南南部等区域，其区内地形平缓且气温、降水、NPP_{pot}平均值均达各区最高水平。次优区Ⅱ位于Ⅰ区的北部，含安徽、湖北、江苏及四川盆地，该区的平均海拔为各区最低且水热条件仅次于Ⅰ区，地表综合生产能力较为优越。Ⅲ区位于我国云贵川地区，其气温、降水虽略低于Ⅱ区，但相对充足的太阳辐射使其具备仅次于Ⅰ区的干物质积累潜力。Ⅲ区内包含属Ⅱ区的四川盆地与属Ⅴ区的云南省东北角两处飞地，后者的气温降水稍低于Ⅲ区。我国耕地广布的华北平原主要包含于Ⅳ区，Ⅴ区与Ⅵ区以山西为界由黑龙江贯穿至藏南地区，总体与我国 400 mm 等降水量线空间位置相符。

表4-5 我国自然本底条件分区自然要素特征

分区	气温（℃）	降水（mm）	太阳辐射（MJ）	海拔（m）	NPP_{pot}（gC/m^2）	自然特征
Ⅰ	19.81	1603.03	4919.55	396.07	1027.21	水热条件及生产能力最优
Ⅱ	16.90	1148.30	4475.70	297.05	878.85	海拔最低、太阳辐射最少
Ⅲ	16.18	1033.44	5014.44	1527.29	912.66	生产能力次优
Ⅳ	13.08	683.86	4941.24	325.19	633.91	自然本底条件居中
Ⅴ	10.97	687.38	5291.60	2160.41	696.86	海拔偏高、自然本底居中
Ⅵ	4.94	506.85	4905.60	458.34	545.95	各要素均中等偏低
Ⅶ	6.45	571.98	6020.12	3420.79	574.77	太阳辐射量高、水热欠缺
Ⅷ	7.54	177.20	5788.43	1190.70	284.41	热量指标高于水分指标
Ⅸ	6.44	151.27	6291.00	3084.91	212.38	降水最少、生产能力最弱
Ⅹ	3.23	326.28	7078.83	4739.44	232.54	海拔最高、太阳辐射最强、气温最低

以东北各省为主的Ⅵ区内部5种自然本底要素均值普遍较低，且以该区为界的后续各区内太阳辐射明显增强。Ⅶ区属于Ⅴ区与高海拔的Ⅹ区之间呈南北方向的狭长过渡带，其较相邻的Ⅴ区虽获得更高的太阳辐射量，但高海拔会导致气温明显降低，植被固碳潜力有所下降。Ⅶ区、Ⅷ区分别为分区系统中占地面积最小（2.55万平方千米）与占地面积最大（23.82万平方千米）的区域，后者包含我国新疆、甘肃、宁夏、内蒙古大部分区域。Ⅸ区识别出了阿尔金山脉、祁连山脉、天山山脉沿线地区，是青藏高原与其北部低海拔地区的过渡带；其多年平均降水量仅为151.27 mm，在所有分区中降水条件最差，严重制约了植被生长与干物质积累。青藏高原全域在我国自然本底综合分区中处于条件最劣区Ⅹ，该区具有最高的海拔、最强的太阳辐射和最低的气温，相对极端的气候条件使该区植被类型单一，地表综合生产能力弱。

二、HANPP 不均衡约束分析

基于上文对我国自然本底条件分区结果，可认为分区内部气候条件、地形地貌、地表生产能力等指标具备较高同一性，借此可探究同等自然本底条件是否对应相似的人类干扰与碳占用水平；同时，由于人类对环境相对优越区域具有更强的开发倾向性，本研究将关注不同自然本底条件分区之间的生态占用是否呈正向联系。为探究分区内部 HANPP 及其组分的均衡性，本研究借助变异系数（coefficient of variation，CV）对各分区 HANPP、$HANPP_{luc}$、$HANPP_{harv}$ 地均值、HANPP（$\%NPP_{pot}$）、$HANPP_{luc}$ 与 $HANPP_{harv}$ 对 HANPP 贡献率 6 个指标的全样本在分区内的离散程度进行量化。由于变异系数能够客观地表达一组数据距离其平均值的离散程度，其具备刻画不同指标且互相可比的无量纲优势。CV 数值越低，说明区内样本的团聚性越强，内部统一程度越高，即各分区内 HANPP 占用情况越相似。同时，通过计算各 HANPP 指标在分区方案下的 CV 均值（$\overline{CV}$）及按像元个数加权的平均值（CV^*），以分别从全局尺度及像元尺度实现各指标在自然本底条件制约下的总体离散水平对比。各 HANPP 指标在分区之间的差异性水平由其在分区内的多年均值变异系数 $CV_{区间}$ 表征。CV^* 的计算方法如式（4－1）所示（张甜 等，2015），其中 n 为分区数量，N_i 为各分区像元个数，CV_i 为分区 i 的 CV 值。

$$CV^* = \frac{\sum_{1}^{n} CV_i \times N_i}{\sum_{1}^{n} N_i} \tag{4-1}$$

为探究人类对生态资源占用强度是否与自然本底优越性呈同向发展趋势，本研究以上文所得分区Ⅰ～Ⅹ表征我国自然本底积累由优至劣排序，探讨 HANPP(gC/m^2) 等 6 个特征因子在分区之间多年平均值的差异性（见图 4－3）。在理想状态下，人类对环境优越区具有开发倾向性，因而 HANPP 等资源占用强度应随分区内自然本底资源储备的降低而减弱，图 4－4 展现了二者的复杂关系。总体而言，图 4－3(a)～(c) 的 HANPP、$HANPP_{harv}$、$HANPP_{luc}$ 地均值与图 4－3(d)～(f) 的 HANPP（$\%NPP_{pot}$）、$HANPP_{harv}$ 贡献率、$HANPP_{luc}$ 贡献率两组指标对自然本底分区敏感性差异显著，前者较为符合人类资源占用倾向性，而后者则未显著受自然本底条件约束。

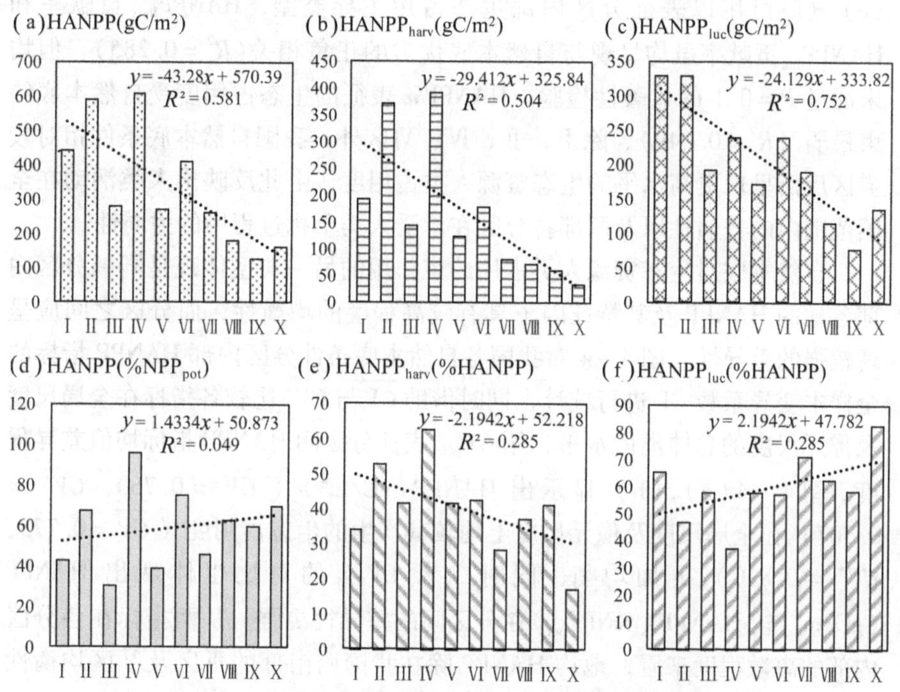

图4-3　自然本底分区内 HANPP 及其组分均值对比

其中，$HANPP_{luc}$(gC/m²）与自然本底优劣程度之间呈现显著性程度最高的高度正相关（$R^2=0.752$，$P<0.01$），其次为地均 HANPP（$R^2=0.581$）及地均 $HANPP_{harv}$（$R^2=0.504$）在 $P<0.05$ 显著性水平下的中度正相关，说明人类通过土地利用、生物量收获所占用的资源量在区域之间的差异总体符合自然本底的供应能力，且人类对土地利用和土地覆被的改变与开发强度相较生物量收获在更大程度上受制于区域本底特征。图4-3（c）显示，自然本底最优的Ⅰ区与Ⅱ区的 $HANPP_{luc}$(gC/m²）均值为全国最高，但其他各分区之间并未严格遵循占用量的梯度差异；相较之下，图4-3（b）中水热条件与潜在生产能力并非最优的Ⅱ区与Ⅳ区是提供生物产品的首要区域，而其他分区则较大程度地遵循梯度占用规律；HANPP 作为 $HANPP_{luc}$与 $HANPP_{harv}$之和，其受自然本底的约束作用由 $HANPP_{harv}$主导。值得注意的是，地均 $HANPP_{luc}$在自然本底相对劣势区出现了一定程度

的反超特征，如包含西藏的Ⅹ分区占用量明显高于新疆、内蒙古、青海等地，其主要由西藏地区超载放牧引起的草地退化所致。相对而言，图4－3（e）～（f）可用以表征分区内部生态占用主导类型，$HANPP_{harv}$贡献率和$HANPP_{luc}$贡献率虽均呈现与自然本底优劣的正负相关（$R^2=0.285$），但均未通过$P=0.1$的显著性检验。HANPP%表征的生态占用度受自然本底约束最弱（$R^2=0.049$），除Ⅰ、Ⅱ、Ⅳ、Ⅵ区外，我国自然本底条件相对较劣区反而呈现更高水平的生态资源人类占用度，由此反映出人类活动在全国范围内的普遍性以及西部各分区在承受人类干扰过程中的脆弱性。

自然本底对生态资源人类占用约束作用的另一典型体现是同一分区内部各地的HANPP及其特征因子具有较高程度的均衡性，而分区之间应呈现较强的差异性。图4－4对我国各自然本底条件分区内部HANPP指标的全样本变异系数CV进行统计，同时借助$\overline{CV}$与CV^*比较各指标在全局尺度及像元尺度的总体离散水平，用$CV_{区间}$表征分区间HANPP指标均值差异程度。图4－4（a）、（b）显示出HANPP（gC/m^2）（$\overline{CV}=0.760$，$CV^*=0.707$）在全局尺度及像元尺度上均较其产生的生态占用度（$\overline{CV}=0.773$，$CV^*=0.810$）更加均衡，同时二者$CV_{区间}$的对比也体现出HANPP（gC/m^2）较HANPP（$\%NPP_{pot}$）在分区间的差异性更强。从两指标在各分区内部的离散程度来看，地均HANPP除在我国西南部的Ⅲ区及Ⅴ区均衡性较低外，其他分区内部的人类占用均呈现较强的团聚性；HANPP（$\%NPP_{pot}$）在Ⅷ区的高离散度主要由新疆北部土地利用对生物量的正负积累双向作用导致；此外，两指标在位于我国东北的Ⅵ区内部均保持了较高程度的内部均衡性。图4－4（c）显示出地均收获量受自然本底约束程度为3个地均指标中最低，但其在分区之间表现出较强的差异性；与地均HANPP相似，其同样在我国西南部的Ⅲ区及Ⅴ区内部离散度最高，这主要缘于我国西南部提供收获量的耕地、林地、草地斑块复杂交错，导致不同量级的$Crop_{harv}$、$Grazed_{harv}$及$Forest_{harv}$在区内的离散度增强。此外，$HANPP_{harv}$贡献率在全局尺度及像元尺度的不均衡程度为6个指标中最高（$\overline{CV}=4.388$，$CV^*=4.824$），且分区之间的差异性较低［见图4－4（d）］；同时，其离散程度高值区主要集中在自然本底较劣的Ⅶ～Ⅹ区，说明在这些分区中由于水热条件等限制，人类难以从生态系统中获得连续且稳定的生物产品。由此可见，$HANPP_{harv}$贡献率CV在空间上呈明显的两极分化，仅在耕地覆盖度高的东北平原及华北平原所辖分区离散度低。

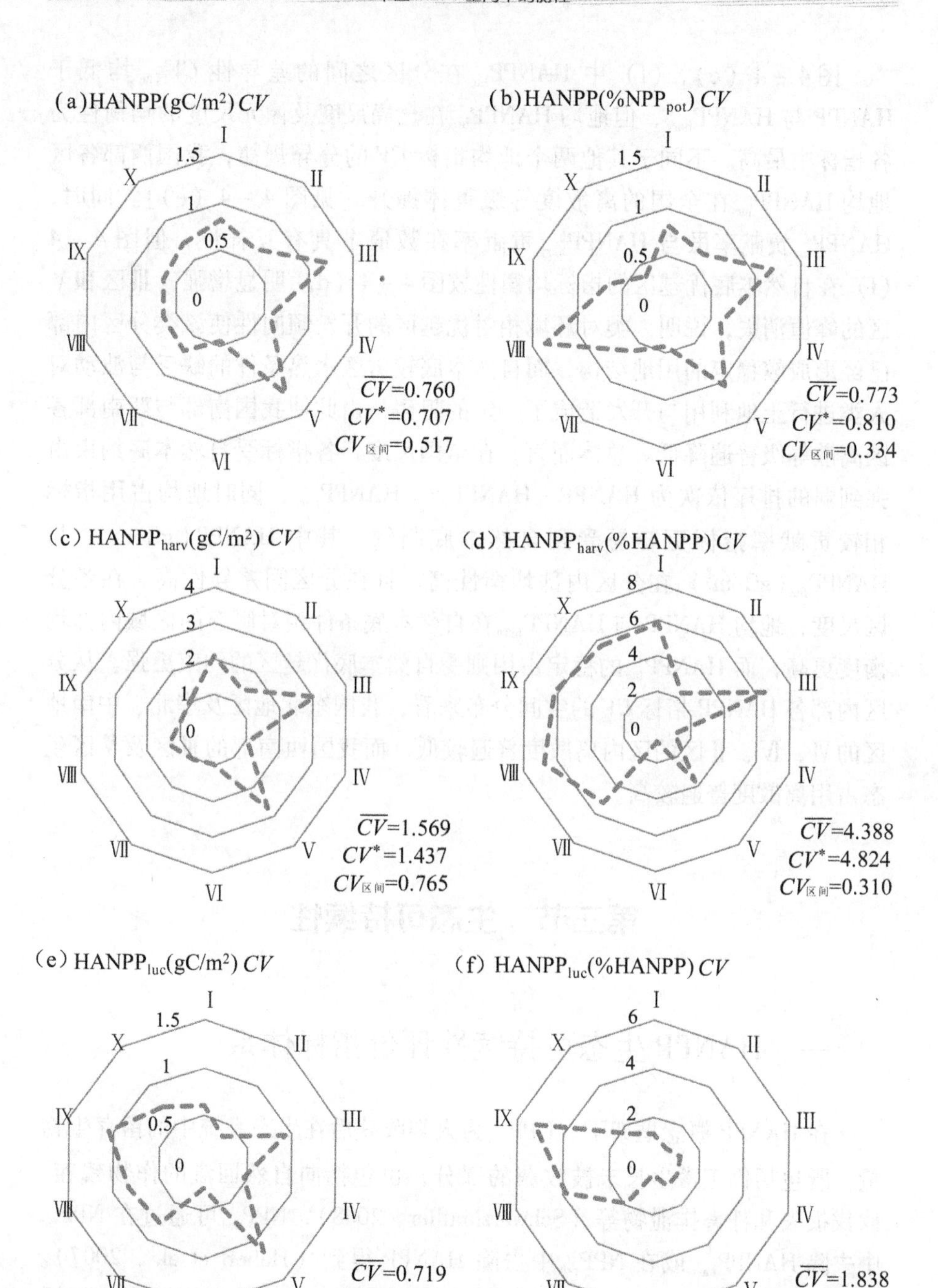

图4-4　自然本底分区内 HANPP 及其组分变异系数对比

图4－4（e）、（f）中 $HANPP_{luc}$ 在分区之间的差异性 $CV_{区间}$ 均低于 HANPP 与 $HANPP_{harv}$，但地均 $HANPP_{luc}$ 在全局尺度及像元尺度的均衡性为各指标中最高。不同于其他两个地均指标 *CV* 的分异规律，我国西部各区地均 $HANPP_{luc}$ 在全国的离散度等级整体提升［见图4－4（e）］。同时，$HANPP_{luc}$ 贡献率虽与 $HANPP_{harv}$ 贡献率在数值上具有互补性，但图4－4（f）在自然本底优越区的指标均衡性较图4－4（d）明显增强，Ⅲ区和Ⅴ区的峰值消失，说明人类对环境相对优越区的开发倾向性使该类分区内部已经形成较稳定的用地结构，而自然本底较劣区水热条件的缺乏与波动对人类进行土地利用与开发造成了一定的阻碍，由此使我国南部与西南部各区离散等级普遍降低。总体而言，在全国尺度，各指标受自然本底约束由强到弱的排序依次为 HANPP、$HANPP_{luc}$、$HANPP_{harv}$，同时地均占用指标相较贡献率指标更容易受到自然本底制约，其中 HANPP（gC/m^2）与 $HANPP_{luc}$（gC/m^2）在分区内部均衡性高，且在分区间差异性高。在各分区尺度，地均 HANPP 与 $HANPP_{harv}$ 在自然本底条件相对匮乏的区域内部均衡度更高，而 $HANPP_{luc}$ 的稳定占用则受自然本底优越区的约束更强。从分区内部各 HANPP 指标 *CV* 的空间分布来看，我国东北地区及华北、中南地区的Ⅵ、Ⅳ、Ⅱ区的区内离散度普遍较低，而我国西南部的Ⅲ区及Ⅴ区生态占用离散度普遍较高。

第三节　生态可持续性

一、HANPP 生态可持续性评价指标体系

在 HANPP 概念框架下，NPP_{eco} 为人类收获后在生态系统中的留存生物量，既包括仍正常生长未被收获的部分，也包括向自然回流的作物残茬、砍伐损失和牲畜排泄物等（Schwarzlmüller，2008），NPP_{eco} 可通过在 NPP_{act} 中去除 $HANPP_{harv}$ 或在 NPP_{pot} 中去除 HANPP 得到（Haberl et al.，2007）。HANPP（$\%NPP_{pot}$）表征的人类占用生态资源与潜在 NPP 之比可度量人类活动导致的生态占用度，生态占用度越高表明生态压力越大（Zhang et al.，2015；龙爱华 等，2008）。这一结论是在 HANPP 概念框架下通过判断留

存给生态环境的可用资源 NPP_{eco} 的数量增减得到的（Haberl et al.，2007）。从1987年世界环境与发展委员会（WCED）对可持续发展进行正式定义，到2015年正式通过17个可持续发展目标，学界对可持续性研究的关注逐步加强。21世纪初诞生的可持续性科学（sustainability science）是研究人与环境之间动态关系的横向科学（Kates et al.，2001），随着理论体系的不断完善及研究手段的快速发展（Kajikawa，2008；Spangenberg，2011；Weinstein and Turner，2012；邬建国 等，2014；周兵兵 等，2019），其为我们理解人类活动生态占用提供了新的途径。

可持续发展（sustainable development）是可持续性科学中的关键概念，其是一种“既满足当代人的需求，又不对后代人满足其需求的能力构成危害的发展”（WCED，1987），其研究对象通常为社会—经济—自然复合生态系统（王如松、欧阳志云，2012）。随着可持续性科学的发展，从不同学科视角对可持续性的解读逐步丰富（Shrivastava，1995；Anand and Sen，2000；Dempsey et al.，2011；Folke et al.，2016；刘惠敏，2008）。其中，生态可持续性指通过维持生态系统的完整性与健康，使之长久地为人类及其他生物提供产品与服务的可持续状态（生态文明建设大辞典，2016），其与经济与社会可持续性共同构成可持续性的三个维度。傅伯杰等（1997）指出，生态可持续性与自然环境中的物质及能量循环密切相关，同时其也直接决定了区域生态安全（张虹波、刘黎明，2006）。本研究关注的HANPP指标从碳循环视角为准确刻画区域生态可持续性提供了定量途径。在生态可持续发展情景下，相较于评价人类活动产生的HANPP绝对占用量变化，关注某一区域在某一时段内的 NPP_{eco} 和HANPP（$\%NPP_{pot}$）动态特征对判断可持续与否更为关键。具体而言，某一时段内的HANPP下降即代表人类在满足自身需求后留存在生态系统中的存余生物量 NPP_{eco} 上升，该种情景有利于生态资源的积累与循环，即HANPP的生态可持续性加强；反之，则是人类活动生态占用量不断逼近 NPP_{pot} 的表征，可供生态系统自我修复与再循环的 NPP_{eco} 有限，不利于生态系统为后代人未来生存持续提供有效支撑，故属于相对不可持续状态。

此外，可持续发展依赖于对可更新资源的持续利用（罗慧 等，2004；赵志强 等，2008），HANPP的组分构成代表了人类活动对生态资源的不同利用模式，同时其在可持续性科学视角下也具有不同的指示意义。具体而言，通过农林牧业生产过程中生物产品收获所占用的 $HANPP_{harv}$ 具有可更新特征，其能够在人工管理加强、高产作物种植、合理轮作制度推行的共同作用下实现反复产出，而且农业技术的提高已使单位面积的生物产品收获量逐渐突破自然本底条件约束。“消除饥饿”是联合国可持续发展的目标之一，在全球人口持续增长与有限生产用地缩减的大背景下，提高区域农、林、牧生产效率是满足未来人类生存的必然需求。因此，从可持续性科学视角来看，单位面积 $HANPP_{harv}$ 的增加是生产用地实现可持续生物产品产出的体现。此外，Haberl 等（2014）指出，$HANPP_{harv}$ 作为人类通过开发耕地从环境中获得的可用生态资源，其在 HANPP 中的占比（HANPP efficiency）可以表征土地使用的效率，HANPP efficiency 数值越高，则生态资源可为人类所用的部分越多。可见，单位面积 $HANPP_{harv}$ 上升虽在一定程度上表征人类活动对土地生产效率有提升作用，但在 HANPP 概念框架之下，其仍表征人类对生态系统的占用程度加剧。

与此相反，$HANPP_{luc}$ 表征人类活动过程中土地利用与土地覆被变化造成的生态资源损失，该种生态资源占用具有时间稳定性，且难以通过用地类型改变实现生态资源恢复。此外，极高的 $HANPP_{luc}$ 往往会导致过度的土地利用与开发，其极易造成生态环境退化与生态平衡失调，使得植被退化、水土流失、土地沙漠化的恢复难度极大（刘国华 等，2000）。例如，城市发育伴随着城市空间的横向蔓延，即使通过提高城市绿地面积，其内部高度不透水人工地表也很难再恢复到原有的生产能力；黄土高原退耕还林工程与我国主要牧区退牧还草工程均具有耗时长、任务重、代价高的特征；同时，土地利用方式一旦改变，土壤原有质地及微生物环境也会发生变化，恢复土壤肥力的难度明显增大，且在短期内很难有改变（彭少麟，1995）。而建设用地与耕地开发作为人类占用 $HANPP_{luc}$ 的最主要形式，后者具有更强的再生产能力。以上例子均是 $HANPP_{luc}$ 指标相较 $HANPP_{harv}$ 具有不可更新特征的体现。

现有的相关研究未详细讨论 $HANPP_{harv}$ 与 $HANPP_{luc}$ 对 HANPP 生态可持续性变化的影响，基于二者年际变化关系的区域 HANPP 生态可持续性研究工作亟须开展，以对单纯借助 HANPP（$\%NPP_{pot}$）涨跌表征生态压力的评估进行科学补充（Zhang et al.，2015；龙爱华 等，2008）。由上文分析可知，结合 HANPP 概念框架及其组分构成可更新与否的差异性，可以在可持续性科学框架和可持续发展的要求下构建一种 HANPP 生态可持续性评价体系。该评价体系始终以某一时段内 NPP_{eco} 的增减来判断 HANPP 变化的生态可持续性与不可持续性，并以 $HANPP_{harv}$ 的可更新与 $HANPP_{luc}$ 的不可更新特征进行具体的可持续性等级划分。通过该体系对 HANPP 的生态可持续性进行评价，识别不可持续区域及其 HANPP 反映的人地关系特征，可为回答可持续性科学核心论题之一的“如何科学而有效地定义能够为人与环境系统预警的极限条件”（Kates，2011；Levin and Clark，2010）提供参考依据，并对碳循环角度为新时代下构建可持续性的合理度量方法（Fang et al.，2018）提供新的思考。

变化率指标能够准确表征要素的年际变化趋势，相较仅考察首末时点差值的方法，其能够有效避免极端值对真实变化趋势的影响。由此，本研究基于 t 到 $t+i$ 时段内 $HANPP_{luc}$ 与 $HANPP_{harv}$ 变化率的数量关系所构建的 HANPP 生态可持续性评价体系如图 4－5 及表 4－6 所示。在图 4－5 所示的二维坐标系统中，x 轴与 y 轴分别为 $HANPP_{luc}$ 变化率、$HANPP_{harv}$ 变化率，坐标轴交叉于 0 值并分割出四个象限。基于 HANPP 组分构成对 HANPP 总量变化的权衡关系及对 NPP_{eco} 的影响效果，可依 $HANPP_{luc}$ 变化率与 $HANPP_{harv}$ 变化率绝对值等值线 $y=-x$ 作为可持续与不可持续的划分依据，并可进一步依据该等值线将第二、第四象限分别划分为两个子象限。由此，本研究所构建的评价体系将 HANPP 变化的生态可持续性共分

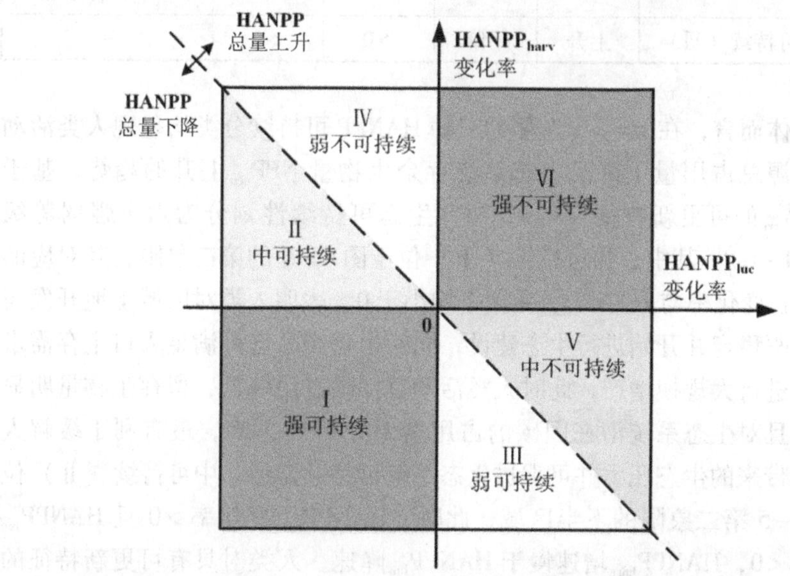

图 4－5　HANPP 生态可持续性评价体系

为六种类型（Ⅰ~Ⅵ），其中可持续与不可持续各分为三个等级：强可持续（Ⅰ）、中可持续（Ⅱ）、弱可持续（Ⅲ），以及弱不可持续（Ⅳ）、中不可持续（Ⅴ）、强不可持续（Ⅵ）。需要强调的是，此处的“强可持续”及“弱可持续”仅为可持续度量等级，需与“强可持续性”与“弱可持续性”两种学术观点区分开来（邬建国 等，2014）。

表4-6　HANPP 生态可持续性评价体系

HANPP 生态可持续性类型	HANPP 总量	NPP_{eco} 总量	$HANPP_{harv}$ 变化率	$HANPP_{luc}$ 变化率	变化率对比
强可持续（Ⅰ）	下降	上升	<0	<0	—
中可持续（Ⅱ）	下降	上升	>0	<0	$HANPP_{harv}$增速慢于$HANPP_{luc}$降速
弱可持续（Ⅲ）	下降	上升	<0	>0	$HANPP_{harv}$降速快于$HANPP_{luc}$增速
弱不可持续（Ⅳ）	上升	下降	>0	<0	$HANPP_{harv}$增速快于$HANPP_{luc}$降速
中不可持续（Ⅴ）	上升	下降	<0	>0	$HANPP_{harv}$降速慢于$HANPP_{luc}$增速
强不可持续（Ⅵ）	上升	下降	>0	>0	—

具体而言，在 $y=-x$ 左侧的三种 HANPP 可持续分类均呈现人类活动生态资源总占用量下降且生态系统存余生物量 NPP_{eco} 上升的趋势。基于 $HANPP_{harv}$ 的可更新特征可将 HANPP 生态可持续性划分为六个强弱等级（见表4-6）。其中，强可持续（Ⅰ）位于图4-5的第三象限，其对应的 $HANPP_{luc}$ 变化率与 $HANPP_{harv}$ 变化率均小于0，表明人类对区域土地开发与利用渐驱稳定并开始进行生态建设，同时生物产品已可满足人口生存需求故不再进行大规模增产，此时人类活动总体碳占用降低，留存生物量明显提升，且对生态系统潜在固碳的占用度 HANPP% 下降，最有利于缓解人类活动带来的生态压力并可促进生态系统可持续发展。中可持续（Ⅱ）位于图4-5第二象限的下半区域，此时，$HANPP_{harv}$ 变化率 >0 且 $HANPP_{luc}$ 变化率 <0，$HANPP_{harv}$ 增速慢于 $HANPP_{luc}$ 降速，人类对具有可更新特征的 $HANPP_{harv}$ 获取量虽逐年增加，但土地利用变化碳占用下降的趋势仍为

HANPP变化的主导要素，说明人类已开发区域的自然植被开始逐步恢复，对于不可更新的$HANPP_{luc}$具有正向指征。弱可持续（Ⅲ）位于图4－5第四象限的下半区域，其HANPP组分构成的变化率与Ⅱ区相反，且$HANPP_{harv}$降速快于$HANPP_{luc}$增速，此时人类对生态系统开发强度加大使具有不可更新特征的$HANPP_{luc}$上升，土地生物产品的产量随之下降，但生态系统总体留存NPP_{eco}尚保持上浮趋势且HANPP%仍有降低。

此外，$y=-x$右侧的各象限均属于HANPP不可持续类型，显示出HANPP与HANPP%上升且生态系统存余生物量NPP_{eco}降低的趋势，同时，依据不可更新的$HANPP_{luc}$对HANPP的主导程度可进一步完成等级划分（见表4－6）。其中，弱不可持续（Ⅳ）位于图4－5中第二象限的上半区域，与中可持续（Ⅱ）的区别在于，其$HANPP_{harv}$增速快于$HANPP_{luc}$降速的总体趋势并不利于参与生态系统自然循环的NPP_{eco}积累，但此时人类对土地的开发强度渐缓，且在人工管理下已开发区域的自然植被逐步恢复，上升的$HANPP_{harv}$也均来自有自净与恢复能力的耕地、林地和草地，故其不可持续程度最弱。中不可持续（Ⅴ）位于图4－5第四象限的上半区域，此时HANPP组分构成变化趋势相异，具有不可更新特征的$HANPP_{luc}$变化率>0且其增速快于可更新的$HANPP_{harv}$降速，说明人类对自然植被生产与固碳能力的破坏程度加大，但对生产用地生物产品的索取速度逐步放缓。强不可持续（Ⅵ）在图4－5中位于第一象限，其对应着研究时段内HANPP组分构成的共同增长，此时人类的土地利用与开发强度加大，且不断扩大农林牧业生产，导致存余量NPP_{eco}快速下降，过度开发与过快增产也更易对生态系统的自我恢复能力造成破坏并导致较高的生态压力。因此，该情境下的人类活动对生态系统NPP_{pot}的剥夺最为显著，最不利于人地关系可持续发展。需要指出的是，在人类活动的普遍影响与生态系统对其的复杂响应下，在实际生态系统中不易出现研究时段内$HANPP_{harv}$与$HANPP_{luc}$保持不变的情况（下文实证分析可佐证），故此处对图4－5中各轴线及轴线交点处的HANPP组分构成变化率为0的情景不予讨论。

二、我国HANPP生态可持续性

基于HANPP生态可持续性评价体系可以刻画某一时段内区域HANPP变化的可持续性类型及等级，本研究借助2001—2015年地均$HANPP_{harv}$变

化率与 $HANPP_{luc}$ 变化率讨论我国全时段 HANPP 生态可持续性的总体空间分异特征。同时，为判断 $HANPP_{harv}$ 与 $HANPP_{luc}$ 是否在研究时段内呈单调变化趋势，本节在讨论 HANPP 生态可持续性的同时以变化率对应的显著性等级对研究结果的有效性进行补充解释。2001—2015 年，我国 HANPP 生态可持续性类型空间分异不均衡性显著，且其在 31 个省级行政区的可持续性面积占比也呈现极强的差异特征（见表 4－7），结合 HANPP 组分变化显著性分异可进一步明晰上述研究结果的有效性。总体来看，研究时段内我国 HANPP 的变化呈生态可持续与不可持续的国土面积占比分别为 23% 及 77%，可见 2001—2015 年我国 HANPP 总体以人类活动负面影响加剧、生态资源占用总量增加、NPP_{eco} 积累量下降的不可持续趋势为主；且呈可持续区域与不可持续区域所对应的 $HANPP_{harv}$ 变化率和 $HANPP_{luc}$ 变化率显著性平均值（$\overline{P}$）分别为 0.22 与 0.47、0.14 与 0.38，说明研究时段内 HANPP 不可持续的变化趋势更为显著。此外，$HANPP_{harv}$ 和 $HANPP_{luc}$ 的年际变化分别在 66.04% 与 12.55% 的国土面积通过了 $P=0.05$ 水平下的显著性检验，另有近 40% 的区域二者的显著性并不属于同一等级，体现了 $HANPP_{luc}$ 对人类活动响应的敏感性。因此，在 $HANPP_{luc}$ 变化趋势的制约下，HANPP 组分综合显著性仅在占比 8.34% 的部分东北及南部草地斑块通过了 $P=0.05$ 的显著性检验。

表 4－7　2001—2015 年全国及 31 个省级行政区 HANPP 生态可持续性面积占比

地区	强可持续（%）	中可持续（%）	弱可持续（%）	弱不可持续（%）	中不可持续（%）	强不可持续（%）
北京	0.72	0.23	15.18	1.03	23.41	59.43
天津	1.40	0.09	8.59	8.54	10.07	71.31
河北	9.26	0.16	27.30	6.57	3.47	53.23
山西	22.79	3.62	25.72	21.61	8.11	18.15
内蒙古	3.28	5.89	1.01	7.75	9.26	72.81
辽宁	1.57	15.86	1.36	30.38	1.09	49.74
吉林	0.51	8.71	1.91	5.70	11.86	71.31
黑龙江	9.06	0.67	2.79	1.46	37.75	48.27
上海	0.29	0.76	8.05	2.48	23.46	64.95
江苏	0.80	0.85	3.54	36.71	5.35	52.75
浙江	0.78	0.03	4.51	0.21	88.72	5.75

续表4-7

地区	强可持续（%）	中可持续（%）	弱可持续（%）	弱不可持续（%）	中不可持续（%）	强不可持续（%）
安徽	0.85	3.08	1.03	45.46	1.04	48.54
福建	1.98	0.71	5.21	0.39	1.56	90.16
江西	1.29	0.02	1.75	0.79	79.90	16.25
山东	4.38	3.63	1.63	59.31	1.04	30.01
河南	4.60	8.94	1.02	68.56	0.39	16.48
湖北	1.19	18.86	0.79	18.04	0.57	60.55
湖南	1.56	3.88	6.27	2.93	5.11	80.25
广东	5.20	1.50	12.06	2.22	4.04	74.99
广西	0.12	0.07	0.96	7.58	1.09	90.18
海南	1.08	0.83	3.81	4.15	3.86	86.27
重庆	1.08	25.12	1.17	3.58	1.33	67.71
四川	1.67	27.11	1.94	4.98	0.48	63.81
贵州	7.49	3.64	12.65	1.98	2.66	71.57
云南	1.54	55.62	0.34	12.98	0.13	29.40
西藏	2.41	26.25	0.25	2.90	3.76	64.4
陕西	61.92	0.41	5.77	12.91	12.01	6.97
甘肃	1.31	17.93	0.77	48.24	0.47	31.29
青海	1.71	11.90	0.34	6.33	9.09	70.64
宁夏	0.60	13.45	1.07	62.22	0.62	22.03
新疆	30.24	13.58	8.56	14.22	22.64	10.77
全国	7.26	12.52	3.71	13.53	10.67	52.30

我国中部和西南地区检测到 HANPP 及其组分的总体降低，说明研究时段内对应区域的人类活动在获取了满足自身需求的 HANPP 后所留存在生态系统中的 NPP_{eco} 上升，生态系统开始逐步进入良性资源积累与循环。其中，$HANPP_{harv}$ 与 $HANPP_{luc}$ 呈同步降低趋势的强可持续斑块仅占国土面积的 7%，其在陕北及陕南地区集中连片分布，新疆北部和东北地区也可见部分强可持续斑块；且其对应区域 $HANPP_{harv}$（$\overline{P}=0.38$）与 $HANPP_{luc}$（$\overline{P}=0.58$）的平均显著性为三类可持续等级中总体最低。其中，陕北地区的强可持续主要缘于黄土高原在生态恢复工程的促进下实现了大面积绿化，退耕还林还草不仅在一定程度上降低了 $HANPP_{harv}$ 中的 $Crop_{harv}$ 比重，

还在恢复自然植被覆盖的同时减少了负向的 $HANPP_{luc}$ 占用；陕南地区则因水热条件较佳而覆被有大面积林地，作为国家生态示范区建设试点地区之一，其生态环境与植被保育工作的持续进行保证了当地自然植被的较高固碳能力，同时，于2011年启动的涉及居民240万人的陕南移民搬迁工程（吕静，2014）也对减少当地人类活动强度与生态占用有直接作用，由此，陕南地区实现了研究时段内的 $HANPP_{harv}$ 与 $HANPP_{luc}$ 的同步降低。处于中可持续等级的面积在三类可持续等级中占比最高（13%），且集中于四川西南、云南西部及藏南地区，其对应的 $HANPP_{harv}$ 变化率与 $HANPP_{luc}$ 变化率显著性平均值分别为0.16、0.38，为三类可持续等级中最高；从自然环境特征来看，当地虽广泛分布有林地及林草混合斑块，但地形以山地、高原为主且地势起伏大，因此对人类活动及生物产品的高效收获造成限制，并进而在研究时段内呈 $HANPP_{luc}$ 降低且 $HANPP_{harv}$ 缓慢增长趋势。处于弱可持续等级的斑块在各等级中占比最低（4%），在空间上分布于河北北部至山西北部的条带状区域，其 $HANPP_{harv}$ 在 $\overline{P}=0.09$ 的平均显著性水平下逐年下降，而 $HANPP_{luc}$ 则在 $\overline{P}=0.59$ 的平均显著性水平下总体上升。

与此相对，HANPP生态不可持续的土地斑块在全国范围内均有分布，说明可供生态系统自我修复与再循环的 NPP_{eco} 在我国大部分区域仍相对有限。具体而言，我国有52%的土地HANPP呈强不可持续特征，在空间上集中分布于内蒙古东部、东北三省以及南部沿海向西部延伸的条带状区域，其对应的 $HANPP_{harv}$ 变化率与 $HANPP_{luc}$ 变化率显著性平均值分别为0.10、0.34，为三类不可持续等级中显著性最高的区域。由图4-5所构建的评价体系可知，强不可持续对应着 $HANPP_{harv}$ 与 $HANPP_{luc}$ 在研究时段内的同时增长，应作为未来生态保护与过度人类活动开发管控的重点区域。经与土地利用数据对比可知，我国处于该等级的区域多分布有大面积林地斑块和草地斑块；东北三省及南部各省、内蒙古及西部各省分别承担着我国林业、牧业生产源头的重要角色，不断上升的人类生存生物产品需求使其 $HANPP_{harv}$ 始终保持上浮趋势；且林地、草地自身生产能力相对有限，其较耕地而言受到的有效人工管理也相对缺乏，因而更容易面临过度放牧、砍伐引起的 $HANPP_{luc}$ 上升的负面影响。占国土面积11%的中不可持续斑块在东北地区的林地以及浙江、江西两省全域的林草混合斑块集中分布，对应区域的 $HANPP_{harv}$ 在 $\overline{P}=0.50$ 的平均显著性水平下逐年下降，而 $HANPP_{luc}$ 则在 $\overline{P}=0.33$ 的平均显著性水平下总体上升，为三类不可持续等级中显著性最低的区域，说明该区的人类开发强度加剧并对自然植被生产能力与固碳能力造成了一定程度的破坏，生态用地的 $HANPP_{harv}$ 供应能力也相应降低。处于弱不可持续等级的斑块面积占比与中可持续等级相当（13%），该等级 HANPP 组分构成的变化显著性均值分别为 0.02（$HANPP_{harv}$）、0.57（$HANPP_{luc}$）；其在我国华北平原及中部地区呈集中连片的分异特征，该区是我国耕地分布最集中的关键粮食产区，故其由 $Crop_{harv}$ 主导的 $HANPP_{harv}$ 在研究时段内显著增加（$P<0.05$）。同时，因当地自然植被向耕地的转化在研究时段内已达到较稳定的空间格局，故短时间内 $HANPP_{luc}$ 难有大幅波动，人工管理下的耕地 NPP_{act} 也将接近自然草地甚至在某些区域高于自然植被（Erb et al.，2017），耕地红线政策与基本农田保护条例对该区耕地的双重保护作用进一步使 $HANPP_{luc}$ 开始出现降低趋势。

从以上分析可知，HANPP 生态可持续性与区域土地覆被组成结构密切相关。因此，本研究借助 2015 年 MCD12Q1 数据对主要用地类型的 HANPP 生态可持续等级的面积占比进行统计。结果显示，随着生态可持续性由强至弱递减，在强可持续、中可持续、弱可持续、弱不可持续、中不可持续、强不可持续区域中，耕地斑块的面积占比依次为 1%、1%、2%、41%、0、55%，林地斑块的面积占比依次为 9%、23%、1%、2%、21%、44%，草地斑块的面积占比依次为 9%、12%、5%、9%、8%、56%，建设用地斑块的面积占比依次为 10%、8%、14%、6%、27%、35%。由此可推知，林地斑块的 HANPP 生态可持续性在全国范围内总体最强（可持续斑块面积占比 33%），其次为建设用地斑块（32%）、草地斑块（26%），耕地斑块的可持续性最弱（4%）。具体来看，对林地斑块而言，其固碳能力在各植被类型中相对最强，且我国全面施行的森林采伐限额管理制度对过度采伐及毁林起到了有效的限制作用。但是，木材收获相较耕地与草地需要更长的生长周期，采伐后的恢复难度也更高，这对我国加强超限额采伐现象的清查与林木定期保育工作提出了更高的要求。对建设用地斑块而言，其 HANPP 生态可持续性强于草地斑块和耕地斑块是因为建设用地扩张与生产用地具有互斥性，故其几乎不具有 $HANPP_{harv}$ 供应能力。草地斑块的可持续性较林地略弱，说明研究时段内我国主要牧区在提供 $Grazed_{harv}$ 时仍存在对草地固碳能力的削减现象，这也印证了前文所述草地斑块在应对高强度人类活动时的脆弱性。对耕地斑块而言，其在研究时段内呈粮食产量主导的 $HANPP_{harv}$ 显著上升趋势（$P<0.01$）。可见，在农业技术提高与人工管理加强的作用下，高效的粮食产出虽对土地生产效率有提高作用，但其也成为耕地斑块 HANPP 增加的主导因素。从 HANPP 概念框架来看，耕地斑块的 $HANPP_{harv}$ 显著上升仍对同等水热条件下的生态系统固碳能力造成了一定的压力，且从另一角度也反映出农田生态系统的生态稳定性对合理的人工管理存在高度依赖。

结合表 4－7 的 HANPP 生态可持续性等级在各省的面积占比可进一步明晰其空间不均衡特征。总体来看，我国东南部各省级行政区的 HANPP 可持续性明显低于西北部，与人口密度的分布格局空间契合，间接证明了人类活动是阻碍生态资源可持续积累与循环进而影响人地关系和谐的直接诱因。我国有 27 个省级行政区 HANPP 不可持续土地面积占比超过 50%，其中，该占比在广西达到 98.85% 的极高值，说明 2001—2015 年人类活动对绝大部分省级行政区的 NPP_{eco} 积累有负面影响。陕西 HANPP 呈可持续状态的土地面积占比为全国最高（68.10%），其次为云南（57.50%）、新疆（52.38%）、山西（52.13%）。具体来看，以 HANPP 可持续特征为主的 4 个省级行政区属于不同的 HANPP 组分构成变化驱动模式，其与当地生态用地覆被类型与人类活动强度密切相关。陕西的 HANPP 可持续性由 $HANPP_{harv}$ 与 $HANPP_{luc}$ 同步降低的强可持续主导（61.92%），云南以 $HANPP_{harv}$ 增速慢于 $HANPP_{luc}$ 降速的中可持续主导（55.62%），新疆由强可持续（30.24%）主导辅以中可持续（13.58%），山西则由土地面积占比分别为 25.72%、22.79% 的弱可持续与强可持续共同主导。值得注意的是，具有较快城市化水平和极高人口聚集度的直辖市北京（83.87%）、天津（89.92%）、上海（90.89%）、重庆（72.62%）均呈现较强的 HANPP 不可持续特征，说明快速城市化过程所伴随的生态风险增加、生态可持续性降低的负面影响不可忽视，由此也体现了从 HANPP 入手剖析城市化过程中人地关系互馈过程的必要性。

根据以上 HANPP 生态可持续性评价结果可知，我国当前大部分国土面积仍处于 HANPP 不可持续状态，这是由我国人多地少的基本国情所决定的，因此我们需要对评估结果进行客观理解。在人口增长与城市化发展背景下，大幅控制人类对生态系统开发的难度较大，且为满足我国人口基数的粮食需求，短时间内依靠集约农业提高生产效率的经营方式不会改变。人工管理与农业生产方式的调整直接决定区域 $HANPP_{harv}$ 变化，我国华北平原、东北平原、四川盆地等地区属典型的集约农业，该种农业经营方式对土地和劳动生产率的提升是显著的，但也容易造成区域处于 $HANPP_{harv}$ 快速增长、NPP_{eco} 减少的不可持续状态。此外，集约农业对 NPP_{act} 的促进作用也不可忽略，理想状态下集约农业可以在不增加 HANPP 的同时实现 $HANPP_{harv}$ 的提升。已有研究表明，2000—2017 年全球新增绿化面积的 25% 来自我国，其中集约农业与植树造林分别贡献 32% 与 42%（Chen et al.，2019a），这是由于加强农业集约化过程中的人工管理与保护不仅可以促使耕地、草地、林地等生产型用地实现生物产品增产，而且可以在一定程度上提高其本来的 NPP_{act} 固定能力（Krausmann et al.，2012）。但农业集约化在带来产量提高的同时，容易造成化肥使用过多的环境威胁，有机农业虽能有效减少环境破坏，但其导致的农业减产的弊端又会在一定程度上抵消其环保的优势（Searchinger et al.，2018）。已有研究表明，着力抑制现有耕地质量下降是平衡城市化与其造成耕地流失的有效途径（Huang et al.，2019）。因此，面对全球食品需求不断增加的情况，合理推动现代农业以提高单位面积土地生产效率及 NPP_{act} 积累，并将由此结余下来的土地面积用于植树造林等生态恢复工程，对未来协调我国乃至全球的人地关系更为重要。

三、省际 HANPP 生态可持续性

借助 HANPP 生态可持续性评价体系明晰省际人类开发强度对生态系统造成的生态压力不均衡性，有助于在行政区尺度结合当地经济、人口、资源发展政策体系制定相应管控制度。表 4－8 是对 2001—2015 年我国 31 个省级行政区 HANPP 绝对量变化的生态可持续性等级进行判断。总体来看，2001—2015 年我国共有 29 个省级行政区的 HANPP 呈不可持续变化趋势，说明研究时段内持续的、较高强度的人类活动对 NPP_{eco} 的持续剥夺作用普遍存在；而陕西及云南则处于 HANPP 可持续状态，体现了人类活动干扰下生态系统仍具备资源有效积累及生态可持续性提升的潜力。在显著性水平辅助下，HANPP 生态可持续性评价结果能够更准确地识别人地关系矛盾尖锐区域，对区域可持续发展具有更强的指导作用。结合表 4－9 我国 31 个省级行政区的 HANPP 组分变化率显著性分析可知，有 25 个省级行政区 $HANPP_{harv}$ 在 $P=0.05$ 水平下显著变化，而 $HANPP_{luc}$ 则仅有

3 个省级行政区通过该检验，两指标综合显著性多集中于 P 在 0.1 ～ 0.5 的水平。对于显著性表征的 HANPP 生态可持续性的有效性而言，呈可持续与不可持续状态的省级行政区 HANPP 组分构成变化平均显著性分别为 $HANPP_{harv}\overline{P}=0.01$ 与 $HANPP_{luc}\overline{P}=0.32$、$HANPP_{harv}\overline{P}=0.03$ 与 $HANPP_{luc}\overline{P}=0.37$。可见，HANPP 可持续性提升的省级行政区虽然数量少，但其变化趋势更为显著。

表 4－8　2001—2015 年我国 31 个省级行政区 HANPP 生态可持续性

HANPP 生态可持续性		省级行政区
可持续	强可持续	—
	中可持续	陕西、云南
	弱可持续	—
不可持续	弱不可持续	新疆、甘肃、宁夏、山西、河南、山东
	中不可持续	北京、上海、浙江、福建、海南、贵州
	强不可持续	黑龙江、吉林、辽宁、内蒙古、河北、天津、青海、西藏、四川、重庆、湖北、安徽、江苏、湖南、江西、广西、广东

从表 4－8 的生态可持续性等级来看，2001—2015 年我国省际 HANPP 可持续性空间不均衡特征显著。处于强不可持续的省级行政区共有 17 个，在各生态可持续等级中占比最高，其 $HANPP_{harv}$ 变化率与 $HANPP_{luc}$ 变化率显著性平均值分别为 0.04、0.29，在空间上集中分布于东北至华北、东南至西部两个条带状区域，对应区域与我国林地、草地的分布空间契合；然而，其林地与草地提供可利用生物产品的能力较耕地明显偏低，在满足人类生存需求的视角下，以其为区内主导生产用地的地区在面临土地开发利用时往往具有更高的脆弱性与更低的可持续性，因此更容易在人类活动干扰下呈 $HANPP_{harv}$ 与 $HANPP_{luc}$ 同步提升状态。处于 HANPP 中不可持续的6 个省级行政区包括北京、上海、浙江、福建、海南、贵州，对应区域 $HANPP_{harv}$（$\overline{P}=0.06$）、$HANPP_{luc}$（$\overline{P}=0.14$）的平均显著性为所有可持续等级中总体最高。大部分处于该等级的省级行政区分布于我国沿海地区，说明对应区域具有不可更新特征的 $HANPP_{luc}$ 增速快于可更新的 $HANPP_{harv}$ 降速，体现了沿海地区的快速城市化加大了对自然植被生产与固碳能力的破坏程度，证明了城市化进程与

$HANPP_{luc}$的同步增长特征及不透水面扩张对$HANPP_{harv}$的剥夺作用。呈弱不可持续状态的6个省级行政区在空间上分布于华北平原至西北地区的条带状区域，对应区域$HANPP_{harv}$在$\overline{P}=0.01$的平均显著性水平下逐年上升，而$HANPP_{luc}$则在$\overline{P}=0.59$的平均显著性水平下总体下降，且可更新的$HANPP_{harv}$增加成为区域HANPP变化的主导原因；对于山东与河南，其可更新的$HANPP_{harv}$主要来自耕地斑块，而山西、宁夏、甘肃、新疆的草地斑块则承担了供应生物产品的主要职责。呈现HANPP可持续性状态的陕西和云南也仅具备中等可持续强度，其$HANPP_{harv}$增速（$\overline{P}=0.01$）慢于$HANPP_{luc}$降速（$\overline{P}=0.32$），说明土地利用变化碳占用下降趋势在对应区域占主导。其中，云南多山的复杂地形对人类活动造成了一定的限制。对于陕西而言，其$HANPP_{luc}$的下降主要缘于退耕还林工程将人工生态用地向自然生态用地进行了还原，且林草保育、种植工作对黄土高原植被覆盖度的提高以及不可更新的$HANPP_{luc}$具有正向指征。

表4-9　2001—2015年我国31个省级行政区HANPP组分变化率显著性

指标	P值等级	省级行政区	占比
$HANPP_{harv}$变化率	0～0.01	新疆、甘肃、青海、内蒙古、黑龙江、吉林、辽宁、河北、陕西、山西、宁夏、四川、云南、河南、山东、江苏、安徽、湖北、浙江、江西、湖南、广西	71%
	0.01～0.05	西藏、天津、福建	10%
	0.05～0.1	贵州、上海	6%
	0.1～0.5	北京、海南、重庆	10%
	0.5～1	广东	3%
$HANPP_{luc}$变化率	0～0.01	—	—
	0.01～0.05	黑龙江、北京、浙江	10%
	0.05～0.1	内蒙古、上海	6%
	0.1～0.5	吉林、河北、天津、青海、甘肃、陕西、河南、江苏、四川、重庆、云南、贵州、广西、广东、海南、湖南、江西、福建	58%
	0.5～1	新疆、西藏、宁夏、山西、湖北、安徽、山东、辽宁	26%

高度城市化地区不仅对周边区域的社会经济发展具有引领作用，其内部人地关系矛盾加剧还将产生辐射式的影响。以我国各直辖市为例，在生产用地覆被面积与区域发展定位的双重限制下，区内 $HANPP_{harv}$ 变化的显著性普遍较低（见表4-9），城市化加速了对其有限农林牧生产能力的剥削，北京、上海处于中不可持续等级，而天津、重庆则呈强不可持续状态（见表4-8）。与此同时，上海、北京、天津的 $HANPP_{harv}$ 供应总量位于全国末列，研究表明，其粮食赤字在全国最为严重且粮食自给率极低（吴泽斌、刘卫东，2009），当地生物产品需求重心必向其他地区转移，由此将对周边地区 NPP_{eco} 的有效积累造成更大压力。

将视角扩大至城市群尺度可以发现，HANPP 不可持续是京津冀、长江三角洲（以下简称“长三角”）地区的普遍现象，且对应区域的不可持续等级均较高。值得注意的是，作为具有引领城市群发展作用的北京及上海，其不可持续强度低于周边地区，且均以快速城市化导致的高速 $HANPP_{luc}$ 增长与 $HANPP_{harv}$ 下降为主要模式；城市建设在逼退生态用地的同时也在一定程度上抑制了人类对本地生物产品的索取强度，但人群聚集的超大城市对 $HANPP_{harv}$ 的需求压力也相应向外转移，由此造成城市群内部形成了 HANPP 不可持续等级由核心城市向外增强的现象，并且在此过程中加剧了 $HANPP_{harv}$ 的空间流转，导致生态资源生产—消费的近远程耦合。可见，快速的城市化进程与我国有限生产用地之间的矛盾对人类可持续利用生态资源提出了更高的要求，区域发展与耕地保护及粮食安全之间的矛盾是我国处于城市化加速阶段不可回避的问题。相较于城市发展极对周边区域 $HANPP_{luc}$ 的带动作用，$HANPP_{harv}$ 的提高更多依赖于本地人工管理的加强、农业技术的提升以及生态工程的实施，而其对周边地区的正向引领作用十分有限，因此，严守耕地保护红线、建立健全耕地保护补偿机制、整治和改造中低产农业用地将为缓解高度城市化地区 HANPP 不可持续性对周边的辐射影响起到关键作用。

分时段的省际 HANPP 生态可持续性研究不仅有助于理解人地关系在全国尺度空间不均衡性的演变过程，而且有助于验证各地区在不同时期生态工程的实施成效。本节进一步以每 5 年为步长，对 2001—2005 年、2006—2010 年、2011—2015 年我国 31 个省级行政区 HANPP 生态可持续性进行评估（见表 4-10）。需要指出的是，笔者在对栅格尺度分时段进行该评估时发现，较大区域的 HANPP 组分构成变化未通过 $P=0.05$ 的显著性检验，其可持续性分析的有效性不足，故在研究中仅对分省尺度结果进行讨论。总体来看，各 HANPP 生态可持续性分区显示出了极强的空间变化规律。由二分法可持续性分类可知，2001—2005 年、2006—2010 年、2011—2005 年 HANPP 呈不可持续状态的省级行政区分别为 18 个、27 个、20 个，HANPP 不可持续仍是我国的普遍现象；可持续与不可持续类型区在空间分布上始终具有集中连片的团聚特征，且随着时间推移，不可持续类型区发生了总体南移。具体来看，第一时段不可持续省级行政区总体分布于我国北部，而其在第二时段扩展到了全国大部分地区，在第三时段则明显向南部转移，且甘肃在各时段间始终处于中可持续等级。进一步结合 HANPP 组分构成变化率的显著性可知，$HANPP_{harv}$ 与 $HANPP_{luc}$ 在可持续区的平均显著性随时段推移分别为 $\overline{P}=0.17$ 与 $\overline{P}=0.43$、$\overline{P}=0.17$ 与 $\overline{P}=0.32$、$\overline{P}=0.39$ 与 $\overline{P}=0.38$，不可持续区则为 $\overline{P}=0.10$ 与 $\overline{P}=0.67$、$\overline{P}=0.32$ 与 $\overline{P}=0.38$、$\overline{P}=0.04$ 与 $\overline{P}=0.60$；其中，第二时段 HANPP 可持续区域的评估结果最具有效性（见表 4 - 11）。

从表 4 - 10 可知，黄河流域所涉省级行政区在各时段总体呈较强 HANPP 可持续性，但水土流失、土地沙化是该流域长期存在的生态问题，故其 HANPP 可持续性在第三时段普遍增强的现象与生态工程与生态保护政策的有效实施密切相关，相关工程在各地区、各时期的实施成效可在分时段 HANPP 生态可持续性研究中得到充分体现。始于 1999 年的退耕还林工程是迄今为止我国投资最大、涉面最广、群众参与度最高的生态建设工程（许明祥 等，2012），在该工程与坡面治理、沟坡联合治理、小流域综合治理工作的联合推进下，黄土高原植被覆盖明显恢复（张宝庆 等，2011；Feng et al.，2013；Lu et al.，2018）。陕西、山西、宁夏、甘肃随研究时段推移，其 HANPP 生态可持续等级显著提升（见表 4 - 10），这是由于第一时段（2001—2005 年）退耕工作伊始，部分耕地尚具 $HANPP_{harv}$ 生产功能，处于生长初期的新增林草虽开始提高 NPP_{act} 进而减少 $HANPP_{luc}$ 占用，但因种植面积总体尚小，其降速仍低于 $HANPP_{harv}$ 增速，故所涉省级行政区多处于中可持续等级。随着生态工程的有效推进，在第三时段（2011—2015 年），黄土高原植被覆盖度大幅提高，对应区域 $HANPP_{luc}$ 下降，NPP_{eco} 积累量逐步增加，HANPP 可持续性普遍增强。但仅有陕西进入了 $HANPP_{harv}$ 也同步下降的强可持续阶段，这是由耕地减少造成的粮食供应紧张现象在黄土高原的初步显现。有学者指出，继续大规模实施退耕还林可能会加剧这一现象（Chen et al.，2015b），因此，其对应区域仍见较低速的 $HANPP_{harv}$ 增长。

表 4－10　2001—2005 年、2006—2010 年、2011—2015 年我国 31 个省级行政区 HANPP 生态可持续性

时段	HANPP 生态可持续性		省级行政区
2001—2005 年	可持续	强可持续	云南、广东、海南、上海、浙江
		中可持续	甘肃、宁夏、陕西、贵州、广西、湖南、江西、福建
	不可持续	弱可持续	—
		弱不可持续	山西
		中不可持续	北京、天津、安徽、江苏、青海、西藏
		强不可持续	新疆、内蒙古、黑龙江、吉林、辽宁、河北、山东、河南、湖北、重庆、四川
2006—2010 年	可持续	强可持续	—
		中可持续	甘肃、山西、云南、福建
		弱可持续	—
	不可持续	弱不可持续	广东
		中不可持续	新疆、青海、吉林、山东
		强不可持续	内蒙古、黑龙江、辽宁、河北、北京、天津、陕西、宁夏、西藏、四川、重庆、河南、湖北、安徽、江苏、上海、浙江、江西、湖南、贵州、广西、海南
2011—2015 年	可持续	强可持续	陕西、北京、辽宁、海南
		中可持续	青海、甘肃、宁夏、山西、河北、天津、山东
	不可持续	弱可持续	—
		弱不可持续	—
		中不可持续	西藏、上海、浙江、福建
		强不可持续	新疆、内蒙古、黑龙江、吉林、四川、重庆、河南、湖北、江苏、安徽、云南、贵州、广西、广东、湖南、江西

表4-11　2001—2005年、2006—2010年、2011—2015年
我国31个省级行政区HANPP组分变化率显著性

时段	指标	*P*值等级	省级行政区	占比
2001—2005年	$HANPP_{harv}$变化率	0～0.01	新疆、青海、内蒙古、吉林、辽宁、陕西、重庆、广东	26%
		0.01～0.05	西藏、甘肃、四川、上海、浙江	16%
		0.05～0.1	宁夏、黑龙江、山西、贵州	13%
		0.1～0.5	河北、北京、天津、云南、广西、海南、湖南、江西、福建	29%
		0.5～1	山东、河南、湖北、安徽、江苏	16%
	$HANPP_{luc}$变化率	0～0.01	—	—
		0.01～0.05	青海	3%
		0.05～0.1	宁夏、贵州	6%
		0.1～0.5	黑龙江、吉林、辽宁、河北、北京、天津、山东、河南、陕西、湖北、安徽、重庆、云南、广西、广东、海南、上海	55%
		0.5～1	新疆、西藏、甘肃、内蒙古、山西、四川、湖南、江西、江苏、浙江、福建	36%
2006—2010年	$HANPP_{harv}$变化率	0～0.01	甘肃、宁夏、陕西、湖北、安徽、云南、广东	23%
		0.01～0.05	内蒙古、黑龙江、天津、河南、江苏、四川、重庆、贵州、湖南	29%
		0.05～0.1	广西、江西	6%
		0.1～0.5	新疆、北京、山东、上海、福建、海南	19%

续表 4－11

时段	指标	P 值等级	省级行政区	占比
2006—2010 年	$HANPP_{luc}$ 变化率	0.5～1	西藏、青海、吉林、辽宁、河北、山西、浙江	23%
		0～0.01	—	—
		0.01～0.05	黑龙江、四川、浙江	10%
		0.05～0.1	河南、上海	6%
		0.1～0.5	新疆、青海、甘肃、内蒙古、吉林、辽宁、河北、北京、天津、山西、山东、重庆、湖北、湖南、江西、海南	52%
		0.5～1	西藏、宁夏、陕西、安徽、江苏、云南、贵州、广西、广东、福建	32%
2011—2015 年	$HANPP_{harv}$ 变化率	0～0.01	新疆、甘肃、宁夏、内蒙古、黑龙江、北京、重庆、湖北、安徽、江苏、江西、浙江	39%
		0.01～0.05	四川、贵州、河南、山东、天津、吉林	19%
		0.05～0.1	西藏、云南、河北、上海	13%
		0.1～0.5	山西、湖北、广西、广东、福建、海南	19%
		0.5～1	青海、陕西、辽宁	10%
	$HANPP_{luc}$ 变化率	0～0.01	—	—
		0.01～0.05	湖北、安徽、上海	10%
		0.05～0.1	云南	3%
		0.1～0.5	青海、甘肃、陕西、山西、河北、北京、天津、辽宁、河南、山东、江苏、贵州、湖北、江西、浙江、福建、广西、广东、海南	61%
		0.5～1	新疆、西藏、宁夏、内蒙古、黑龙江、吉林、四川、重庆	26%

此外，我国多项草原生态保护工程项目的实施也对所涉省级行政区的HANPP生态可持续性造成正向影响。2003年，我国开始在西部主要牧区广泛施行退牧还草工程并进一步加强草原鼠虫害防治，该工程伴随着$Grazed_{harv}$与$HANPP_{luc}$的同步减少，其二者的权衡关系决定了HANPP生态可持续性在相应省级行政区的变化。例如，我国于2011年对甘肃、青海等8个省级行政区开始实施草原生态补奖政策，且于2012年又将河北、山西等半牧区纳入政策范围，通过禁牧补助等措施提高牧民保护草原的积极性（杨旭东 等，2016），从而对第三时段HANPP可持续效果进行了加强。又如，于2002年全面开展的涉及北京、天津、河北、山西等地的风沙源治理工程，通过造林与退耕相结合的方式提高自然植被覆盖度；但其对京津冀地区$HANPP_{luc}$的抑制作用在前两时段并未显现，随着2012年二期工程的实施及其与草原生态补奖政策的效果叠加，第三时段相应的省级行政区NPP_{eco}开始恢复正向积累。由此可见，以主动保护与防治为主要形式的人类活动可弥补区域发展与城市建设带来的植被退化并对NPP_{eco}积累有正向作用，但人类活动加剧的大背景对维持生态工程实施效果提出了更高的要求，继续加强相应地区的保护与治理力度、实现社会经济发展和环境保护双赢任重而道远。

第四节　小结

区域发展、人口密度、自然本底等多方面因素综合影响着生态资源的区域聚集特征，HANPP的不均衡性分析是对其在栅格及分省尺度下，空间分异特征的进一步深化。本章首先借助独立样本t检验与单因素方差分析分别在我国典型二分区与多分区尺度下，探究分区间HANPP及其组分地均占用、贡献率、区域总占用共9个指标是否存在显著的空间不均衡性。为明确上述HANPP及其组分构成指标在人口分布约束下的不均衡性，本章借助31个省级行政区年末常住人口绘制各生态占用指标的洛伦兹曲线，并通过长时序基尼系数的变化刻画人口分布的HANPP不均衡性变化。其次，自然本底特征是除人口外影响HANPP不均衡性的另一关键因素，本章在对我国自然本底进行分区的基础上，借助变异系数 CV 探究分区内部是否对应相似的 HANPP，并关注自然本底条件由优至劣的各分区之间碳占用变化是否具有倾向性。最后，通过构建 HANPP 变化的生态可持续性评价体系，刻画在栅格及分省尺度下人类活动对可供生态资源积累与循环的存余 NPP_{eco} 的影响作用。本章主要研究结论如下。

首先，从 HANPP 及其组分构成的空间不均衡性来看，在传统二分区中，地均 HANPP、$HANPP_{luc}$ 及 $HANPP_{harv}$ 对空间分异敏感性最强。绝大多数生态占用指标在南北分区之间无显著差异，说明用于划分南北分区的气温、降水因子并非 HANPP 的主要影响因素，而东西分区通过 $P<0.05$ 显著性水平差异检验的 HANPP 及其组分构成最多。考虑到我国城市化引领的区域综合发展程度是东西分区的划分依据，故 HANPP 对城市化的响应需要进一步关注。在多分区方案中，地均 HANPP、$HANPP_{luc}$ 及 $HANPP_{harv}$ 仍对分区差异表现出最强的敏感性，不均衡程度由强至弱依次为 HANPP、$HANPP_{luc}$、$HANPP_{harv}$；西北地区在不同分区系统下与其他子分区不均衡性最显著。从人口分布的 HANPP 不均衡性来看，$HANPP_{luc}$ 洛伦兹曲线弯曲程度最大，这主要缘于研究时段内我国社会经济高速发展以及人口向大城市流动。由此可见，城市化可通过影响人类活动重心的空间转移加剧生态占用不均衡性；HANPP 与 $HANPP_{harv}$ 洛伦兹曲线弯曲程度相当，且三者不均衡性均逐年增强。结合基尼系数可知，2001—2015 年我国生态资源占用总体与人口分布空间匹配，不均衡程度的排序为 $HANPP_{luc} > HANPP_{harv} >$ HANPP，年均基尼系数分别为 0.328（相对合理）、0.210（比较平均）、0.204（比较平均）。

其次，基于气候指标（气温、降水、太阳辐射）、地形指标（DEM）、地表生产能力指标（NPP_{pot}），结合 SOFM 神经网络将我国生态本底条件由优至劣分为 10 个区域（Ⅰ～Ⅹ），最优Ⅰ区位于我国东南沿海，最劣区Ⅹ位于青藏高原；各分区在我国东南部总体呈相互平行的东北—西南走向的条带状分布，跨越 400 mm 等降水量线后沿青藏高原边界分布。基于分区探究自然本底对 HANPP 的约束，各指标受约束由强到弱依次为 HANPP、$HANPP_{luc}$、$HANPP_{harv}$，同时地均占用指标相较贡献率指标更容易受到自然本底制约，总体符合人类对优势自然资源的占用倾向性；从分区内部人类占用的均衡度来看，地均 HANPP 与 $HANPP_{harv}$ 在自然本底条件相对匮乏的区域内部的均衡度更高，而 $HANPP_{luc}$ 的稳定占用则受自然本底优越区的约束性更强。结合各分区内部 HANPP 指标 *CV* 值分布，分布于东北、华北、中南地区的Ⅵ、Ⅳ、Ⅱ区的区内离散度普遍较低，而分布于西南部的Ⅲ区及Ⅴ区 HANPP 离散度普遍较高。

最后，结合 HANPP 概念框架以及 $HANPP_{harv}$ 的可更新与 $HANPP_{luc}$ 的不可更新特征，可以构建 HANPP 生态可持续性评价体系，该体系借助可持续性科学思维，可以判断人类活动是否有利于生态系统留存生物量 NPP_{eco} 的积累以及具体的可持续等级。在 2001—2015 年全时段研究中，占国土面积 77% 的区域（共 29 个省级行政区）检测到 HANPP 的不可持续状态，其中有 52% 的国土面积（共 17 个省级行政区）处于 HANPP 组分同步增长的强不可持续等级，普遍的不可持续状态是由我国人多地少的基本国情所决定的。相反，在陕北地区生态工程与陕南地区移民搬迁工程的共同作用下，陕西成为仅占国土面积 7% 的 HANPP 强可持续斑块的主要来源。我国东南部省级行政区的 HANPP 可持续性明显低于西北部，与人口格局空间契合。在各用地类型中，林地的 HANPP 生态可持续性总体最强，其次为建设用地和草地，耕地最弱，建设用地的较强的可持续性是其与生产用地的互斥性使其几乎不具有 $HANPP_{harv}$ 供应能力。高度城市化地区的 $HANPP_{harv}$ 退化压力会以对生物产品需求的形式向外转移，由此会对周边地区 NPP_{eco} 的有效积累带来更大挑战。

每 5 年间隔的分时段 HANPP 的生态可持续性研究不仅有助于理解人地关系空间不均衡性的演变过程，而且有助于验证各地区生态工程的实施成效。结果显示，HANPP 呈不可持续状态的省级行政区的数量在各时段始终过半，且经历了先增后减的变化；可持续与不可持续类型区在空间分布上始终具有集中连片的团聚特征，并随着时间推移，不可持续类型区空间重心逐步南移。我国西部及北部部分省级行政区的 HANPP 可持续性在第三时段普遍增强与生态工程及生态保护政策的有效实施密切相关。随着我国退耕还林工程、退牧还草工程、风沙源治理工程等的实施与推进，所涉省级行政区的 HANPP 生态可持续性将明显增强。但是，该恢复模式多依赖于本地的人工管理，且对周边地区的引领作用十分有限，因此，继续加强对相应地区的保护与治理力度、保证工程实施质量任重而道远。

第五章

中国HANPP城市化驱动机理

改革开放以来，我国城市化进程明显加快，城市化率从1978年的17.92%攀升至2021年的64.72%。20世纪90年代进入城市化全面推进阶段以来，随着大规模城市建设带来的用地改造与人口聚集，城市生态系统的物质能量流受到极大影响。同时，城市内部不透水面大幅压缩了自然植被面积，直接影响了区域HANPP的空间分异。由前文可知，各HANPP指标及其生态可持续性在区域发展、人口分布与自然本底的共同约束下呈显著不均衡特征，除自然本底的客观约束外，区域极化发展与人口聚集均为城市化的集中体现。为探究城市化对HANPP时空变化与不均衡性的作用原理，并回答“HANPP时空变化主要由何种城市化因子驱动”以及“哪些省级行政区的何种HANPP指标受城市化驱动最为显著”两个问题，本章从时间变化和空间分异两个角度出发，以全国及31个省级行政区为研究对象，分析城市化对HANPP的主导驱动因子及复杂驱动机理。首先，通过多元线性回归与通径分析，筛选全国及31个省级行政区基于时间序列的HANPP主导因子；其次，借助各样本2001—2015年全时段与每5年分时段的HANPP城市化响应面板数据模型，进一步挖掘全国尺度HANPP变化驱动机理；再次，选取城市空间区位相关指标，借助地理探测器探究城市化对HANPP空间分异的作用原理；最后，综合时间变化与空间分异的分析结果，梳理影响我国HANPP时空变化的主导驱动因子。

第一节　基于回归模型的HANPP变化驱动因子

一、城市化度量指标体系

国民经济高速增长及经济全球化等因素带动了我国城市化快速发展，HANPP与人类活动密切相关，城市作为人类活动最为集中的区域，其持续超高速扩张给资源与环境带来了巨大压力。由前文可知，北京、天津、上海、重庆均呈现较强的HANPP不可持续特征，可见，快速城市化地区的土地改造、资源消耗对区域HANPP产生了不可忽视的负面影响。城市化过程伴随着社会经济发展、人口高度聚集、物质资源流动等现象，从区域碳循环与HANPP的研究角度来看，城市建设与土地开发直接导致了原有自然植被的退化，在 HANPP 研究中常以表征负向碳占用的 $HANPP_{luc}$ 正值形式出现。同时，城市地区丰富的经济资源与就业机会不断吸引着非城市人口的迁移与聚集，人口空间分布的不均衡性也导致了城市地区更高的生态资源消费与需求。此外，以第二产业、第三产业为主的产业结构是区分城市与乡村的典型特征，区域经济水平的提高往往伴随着更先进的技术、文化与政策，其在为提高区域有限生产型用地的生产能力提供技术支持、治理并缓解植被退化等环境问题方面起到关键作用。

构建合理的指标体系是进行城市化定量评估的基础。目前常用的评价方法包括单一指标法和复合指标法，其分别与注重农业人口非农化的狭义城市化以及注重城市人口、社会、经济、技术综合发展的广义城市化相对应。城镇人口比重是最常用的单一指标，能够准确衡量区域的城市化水平（城市化率），但囿于统计口径尚未统一等问题，我国现有大部分统计资料的城市人口增长仍以“非农业人口”度量，对更能真实反映城市人口聚居的城区常住人口指标的统计起步较晚。复合指标法则从多维度综合评价区域城市化发展程度，根据研究目标的差异，已有研究多从人口、经济、土地、社会、生态环境、生活方式、基础设施、地域景观、社会保障、科学技术等多个维度对城市化水平与质量进行度量（陈明星 等，2009；方创琳、王德利，2011），并常在构建不同层级的指标体系的基础上，借助层次分析法等对各指标确权。

本研究选取 HANPP(gC)、$HANPP_{harv}$（gC）、$HANPP_{luc}$（gC）、HANPP（gC/m^2）、$HANPP_{harv}$（gC/m^2）、$HANPP_{luc}$（gC/m^2）、HANPP（$\%NPP_{pot}$）、$HANPP_{harv}$（%HANPP）、$HANPP_{luc}$（%HANPP）共 9 个指标作为因变量（$Y_1 \sim Y_9$）。为全面探究长时间序列下 HANPP 对我国城市化发展的响应，本研究关注广义的城市化概念，采用复合指标法从城市人口增长、城市经济发展、城市土地扩张、城市生态建设四个城市化驱动因子构建如表 5 - 1 所示的 HANPP 变化城市化驱动因子指标体系，作为驱动 HANPP 变化的自变量（$X_1 \sim X_{23}$）。该指标体系从与区域生态资源占用紧密相关的城市化因子入手，通过城市人口增长反映城市人口聚居对生态资源的需求，借助城市经济发展明晰城市化带动的第二、第三产业产值增加与第一产业产值表征的生态资源收获之间的权衡关系，城市土地扩张对自然植被的空间压缩与其对固碳能力的剥夺密切相关，通过对城市生态建设的多视角度量可反映城市内部相对有限的碳积累能力。此外，将地方财政环境保护支出归类于城市生态建设维度，也可从侧面反映城市生态建设投入及人地耦合系统对其的反馈效果。值得注意的是，各城市化维度下指标的选取均涵盖了对区域总量、地均量、人均量、比重量的度量，以便与因变量指标对应，从而深入挖掘其对各类 HANPP 指标的作用机理。

表 5－1　HANPP 变化的城市化驱动因子指标体系

城市化驱动因子	指标缩写	具体指标
城市人口增长	X_1	城镇人口规模（万人）
	X_2	城市人口密度（人/平方千米）
	X_3	城镇人口比重(%)
	X_4	第二、第三产业就业人口（万人）
城市经济发展	X_5	第二产业增加值（亿元）
	X_6	第三产业增加值（亿元）
	X_7	人均第二产业产值（元/人）
	X_8	人均第三产业产值（元/人）
	X_9	第二产业增加值比重(%)
	X_{10}	第三产业增加值比重(%)
城市土地扩张	X_{11}	建成区面积（平方千米）
	X_{12}	城市道路面积（平方千米）
	X_{13}	人均建成区面积（平方米/人）
	X_{14}	人均城市道路面积（平方米/人）
	X_{15}	建成区面积占比(%)
	X_{16}	城市道路面积占比(%)
城市生态建设	X_{17}	城市绿地面积（万公顷）
	X_{18}	人均公园绿地面积（平方米/人）
	X_{19}	建成区绿化覆盖率(%)
	X_{20}	地方财政环境保护支出（亿元）
	X_{21}	森林覆盖率(%)
	X_{22}	造林总面积（千公顷）
	X_{23}	自然保护区面积（万公顷）

表5-1中的自变量指标均来自国家统计局分省年度统计数据、《中国统计年鉴》、《中国城市建设统计年鉴》。其中，个别省级行政区在研究时段内存在1～3年的样本缺失情况。由于各省级行政区城市化指标在长时间序列下显示出明显的连续增长或下降，因此，本研究对个别年份的缺测值采用回归估计法进行补缺，即基于已有数据集的时间序列建立回归方程，对缺测年份数据进行估算，具体操作时在SPSS软件中借助替换缺失值功能中的“点处的线性趋势”进行补缺。为消除各自变量与因变量不同量纲的影响，本研究将Y_1～Y_9及X_1～X_{23}均进行极差标准化，使所有指标均在［0，1］区间变化；由于标准化后的HANPP及其组分总量（gC）与地均量（gC/m^2）数值相同，且在各省级行政区的年际变化趋势相近，故在结果分析中将其进行合并。

二、我国及省际HANPP变化主导驱动因子

为避免复合指标测度法中可能出现的信息冗余与指标共线性问题，本研究采用多元线性逐步回归方法，在剔除多余变量的基础上构建HANPP及其组分构成与城市化指标体系间的多元回归模型，以明晰城市化对HANPP变化的主导驱动因子。本节首先从全国尺度出发，解析四类城市化驱动因子对2001—2015年HANPP变化的总体驱动特征；其次，在31个省级行政区尺度对该驱动特征进行进一步刻画，挖掘城市化对生态占用的空间差异性约束。同时，为检验所构建的驱动因素回归模型是否优化，并度量各城市化因子对HANPP的直接影响强度，本研究采用通径分析（path analysis）对全国及31个省级行政区HANPP指标主导城市化因子的剩余通径系数与直接通径系数进行测度。通径分析作为一种多元统计技术，可以将自变量与因变量之间的相关系数进行分解，探究自变量对因变量的直接重要性和间接重要性，并为二者之间回归关系的优化判断及选择决策提供辅助（杜家菊、陈志伟，2010；孙朋 等，2016）。此外，通径分析还可以解决多元回归分析中偏相关系数无法直接相互比较的问题（鲁春阳 等，2012）。

通径分析可以通过n个自变量X两两之间及自变量X与因变量Y之间的相关系数构成求解通径系数的方程组［见式（5-1）］。

$$\begin{cases} r_{11}P_{1Y} + r_{12}P_{2Y} + \cdots + r_{1n}P_{nY} = r_{1Y} \\ r_{21}P_{1Y} + r_{22}P_{2Y} + \cdots + r_{2n}P_{nY} = r_{2Y} \\ \vdots \\ r_{n1}P_{1Y} + r_{n2}P_{2Y} + \cdots + r_{nn}P_{nY} = r_{nY} \end{cases} \quad (5-1)$$

式中，r_{ij}与r_{iY}（$i=1, 2, \cdots, n; j=1, 2, \cdots, n$）分别为各$X$两两之间与各$X$与$Y$之间的相关系数，直接通径系数$P_{iY}$为自变量对$Y$的直接作用，间接通径系数$r_{ij}P_{jY}$则为$X_i$通过$X_j$对$Y$的间接影响。

此外，剩余通径系数Pe可用于辅助评价所构建的多元回归模型质量，其计算方法见式（5－2）至式（5－4）。

$$Pe = \sqrt{1 - \sum_{i=1}^{n} R_{iY} - \sum_{i \neq j}^{n} R_{ijY}} \quad (5-2)$$

$$R_{iY} = P_{iY}^2 \quad (5-3)$$

$$R_{ijY} = P_{ijY}^2 \quad (5-4)$$

其中，R_{iY}为自变量X_i对因变量Y的直接决定系数，R_{ijY}为自变量X_i通过X_j对因变量Y的间接决定系数。当剩余通径系数小于0.1时，说明影响因变量的主要因子已经参与讨论，回归模型较优；当剩余通径系数过大时，说明分析中可能遗漏了其他对因变量产生重要影响的因子（李进涛 等，2018）。

对于时间序列分析而言，过短的观测时段所得的回归结果不具有统计学意义。因此，在本研究中，基于回归模型的全国尺度、分省尺度HANPP变化驱动因子分析均仅在2001—2015年全时段展开。而对于面板数据而言，当时间维度（T个时期）小于截面维度（N个个体）时仍可构建短面板（short panel），其相较时间序列分析具有充足的样本容量，弥补了时间序列过短时回归分析的局限性（李永乐 等，2013），可明显提高估计精度与可信度（陈强，2014）。因此，本章第二节将借助面板数据模型从全时段与每5年分时段分别探究城市化因子对全国HANPP变化的约束作用。

全国尺度HANPP及其组分构成的变化对各城市化维度的响应特征具有明显差异（见表5－2）。经逐步回归模型筛选后，$Y_1 \sim Y_9$要素均只检测到受单一城市化因子的显著约束作用。城市生态建设对各因变量指标的驱动能力总体最强，由于城市土地扩张在全国尺度各类LUCC中份额过小，其未检测到对任何因变量的显著约束。从生态占用要素对城市化的敏感性来看，第二产业的增加值（X_5）的变化趋势对 $HANPP_{harv}$（gC）及 $HANPP_{harv}$（gC/m^2）（Y_2/Y_5）的解释程度最大（$R^2=0.98$，$Pe=0.14$）。城市经济发展多对生态占用起间接约束作用，其主要体现了我国产业结构整体非农化转移过程中人口增长对粮食及生物产品消耗需求的大幅提升。与之相对，国家财政环保支出（X_5）仅能部分解释 $HANPP_{luc}$（gC）及 $HANPP_{luc}$（gC/m^2）（Y_3/Y_6）的变化特征（$R^2=0.31$，$Pe=0.83$）。结合本书第四章 HANPP 及其组分不均衡性分析可知，生态占用指标在各地区、各省级行政区均呈现显著的空间差异性及人口分布约束下的不均衡性，而全国尺度的时间序列分析则弱化了研究对象的空间分异特征，对驱动机理的全面归纳、整合存在一定的局限性。因此，回归模型更适于进行分省 HANPP 时间序列的城市化约束能力刻画，本章第二节将借助能够充分挖掘样本关联特征的面板数据模型对全国 HANPP 的城市化响应进行进一步探究。

表5-2　我国 HANPP 变化城市化驱动回归模型

因变量	因子类型	P	R^2	Pe	回归模型及各 X 对 Y 直接通径系数
Y_1/Y_4	生态	<0.001	0.74	0.51	$Y_1/Y_4=0.11+0.97X_{20}(0.86)$
Y_2/Y_5	经济	<0.001	0.98	0.14	$Y_2/Y_5=0.05+0.91X_5(0.99)$
Y_3/Y_6	生态	<0.05	0.31	0.83	$Y_3/Y_6=0.28+0.52X_{20}(0.56)$
Y_7	生态	<0.001	0.66	0.58	$Y_7=0.21+0.81X_{20}(0.81)$
Y_8	人口	<0.01	0.52	0.69	$Y_8=0.22+0.66X_2(0.72)$
Y_9	人口	<0.01	0.52	0.69	$Y_9=0.79-0.66X_2(-0.72)$

表5-3至表5-8为我国31个省级行政区 HANPP 及其组分构成（$Y_1 \sim Y_9$）在2001—2015年的时间动态受 $X_1 \sim X_{23}$ 影响的驱动模型，结果表明，所有模型均通过了 $P<0.05$ 的显著性检验。此外，各因变量对城市化响应模型的剩余通径系数 Pe 全国均值由低到高排序为：$HANPP_{harv}$（gC）及 $HANPP_{harv}$（gC/m^2）< $HANPP_{harv}$（%HANPP）及 $HANPP_{luc}$（%HANPP）< HANPP（%NPP_{pot}）< HANPP（gC）及 HANPP（gC/m^2）< $HANPP_{luc}$（gC）及 $HANPP_{luc}$（gC/m^2）；相应地，反映各因变量模型效果的决定系数 R^2 的全国均值呈相反梯度序列。其中，因变量 $HANPP_{harv}$（gC）及 $HANPP_{harv}$

(gC/m^2)的 Pe 相对最小，说明其多年变化对城市化因子的响应最为敏感。剩余通径系数偏大，说明城市化因子并不能完全解释 HANPP 及其组分构成的变化趋势。基于 HANPP 包含土地利用与生物量收获两方面的生态指标，除考虑城市化对其驱动作用外，乡村发展视角下的主要农作物产量、乡村人口、以第一产业为代表的乡村经济发展及农业技术进步等也会对 HANPP 及其组分时空变化起到不同程度的作用。需要说明的是，虽然影响 HANPP 的因子可能涵盖多个方面，但本研究意在着重关注城市化这一单一视角下的人地复合系统 HANPP 响应特征，因此，剩余通径系数主要用于辅助判断各种 HANPP 要素对城市化的敏感程度，并为未来对 HANPP 影响因素的进一步全面分析研究提供基础。

表 5-3　我国 31 个省级行政区 HANPP 总量及地均量变化城市化驱动回归模型

省级行政区	因子类型	P	R^2	Pe	回归模型及各 X 对 Y 直接通径系数
北京	土地	<0.05	0.29	0.84	$Y_1/Y_4=0.62-0.57X_{14}(-0.53)$
天津	生态	<0.01	0.49	0.71	$Y_1/Y_4=0.18+0.51X_{18}(0.70)$
河北	生态	<0.05	0.36	0.80	$Y_1/Y_4=0.30+0.49X_{19}(0.60)$
山西	—	—	—	—	—
内蒙古	人口	<0.001	0.57	0.66	$Y_1/Y_4=0.05+0.77X_4(0.76)$
辽宁	经济	<0.05	0.28	0.85	$Y_1/Y_4=0.19+0.52X_9(0.53)$
吉林	土地、生态	<0.001	0.82	0.42	$Y_1/Y_4=-0.02+2.07X_{14}(2.39)-1.44X_{17}(-1.57)$
黑龙江	生态	<0.001	0.88	0.35	$Y_1/Y_4=0.12+0.73X_{18}(0.94)$
上海	人口、经济	<0.05	0.87	0.36	$Y_1/Y_4=2.47-1.88X_9(-2.06)-1.47X_4(-1.64)$
江苏	人口	<0.05	0.31	0.83	$Y_1/Y_4=0.28+0.50X_4(0.56)$
浙江	经济	<0.05	0.38	0.79	$Y_1/Y_4=0.87-0.57X_9(-0.62)$
安徽	生态	<0.01	0.46	0.73	$Y_1/Y_4=0.41+0.60X_{22}(0.68)$
福建	—	—	—	—	—
江西	人口	<0.01	0.52	0.69	$Y_1/Y_4=0.14+0.70X_2(0.72)$
山东	—	—	—	—	—

续表 5-3

省级行政区	因子类型	P	R^2	Pe	回归模型及各 X 对 Y 直接通径系数
河南	生态	<0.05	0.30	0.84	$Y_1/Y_4=0.36+0.53X_{20}(0.55)$
湖北	土地	<0.01	0.42	0.76	$Y_1/Y_4=0.38+0.58X_{11}(0.64)$
湖南	生态	<0.05	0.34	0.81	$Y_1/Y_4=0.34+0.47X_{20}(0.58)$
广东	—	—	—	—	—
广西	生态	<0.001	0.73	0.52	$Y_1/Y_4=0.13+1.39X_{17}(1.44)-0.60X_{18}(-0.78)$
海南	生态	<0.05	0.32	0.82	$Y_1/Y_4=0.85-0.50X_{23}(-0.56)$
重庆	—	—	—	—	—
四川	生态	<0.01	0.42	0.76	$Y_1/Y_4=0.33+0.48X_{17}(0.65)$
贵州	人口	<0.05	0.36	0.80	$Y_1/Y_4=0.89-0.60X_2(-0.60)$
云南	—	—	—	—	—
西藏	—	—	—	—	—
陕西	—	—	—	—	—
甘肃	土地	<0.05	0.36	0.80	$Y_1/Y_4=0.03+0.77X_{13}(0.60)$
青海	土地、生态	<0.001	0.75	0.50	$Y_1/Y_4=-0.15+1.06X_{14}(1.10)-0.41X_{20}(-0.43)$
宁夏	—	—	—	—	—
新疆	—	—	—	—	—

表 5-4　我国 31 个省级行政区 $HANPP_{harv}$ 总量及地均量变化城市化驱动回归模型

省级行政区	因子类型	P	R^2	Pe	回归模型及各 X 对 Y 直接通径系数
北京	经济、生态	<0.001	0.98	0.14	$Y_2/Y_5=1.38-1.69X_{18}(-1.68)+0.70X_{19}(0.74)-0.70X_9(-0.76)-0.71X_7(-0.77)+0.39X_{21}(0.52)$
天津	经济	<0.001	0.86	0.37	$Y_2/Y_5=0.19+0.88X_{10}(0.93)$
河北	土地	<0.001	0.80	0.45	$Y_2/Y_5=0.09+0.93X_{13}(0.89)$

续表5-4

省级行政区	因子类型	P	R^2	Pe	回归模型及各 X 对 Y 直接通径系数
山西	人口、生态	<0.001	0.86	0.37	$Y_2/Y_5 = 0.18 + 1.39X_4(1.43) - 0.50X_{19}(-0.60)$
内蒙古	人口、生态	<0.001	0.98	0.14	$Y_2/Y_5 = 0.07 + 0.98X_3(1.02) - 0.11X_{22}(-0.09)$
辽宁	生态	<0.001	0.86	0.37	$Y_2/Y_5 = -0.10 + 0.87X_{19}(0.96) + 0.28X_{23}(0.25)$
吉林	人口、土地、生态	<0.001	0.97	0.17	$Y_2/Y_5 = -0.04 + 0.43X_2(0.46) + 0.44X_{12}(0.46) + 0.19X_{23}(0.15)$
黑龙江	人口、生态	<0.001	0.98	0.14	$Y_2/Y_5 = -0.02 + 0.62X_1(0.57) + 0.47X_{20}(0.43)$
上海	生态	<0.05	0.49	0.71	$Y_2/Y_5 = 0.57 - 0.75X_{23}(-0.70)$
江苏	经济	<0.001	0.71	0.54	$Y_2/Y_5 = 0.37 + 0.60X_6(0.84)$
浙江	生态	<0.001	0.92	0.28	$Y_2/Y_5 = 0.99 - 0.78X_{19}(-0.99) - 0.42X_{23}(-0.45)$
安徽	人口、经济	<0.001	0.73	0.52	$Y_2/Y_5 = 0.38 + 1.93X_6(2.11) - 1.27X_1(-1.39)$
福建	生态	<0.05	0.40	0.77	$Y_2/Y_5 = 0.70 - 0.62X_{20}(-0.63)$
江西	人口、土地	<0.001	0.95	0.22	$Y_2/Y_5 = 0.07 + 2.30X_3(2.30) - 1.40X_{11}(-1.34)$
山东	经济	<0.001	0.65	0.59	$Y_2/Y_5 = 0.30 + 0.67X_6(0.80)$
河南	生态	<0.001	0.81	0.44	$Y_2/Y_5 = 0.27 + 0.65X_{19}(0.90)$
湖北	经济	<0.001	0.95	0.22	$Y_2/Y_5 = 0.12 + 0.83X_7(0.98)$
湖南	土地、生态	<0.001	0.96	0.20	$Y_2/Y_5 = -0.12 + 0.25X_{18}(0.23) + 0.36X_{13}(0.30) + 0.56X_{11}(0.54)$
广东	经济	<0.001	0.69	0.56	$Y_2/Y_5 = 0.88 - 0.65X_9(-0.83)$
广西	人口、经济、生态	<0.001	0.98	0.14	$Y_2/Y_5 = 0.14 + 1.59X_6(1.57) - 0.60X_2(-0.48) - 0.19X_{21}(-0.23)$

续表5-4

省级行政区	因子类型	P	R^2	Pe	回归模型及各 X 对 Y 直接通径系数
海南	生态	<0.05	0.27	0.85	$Y_2/Y_5=0.45+0.59X_{22}(0.52)$
重庆	生态	<0.05	0.35	0.81	$Y_2/Y_5=0.48+0.54X_{22}(0.59)$
四川	土地	<0.001	0.98	0.14	$Y_2/Y_5=0.06+1.88X_3(1.82)-0.94X_{12}(-0.86)$
贵州	土地、生态	<0.01	0.60	0.63	$Y_2/Y_5=0.85-1.57X_{19}(-1.82)+1.32X_{14}(1.38)$
云南	经济、生态	<0.001	0.98	0.14	$Y_2/Y_5=0.17+0.87X_7(0.86)-0.17X_{23}(-0.19)$
西藏	土地	<0.05	0.38	0.79	$Y_2/Y_5=0.75-0.59X_{13}(-0.61)$
陕西	生态	<0.001	0.64	0.60	$Y_2/Y_5=0.22+0.65X_{21}(0.80)$
甘肃	人口、经济	<0.001	0.99	0.10	$Y_2/Y_5=-0.03+0.77X_1(0.70)+0.32X_8(0.31)$
青海	土地、生态	<0.001	0.89	0.33	$Y_2/Y_5=-0.31+1.10X_{23}(1.36)+0.71X_{13}(0.58)$
宁夏	经济、土地、生态	<0.001	0.99	0.10	$Y_2/Y_5=-0.04+0.66X_{17}(0.70)+0.34X_{12}(0.31)+0.07X_{10}(0.06)$
新疆	经济、生态	<0.001	0.96	0.20	$Y_2/Y_5=0.16+0.90X_6(0.95)-0.17X_{22}(-0.15)$

表5-5　我国31个省级行政区 $HANPP_{luc}$ 总量及地均量变化城市化驱动回归模型

省级行政区	因子类型	P	R^2	Pe	回归模型及各 X 对 Y 直接通径系数
北京	人口、生态	<0.001	0.83	0.41	$Y_3/Y_6=0.19-1.23X_{18}(-1.21)+1.40X_4(1.47)$
天津	经济、生态	<0.01	0.55	0.67	$Y_3/Y_6=0.18+X_{18}(1.41)-0.65X_6(-1.00)$
河北	—	—	—	—	—

续表 5 -5

省级行政区	因子类型	P	R^2	Pe	回归模型及各 X 对 Y 直接通径系数
山西	生态	<0.05	0.36	0.80	$Y_3/Y_6=0.02+0.87X_{22}(0.60)$
内蒙古	人口	<0.05	0.33	0.82	$Y_3/Y_6=0.15+0.57X_4(0.57)$
辽宁	经济	<0.05	0.28	0.85	$Y_3/Y_6=0.67-0.52X_{10}(-0.53)$
吉林	—	—	—	—	—
黑龙江	生态	<0.05	0.40	0.77	$Y_3/Y_6=0.30+0.44X_{18}(0.63)$
上海	人口、经济	<0.05	0.87	0.36	$Y_3/Y_6=2.01-1.54X_9(-1.91)-1.05X_4(-1.32)$
江苏	—	—	—	—	—
浙江	生态	<0.01	0.46	0.73	$Y_3/Y_6=0.29+0.61X_{20}(0.68)$
安徽	—	—	—	—	—
福建	—	—	—	—	—
江西	人口	<0.01	0.45	0.74	$Y_3/Y_6=0.12+0.70X_2(0.67)$
山东	—	—	—	—	—
河南	—	—	—	—	—
湖北	生态	<0.05	0.28	0.85	$Y_3/Y_6=0.39+0.59X_{22}(0.52)$
湖南	—	—	—	—	—
广东	—	—	—	—	—
广西	生态	<0.001	0.69	0.56	$Y_3/Y_6=0.19+1.54X_{17}(1.55)-0.82X_{18}(-1.04)$
海南	生态	<0.05	0.29	0.84	$Y_3/Y_6=0.84-0.45X_{23}(-0.54)$
重庆	—	—	—	—	—
四川	—	—	—	—	—
贵州	人口	<0.05	0.40	0.77	$Y_3/Y_6=0.89-0.71X_2(-0.63)$
云南	—	—	—	—	—
西藏	—	—	—	—	—
陕西	—	—	—	—	—
甘肃	—	—	—	—	—

续表5-5

省级行政区	因子类型	P	R^2	Pe	回归模型及各 X 对 Y 直接通径系数
青海	土地、生态	<0.001	0.70	0.55	$Y_3/Y_6 = -0.11 + 1.04X_{14}(1.10) - 0.49X_{20}(-0.53)$
宁夏	经济	<0.05	0.34	0.81	$Y_3/Y_6 = 0.22 + 0.55X_{10}(0.58)$
新疆	—	—	—	—	—

表5-6　我国31个省级行政区HANPP占用度变化城市化驱动回归模型

省级行政区	因子类型	P	R^2	Pe	回归模型及各 X 对 Y 直接通径系数
北京	土地、生态	<0.01	0.62	0.62	$Y_7 = 1.04 - 0.66X_{14}(-0.58) - 0.64X_{18}(-0.56)$
天津	经济	<0.05	0.31	0.83	$Y_7 = 0.93 - 0.56X_9(-0.56)$
河北	—	—	—	—	—
山西	生态	<0.05	0.37	0.79	$Y_7 = 1.02 - 0.72X_{23}(-0.61)$
内蒙古	经济	<0.01	0.46	0.73	$Y_7 = 0.11 + 0.56X_9(0.68)$
辽宁	经济	<0.05	0.35	0.81	$Y_7 = 0.13 + 0.61X_9(0.59)$
吉林	土地	<0.001	0.69	0.56	$Y_7 = 0.14 + 0.81X_{14}(0.83)$
黑龙江	生态	<0.001	0.78	0.47	$Y_7 = 0.02 + 0.85X_{23}(0.88)$
上海	—	—	—	—	—
江苏	生态	<0.05	0.34	0.81	$Y_7 = 0.26 + 0.42X_{21}(0.58)$
浙江	经济	<0.05	0.33	0.82	$Y_7 = 0.84 - 0.58X_9(-0.58)$
安徽	—	—	—	—	—
福建	—	—	—	—	—
江西	人口	<0.01	0.55	0.67	$Y_7 = 0.28 + 0.66X_2(0.74)$
山东	人口、经济、生态	<0.001	0.76	0.49	$Y_7 = 1.43 - 0.81X_9(-1.08) - 0.66X_{22}(-0.65) - 0.46X_4(-0.58)$
河南	经济	<0.05	0.30	0.84	$Y_7 = 0.39 + 0.41X_7(0.54)$
湖北	生态	<0.001	0.47	0.73	$Y_7 = 0.36 + 0.45X_{21}(0.69)$

续表5－6

省级行政区	因子类型	P	R^2	Pe	回归模型及各 X 对 Y 直接通径系数
湖南	生态	<0.01	0.55	0.67	$Y_7=0.18+0.55X_{21}(0.74)$
广东	—	—	—	—	—
广西	生态	<0.001	0.77	0.48	$Y_7=-0.06+0.88X_{17}(0.97)+0.40X_{23}(0.36)$
海南	生态	<0.05	0.29	0.84	$Y_7=0.78-0.46X_{23}(-0.54)$
重庆	—	—	—	—	—
四川	—	—	—	—	—
贵州	—	—	—	—	—
云南	—	—	—	—	—
西藏	生态	<0.05	0.35	0.81	$Y_7=0.62-0.60X_{18}(-0.60)$
陕西	生态	<0.01	0.44	0.75	$Y_7=0.79-0.56X_{23}(-0.66)$
甘肃	—	—	—	—	—
青海	—	—	—	—	—
宁夏	土地、生态	<0.01	0.65	0.59	$Y_7=0.76+0.70X_{13}(0.92)-0.73X_{23}(-0.67)$
新疆	土地	<0.001	0.65	0.59	$Y_7=-0.02+0.84X_{13}(0.81)$

表5－7　我国31个省级行政区 $HANPP_{harv}$ 贡献率变化城市化驱动回归模型

省级行政区	因子类型	P	R^2	Pe	回归模型及各 X 对 Y 直接通径系数
北京	全因子	<0.001	0.95	0.22	$Y_8=1.61+X_{19}(1.01)-0.20X_{14}(-0.19)-2.42X_4(-2.44)-0.87X_9(-0.89)$
天津	—	—	—	—	—
河北	—	—	—	—	—
山西	经济、生态	<0.01	0.60	0.63	$Y_8=0.61-0.63X_{22}(-0.52)+0.38X_6(0.51)$
内蒙古	生态	<0.05	0.38	0.79	$Y_8=0.16+0.60X_{21}(0.62)$

续表5-7

省级行政区	因子类型	P	R^2	Pe	回归模型及各 X 对 Y 直接通径系数
辽宁	经济、生态	<0.001	0.92	0.28	$Y_8=0.35+3.75X_8(5.06)-3.37X_{20}(-5.03)-1.26X_{17}(-1.88)+1.81X_7(2.81)-0.36X_{22}(-0.55)$
吉林	人口	<0.01	0.42	0.76	$Y_8=0.15+0.57X_2(0.64)$
黑龙江	经济	<0.001	0.89	0.33	$Y_8=-0.50+1.39X_6(1.51)+0.66X_9(0.63)$
上海	经济、土地	<0.05	0.73	0.52	$Y_8=0.88-0.67X_{10}(-0.83)-0.28X_{13}(-0.34)$
江苏	—	—	—	—	—
浙江	土地	<0.001	0.77	0.48	$Y_8=0.88-0.80X_{12}(-0.88)$
安徽	—	—	—	—	—
福建	—	—	—	—	—
江西	—	—	—	—	—
山东	—	—	—	—	—
河南	—	—	—	—	—
湖北	生态	<0.001	0.47	0.73	$Y_8=0.21+0.62X_{19}(0.69)$
湖南	—	—	—	—	—
广东	生态	<0.05	0.48	0.72	$Y_8=0.62-0.90X_{19}(-1.22)+0.56X_{21}(0.84)$
广西	—	—	—	—	—
海南	—	—	—	—	—
重庆	—	—	—	—	—
四川	生态	<0.01	0.41	0.77	$Y_8=0.01+0.55X_{23}(0.64)$
贵州	人口、经济、土地	<0.001	0.82	0.42	$Y_8=-0.27-2.20X_7(-2.27)+2.58X_{14}(2.25)+0.79X_2(0.74)$
云南	生态	<0.05	0.34	0.81	$Y_8=0.14+0.38X_{21}(0.58)$
西藏	—	—	—	—	—
陕西	人口	<0.05	0.37	0.79	$Y_8=0.91-0.66X_2(-0.61)$

续表 5－7

省级行政区	因子类型	P	R^2	Pe	回归模型及各 X 对 Y 直接通径系数
甘肃	土地	<0.001	0.73	0.52	$Y_8=0.29+1.57X_{12}(1.94)-X_{14}(-1.21)$
青海	—	—	—	—	—
宁夏	生态	<0.05	0.36	0.80	$Y_8=0.65-0.66X_{22}(-0.60)$
新疆	—	—	—	—	—

表 5－8　我国 31 个省级行政区 $HANPP_{luc}$ 贡献率变化城市化驱动回归模型

省级行政区	因子类型	P	R^2	Pe	回归模型及各 X 对 Y 直接通径系数
北京	全因子	<0.001	0.95	0.22	$Y_9=-0.61-X_{19}(-1.01)+0.20X_{14}(0.19)+2.42X_4(2.44)+0.87X_9(0.89)$
天津	—	—	—	—	—
河北	—	—	—	—	—
山西	经济、生态	<0.01	0.60	0.63	$Y_9=0.39+0.63X_{22}(0.52)-0.38X_6(-0.51)$
内蒙古	生态	<0.05	0.38	0.79	$Y_9=0.84-0.60X_{21}(-0.62)$
辽宁	经济、生态	<0.001	0.92	0.28	$Y_9=0.65-3.75X_8(-5.06)+3.37X_{20}(5.03)+1.26X_{17}(1.88)-1.81X_7(-2.81)+0.36X_{22}(0.55)$
吉林	人口	<0.01	0.42	0.76	$Y_9=0.85-0.57X_2(-0.64)$
黑龙江	经济	<0.001	0.89	0.33	$Y_8=1.50-1.39X_6(-1.51)-0.66X_9(-0.63)$
上海	经济、土地	<0.05	0.73	0.52	$Y_9=0.12+0.67X_{10}(0.83)+0.28X_{13}(0.34)$
江苏	—	—	—	—	—
浙江	土地	<0.001	0.77	0.48	$Y_9=0.12+0.80X_{12}(0.88)$
安徽	—	—	—	—	—

续表5－8

省级行政区	因子类型	P	R^2	Pe	回归模型及各 X 对 Y 直接通径系数
福建	—	—	—	—	—
江西	—	—	—	—	—
山东	—	—	—	—	—
河南	—	—	—	—	—
湖北	生态	<0.001	0.47	0.73	$Y_9=0.79-0.62X_{19}(-0.69)$
湖南	—	—	—	—	—
广东	生态	<0.05	0.48	0.72	$Y_8=0.38+0.90X_{19}(1.22)-0.56X_{21}(-0.84)$
广西	—	—	—	—	—
海南	—	—	—	—	—
重庆	—	—	—	—	—
四川	生态	<0.01	0.41	0.77	$Y_8=0.99-0.55X_{23}(-0.64)$
贵州	人口、经济、土地	<0.001	0.82	0.42	$Y_9=1.27+2.20X_7(2.27)-2.58X_{14}(-2.25)-0.79X_2(-0.74)$
云南	生态	<0.05	0.34	0.81	$Y_9=0.86-0.38X_{21}(-0.58)$
西藏	—	—	—	—	—
陕西	人口	<0.05	0.37	0.79	$Y_9=0.09+0.66X_2(0.61)$
甘肃	土地	<0.001	0.73	0.52	$Y_9=0.71-1.57X_{12}(-1.94)+X_{14}(1.21)$
青海	—	—	—	—	—
宁夏	生态	<0.05	0.36	0.80	$Y_9=0.35+0.66X_{22}(0.60)$
新疆	—	—	—	—	—

表5－3为我国31个省级行政区HANPP(gC)及HANPP(gC/m^2)变化的城市化驱动模型。从全国角度来看，城市生态建设是对HANPP约束最大的城市化驱动因子，城市人口增长与城市土地扩张约束程度相当，城市经济发展约束最弱。且在各独立自变量中，第二、第三产业就业人口（X_4）与人均城市道路面积（X_{14}）分别是城市人口增长与城市土地扩张影响HANPP的主导因子，第二产业增加值占比（X_9）是唯一具驱动作用的

经济指标，除森林覆盖率（X_{21}）外所有城市生态建设指标均对 HANPP 变化造成影响。从分省角度来看，大部分省级行政区 HANPP 为单因子驱动模式，受城市生态建设驱动的黑龙江 HANPP 的城市化响应最为显著（R^2 = 0.88，Pe = 0.35）；相反，城市化对辽宁 HANPP 解释程度最低（R^2 = 0.28，Pe = 0.85）。此外，山西、福建、山东等10个省级行政区 HANPP 未显著受到城市化驱动。

值得注意的是，由于 HANPP 由两部分组成，城市化驱动因子对其有着复杂的驱动机制：城市人口增长可能会伴随着城市区域开发造成 $HANPP_{luc}$ 上升，也可能会伴随着农业从业人口流失造成 $HANPP_{harv}$ 下降，其两者在区域内的主导程度决定了城市人口增长对 HANPP 的正负作用机制。从城市经济发展来看，第二、第三产业产值与占比的增加必将导致对与第一产业相关 $HANPP_{harv}$ 的压缩，表5－3中上海、浙江等地 X_9 对 HANPP 的负向作用则由第二产业占比降低（第三产业占比提高）所导致。从城市土地扩张来看，城市建设造成的 $HANPP_{luc}$ 上升与对生产用地压缩造成的 $HANPP_{harv}$ 下降使其对 HANPP 作用方向相异，后者在北京的主导作用使 X_{14} 对 HANPP 呈负向作用，而城市土地扩张对吉林、湖北、甘肃、青海的 HANPP 有显著增加作用。我国城市生态建设指标均呈逐年增加趋势，在理论上其预示着城市内部自然植被的恢复，但其在部分省级行政区与 HANPP 呈正相关趋势（见表5－3），说明城市植被恢复所减少的人类生态占用相较其他形式碳占用增量份额过小，难以扭转全域 HANPP 的上升趋势。

各省级行政区 $HANPP_{harv}$(gC) 及 $HANPP_{harv}$(gC/m^2) 变化对城市化驱动因子的总体响应最为敏感（见表5－4）。从全国角度来看，城市生态建设与各省级行政区收获量变化呈现最强的同步变化特征，其次为城市经济发展、城市土地扩张、城市人口增长。其中，城镇人口规模与比重（X_1 与 X_3）、第三产业增加值（X_6）、人均建成区面积（X_{13}）、自然保护区面积（X_{23}）与建成区绿化覆盖率（X_{19}）分别在四类城市化驱动因子中作用最强。从分省角度来看，所有省级行政区 $HANPP_{harv}$ 均检测出不同程度的城市化约束，其中，受单因子与双因子驱动的省级行政区最多，吉林、广西、宁夏 $HANPP_{harv}$ 受多个城市化因子驱动。北京、内蒙古、黑龙江、广西、四川、云南、甘肃、宁夏等地受城市化驱动最为显著（$R^2 \geq 0.98$，$Pe \leq 0.14$）；与此相反，高度城市化的上海因具备生产能力的土地偏少，其 $HANPP_{harv}$ 未表现出对城市化的高度响应（R^2 = 0.49，Pe = 0.71）。

需要指出的是，$HANPP_{harv}$虽然由土地生产能力与人类占用强度直接决定，但城市化仍对其起到间接影响作用。从城市人口增长来看，城市对年轻劳动力的吸引力使当前我国务农人员存在数量减少且年龄偏高的现实状况，而城市人口的增加也相应提高了对生物产品的需求。在该背景下，$HANPP_{harv}$仍在大部分省级行政区呈上升趋势，这主要缘于农业技术发展对单位用地产量的提高。从城市经济发展来看，第二、第三产业产值的提高多伴随着经济结构向非农化的转移，但为了满足不断增长的人口粮食需求，农林牧产量及第一产业产值仍呈上升趋势，城市经济发展对$HANPP_{harv}$的作用体现了区域产业结构转型视角下的城乡协调发展。城市土地扩张体现了城市化对生产用地的压缩。近年来，我国在控制城市过度扩张的同时开始不断加强对基本农田的保护，其可有效控制城市土地扩张的负面作用。此外，生产用地环境治理依靠地方环保支出（X_{20}），且森林覆盖率（X_{21}）与造林面积（X_{22}）的提高均可直接提升区域$HANPP_{harv}$，因此，城市生态建设因子在表5-4各模型中出现的频次最高。总体而言，城市发展伴随的农业科技水平提高对$HANPP_{harv}$起促进作用，但其仍受制于城市土地扩张与城市生态建设对其的权衡关系。

表5-5为我国31个省级行政区$HANPP_{luc}$(gC)及$HANPP_{luc}$(gC/m^2)变化的城市化驱动模型。从全国角度来看，各类自变量的影响程度由强到弱依次为城市生态建设、城市人口增长、城市经济发展、城市土地扩张。第二、第三产业就业人口（X_4）、第三产业增加值比重（X_{10}）、人均城市道路面积（X_{14}）、人均公园绿地面积（X_{18}）分别在四类城市化驱动因子中起主要作用。从分省角度来看，大部分省级行政区以单一因子的城市化驱动模型为主，有近半数的省级行政区$HANPP_{luc}$多年变化未表现出与城市化的显著关联。我国城市化水平较高地区的$HANPP_{luc}$总体对城市化响应显著，其中，上海显示出最强的城市化驱动（$R^2=0.87$，$Pe=0.36$），北京次之（$R^2=0.83$，$Pe=0.41$）。但二者的驱动模式有所差异：上海的主导驱动因子是第二产业比重（X_9），第二、第三产业就业人口（X_4）作为北京的主导驱动因子在上海$HANPP_{luc}$变化过程中起次要作用。随着近年来不断加强绿色北京的建设，人均公园绿地面积（X_{18}）稳步上升，其对北京的$HANPP_{luc}$增长起到了一定的遏制作用（$R<0$，$P_{18Y}=-1.21$）。

值得注意的是，作为与土地利用密切相关的指标，$HANPP_{luc}$(gC)及$HANPP_{luc}$(gC/m^2)在各因变量中对城市化响应的敏感度最低（Pe均值最大)，且未对与城市土地扩张相关的自变量表现出较强的驱动作用。这主要缘于城市区域在分省尺度研究单元中面积占比较低，且在15年的时间尺度下城市扩张幅度有限，省内$HANPP_{luc}$的变化趋势仍由其他用地主导。但如上文所述，在城市面积占比较高的上海与北京，城市化对$HANPP_{luc}$的显著影响得以显现。从各类城市化驱动因子来看，城市人口的增加多伴随着城市建设与$HANPP_{luc}$上升，其在表5－5中也多表现出对$HANPP_{luc}$的促进作用；但贵州的城市人口密度（X_2）与$HANPP_{luc}$呈显著负相关（$R^2=0.40$，$P<0.05$），这主要缘于2010年后的快速城市建设及2014年后城市人口的明显流失，人地供需关系的不协调以及城市建设占用$HANPP_{luc}$难以恢复的特征造成当地出现“鬼城”现象。区域经济发展与城市土地扩张对经济引领的城市建设强度加大与其带来的收入增加相辅相成，城市生态建设指标的提升有利于减轻人类活动的土地固碳能力损耗，但其尚未在研究时段内体现出对$HANPP_{luc}$增势的明显遏制，这也说明了协调城市人地关系与加强绿色宜居城市建设的难度与长期需求。

表征生态占用度的分省HANPP（$\%NPP_{pot}$）变化的城市化响应模型如表5－6所示。从全国角度来看，城市生态建设的作用明显强于其他因子，其中自然保护区面积（X_{23}）贡献最大，城市人口增长对HANPP（$\%NPP_{pot}$）约束最弱。从分省角度来看，大部分省级行政区以单因子驱动为主要形式，但河北、上海、安徽等11个省级行政区的HANPP（$\%NPP_{pot}$）未见受城市化显著驱动。受城市生态建设驱动的黑龙江、广西以及受多因子驱动的山东的HANPP（$\%NPP_{pot}$）表现出对城市化较高的敏感性（$R^2\geqslant0.76$，$Pe\leqslant0.49$）。相反，海南的HANPP（$\%NPP_{pot}$）变化对城市化响应最不敏感（$R^2=0.29$，$Pe=0.84$）。由于HANPP（$\%NPP_{pot}$）在表征人类生态占用的同时也受到生态本底条件的约束，其对城市化的响应机理较其他要素更为复杂。天津、浙江、内蒙古、辽宁的HANPP（$\%NPP_{pot}$）仅以第二产业增加值比重（X_9）为单一驱动因子，其HANPP（$\%NPP_{pot}$）并未见下降趋势。其中，天津、浙江在2001—2015年的经济结构重心明显向第三产业转移，而内蒙古和辽宁则仍以第二产业为主，可见在城市经济发展背景下，区域产业结构重心向第二、第三产业的持续转移是人类活动生态占用度不断增加的重要因素。此外，由图3－6（b）可知，北京、山西、西藏、陕西等地在研究时段内生态占用度已开始呈下降趋势，表5－6检测出人均公园绿地面积（X_{18}）与自然保护区面积（X_{23}）对其不同程度的驱动作用，说明城市生态建设在其中的作用不可忽视。

由于 $HANPP_{harv}$（%HANPP）与 $HANPP_{luc}$（%HANPP）具有互补性，表 5-7 和表 5-8 中的城市化驱动模型具备相同的驱动因子及模型拟合效果，但各自变量对其作用方向相反。总体来看，城市化驱动因子的作用程度由强到弱依次为城市生态建设、城市经济发展、城市土地扩张、城市人口增长，且后三者的作用程度相似。城市人口密度（X_2）与人均城市道路面积（X_{14}）在人口与土地城市化中作用较强，单一因子在城市经济发展与城市生态建设的贡献较为平均，且几乎所有因子均对 $HANPP_{harv}$ 与 $HANPP_{luc}$ 贡献率有驱动效果。从分省角度来看，北京受到四类城市化驱动因子的共同驱动，其 $HANPP_{harv}$ 与 $HANPP_{luc}$ 贡献率表现出对城市化驱动最高的敏感性（$R^2=0.95$，$Pe=0.22$），且通过各自变量的直接通径系数可知，第二、第三产业就业人口（X_4）的主导程度最大；受经济发展与生态建设驱动的辽宁单一城市化因子达到 5 个，也显示出较高的模型拟合水平（$R^2=0.92$，$Pe=0.28$），人均第三产业产值（X_8）与地方财政环保支出（X_{20}）对其 $HANPP_{harv}$ 与 $HANPP_{luc}$ 贡献率有主导作用。但在表 5-7 和表 5-8 中仍有近半数的省级行政区未识别出显著驱动。需要注意的是，$HANPP_{harv}$（%HANPP）与 $HANPP_{luc}$（%HANPP）的变化体现了区域生态占用重点的转移趋势，京津冀三地以及上海、江苏、福建、浙江、广东等东南沿海省级行政区均显示出 $HANPP_{luc}$ 份额的上升，其中城市经济发展与城市土地扩张是驱动其贡献率变化的主要因子，而 $HANPP_{harv}$（%HANPP）则对城市生态建设响应最为敏感。

通过对 Y_1～Y_9 的城市化驱动类型进行分类，可进一步明晰我国 31 个省级行政区 HANPP 及其组分时间变化驱动机制的分异规律（见表 5-9）。从各省级行政区 HANPP 对城市化响应的敏感程度来看，分布于东北及华北地区的北京、内蒙古、辽宁、黑龙江、浙江、湖北的因变量 Y_1～Y_9 均检测到城市化的显著驱动。其中，北京属于土地扩张—生态建设共同驱动型，城市经济发展对辽宁 HANPP 有主要约束作用，黑龙江、湖北则受城市生态建设影响显著，内蒙古与浙江的驱动因子较为复杂，未显示出稳定规律性。与此相反，河北、安徽、山东、西藏、新疆、福建、重庆未受城市化显著驱动的因变量相对较多，其主要集中分布于我国华北平原及西北部地区。华北平原是我国主要粮食产区，其 HANPP 及组分密切依赖与生产用地生产能力相关的农技水平、耕作制度、有效灌溉、务农人员等因子，城市化对其约束作用相对次要；而西藏、新疆等地的城市化水平偏低，气候、地形等自然本底条件对当地人类活动与生产开发的限制较城市化更为明显。

从各省级行政区 HANPP 城市化驱动因子类型的稳定性来看，我国东北及东南部各省级行政区 HANPP 受单一类型的城市化因子驱动最多（见表 5－9）。其中，北京与上海受组合型城市化因子驱动的 HANPP 要素在全国最多，这反映了城市化水平较高地区的城市发展对人地关系影响的复杂性。具体来看，仅海南及青海在所探测因变量中始终受制于同一类城市化驱动因子，二者分别属于城市生态建设驱动型和土地扩张—生态建设驱动型。通过综合统计发现，HANPP 及其组分构成受城市生态建设稳定驱动的区域最多，包括山西、宁夏、黑龙江、广西、湖南、云南、湖北、海南、四川、广东、重庆，主要集中分布于我国西南地区；其次为城市经济发展驱动型地区，包括上海、天津、辽宁。尽管北京与青海的城市化水平差距明显，但它们均属于土地扩张—生态建设共同驱动型。近年来，人口流失现象逐步加剧的贵州及江西的 HANPP 显示出对城市人口增长的显著响应。此外，分布于东部沿海及西北部的其他省级行政区因变量 $Y_1 \sim Y_9$ 的城市化驱动机制未显示出明显的规律性。因此，在从城市化入手的区域人类活动生态压力研究中需要针对不同 HANPP 类型进行更为全面的考量。

表 5－9　我国 31 个省级行政区 HANPP 及其组分变化城市化主导因子

指标	城市化主导因子	省级行政区
HANPP（gC）及 HANPP（gC/m²）	人口	内蒙古、江苏、贵州、江西
	经济	辽宁、浙江
	土地	甘肃、北京、湖北
	生态	四川、黑龙江、河北、天津、河南、安徽、湖南、广西、海南
	人口—经济	上海
	土地—生态	青海、吉林
	无显著影响	新疆、西藏、宁夏、陕西、山西、山东、云南、重庆、福建、广东

续表5-9

指标	城市化主导因子	省级行政区
	经济	天津、山东、江苏、湖北、广东
	土地	西藏、四川、河北
	生态	陕西、重庆、河南、辽宁、上海、浙江、福建、海南
$HANPP_{harv}$（gC）及 $HANPP_{harv}$（gC/m^2）	人口—土地	江西
	人口—生态	内蒙古、山西、黑龙江
	人口—经济	甘肃、安徽
	经济—生态	新疆、北京、云南
	土地—生态	青海、贵州、湖南
	人口—土地—生态	吉林
	人口—经济—生态	广西
	经济—土地—生态	宁夏
$HANPP_{luc}$（gC）及 $HANPP_{luc}$（gC/m^2）	人口	内蒙古、贵州、江西
	经济	宁夏、辽宁
	生态	黑龙江、山西、湖北、浙江、广西、海南
	人口—生态	北京
	人口—经济	上海
	经济—生态	天津
	土地—生态	青海
	无显著影响	新疆、西藏、甘肃、陕西、吉林、河北、山东、河南、安徽、江苏、四川、重庆、云南、湖南、广东、福建

续表 5-9

指标	城市化主导因子	省级行政区
HANPP（%NPP_{pot}）	人口	江西
	经济	内蒙古、辽宁、河南、浙江、天津
	土地	新疆、吉林
	生态	黑龙江、西藏、陕西、山西、江苏、湖北、湖南、广西、海南
	土地—生态	宁夏、北京
	人口—经济—生态	山东
	无显著影响	青海、甘肃、四川、重庆、云南、贵州、广东、福建、上海、安徽、河北
$HANPP_{harv}$（%HANPP）	人口	陕西、吉林
	经济	黑龙江
	土地	甘肃、浙江
	生态	内蒙古、宁夏、四川、云南、湖北、广东
	全因子	北京
	经济—生态	山西、辽宁
	经济—土地	上海
	人口—经济—土地	贵州
	无显著影响	新疆、青海、西藏、河北、天津、山东、河南、安徽、江苏、重庆、湖南、江西、福建、广西、海南
$HANPP_{luc}$（%HANPP）	人口	陕西、吉林
	经济	黑龙江
	土地	甘肃、浙江
	生态	内蒙古、宁夏、四川、云南、湖北、广东
	全因子	北京
	经济—生态	山西、辽宁
	经济—土地	上海
	人口—经济—土地	贵州
	无显著影响	新疆、青海、西藏、河北、天津、山东、河南、安徽、江苏、重庆、湖南、江西、福建、广西、海南

第二节　基于面板数据模型的 HANPP 变化驱动因子

一、面板数据模型

前文研究发现 HANPP 变化的城市化驱动机制在我国 31 个省级行政区之间存在明显的空间分异性，同时，HANPP 及其组分对不同城市化评价维度也呈现不同的响应敏感性，使得城市化对 HANPP 的驱动机制在全国尺度的统一规律不易厘清。本研究所采用的 HANPP 要素及城市化指标体系具有多样本（31 个省级行政区）、长时序（2001—2015 年）的特征，可以构成 31 × 15 的面板数据集；同时，建立在面板数据集上的面板数据模型能够从个体、指标、时间三个维度充分挖掘所有样本包含信息，有利于全面刻画研究对象的个体特征与变化规律。因此，本研究旨在在 HANPP 与城市化指标面板数据的基础上，通过构建适宜的面板数据模型，从全国尺度探究 HANPP 与城市化驱动因子之间的关联特征与规律，以在更为宏观的视角下进一步梳理 HANPP 变化的城市化响应机理。同时，本研究除建立全时序 HANPP 与城市化面板数据模型，还分别基于 2001—2005 年、2006—2010 年、2011—2015 年三个时段的面板数据对 HANPP 与城市化驱动因子之间的关系进行进一步挖掘，从而全面刻画 HANPP 城市化驱动模式及其随着城市人口增长、经济发展、土地扩张、生态建设的变化状况。

面板数据（panel data）兼有时间序列数据和截面数据的所有特点，相较单纯的时序或截面数据能够提供更多的信息，且因为具备较大的样本量而在一定程度上避免了共线性的存在。式（5 - 5）为面板数据模型的基本形式。

$$y_{it} = \alpha_{it} + \beta_{1.it}x_{1.it} + \cdots + \beta_{k.it}x_{k.it} + \varepsilon_{it} = \alpha_{it} + X'_{it}\beta_{it} + \varepsilon_{it} \quad (5-5)$$

$$i = 1,2,\cdots,N;\ t = 1,2,\cdots,T$$

式中，y_{it}、x_{it}及 ε_{it} 均为因变量、k 个自变量与随机误差项在截面 i 和时间 t 上的数值，X'_{it} 为自变量的向量；个体差异与时间变化对变量的综合影响可通过待估参数 α_{it} 与 β_{it} 来体现。此外，截面标识 N 在本研究中为 31 个省级行政区，时间标识 T 为 2001—2015 年。

根据个体与时间影响效应的差异，可将式（5－5）中的交互效应进一步分解为式（5－6）。式中，个体效应可通过 λ_i 和 γ_i 体现，μ_t 与 η_t 则用于表征时间效应的影响。式（5－6）是典型的双因素面板数据模型，当该模型仅受制于个体或时间效应时，则为单因素模型，此时式中仅有 λ_i 和 γ_i 或仅有 μ_t 与 η_t。

$$y_{it} = (\lambda_i + \mu_t) + X'_{it}(\gamma_i + \eta_t) + \varepsilon_{it} \tag{5-6}$$

根据个体或时间效应的影响效果，可将面板数据模型分为混合模型、变截距模型、变系数模型三类（赵卫亚 等，2013）。混合模型不存在任何效应，即各自变量对因变量的影响在不同截面与不同时间点并无差异，也就是式（5－5）中 $\alpha_{it} = \alpha_{jt}$ 且 $\beta_{it} = \beta_{jt}$；该模型是一种较为极端的回归策略，忽略了个体之间的异质性（陈强，2014）。当个体或时间效应仅对模型的截距产生影响时，式（5－5）中 $\alpha_{it} \neq \alpha_{jt}$ 且 $\beta_{it} = \beta_{jt}$，此时形成变截距模型，即个体回归方程具有相同斜率与不同截距，以此表征样本的异质性。而个体或时间效应同时影响模型的截距与斜率的变系数模型最为复杂，即式（5－5）中 $\alpha_{it} \neq \alpha_{jt}$ 且 $\beta_{it} \neq \beta_{jt}$，此时变系数模型实际上已经转化为了每个个体的独立回归，故其也属于一种忽略了样本之间共性的较为极端的回归策略，且难以体现面板数据模型对大样本数据中隐含规律的梳理、提炼作用。因此，在实际研究过程中，变截距模型作为一种较为折中的估计策略得到了更为广泛的应用（陈强，2014）；同时，针对截面数量大于时序的面板数据模型（短面板），更应重视对截面上异质性的分析。此外，根据影响效应是否与自变量相关，又可将面板数据模型分为固定效应模型和随机效应模型（舒心 等，2018）。由于固定效应模型中个体或时间效应与自变量相关，因此，固定效应模型又可细分为个体固定模型、时间固定模型和双固定模型；相反，式（5－5）中 α_{it} 及 β_{it} 与自变量无关时得到的随机效应模型，也可对其进行效应类型的细分。

本章第一节选取的各 HANPP 及其组分构成（$Y_1 \sim Y_9$）与城市化指标（$X_1 \sim X_{23}$）分别作为面板数据模型的因变量与自变量，所构建的面板数据可以描述 k 个城市化指标在 N 个个体及 T 个时间点上对 HANPP 的影响。在确定模型的具体形式前，为保证模型输入数据的质量，同时识别所选变量在个体、时间维度的变化特征，需要对变量的共线性、平稳性、协整性等方面的表现特征进行检验，具体依循以下步骤进行，且所有工作均在

EViews 9.0 软件环境下进行。

第一步，为减少变量的异方差并避免不同量纲的影响，对所有自变量与因变量进行极差标准化处理。

第二步，本研究为对 HANPP 的城市化驱动进行较全面的描述，因而所选取的自变量数量较多（$X_1 \sim X_{23}$），同时为避免变量之间多重共线性对面板数据模型回归效果的影响，采用方差膨胀因子（VIF）对自变量 $X_1 \sim X_{23}$ 进行共线性检验，当 $VIF > 10$ 时表征变量间存在多重共线性。各自变量多重共线性检验结果如表 5-10 所示，依此选择城市人口密度（X_2）、第二、第三产业就业人口（X_4）、第二产业增加值比重（X_9）、第三产业增加值比重（X_{10}）、人均建成区面积（X_{13}）、城市绿地面积（X_{17}）、建成区绿化覆盖率（X_{19}）、森林覆盖率（X_{21}）、造林面积（X_{22}）、自然保护区面积（X_{23}）共 10 个指标作为面板数据模型的自变量，其覆盖了城市人口增长、城市经济发展、城市土地扩张、城市生态建设四类城市化驱动因子，能够全面表征城市化对 HANPP 变化的约束作用。因此，对全时序面板数据而言，$N = 31$、$T = 15$、$k = 10$；对三个分时段面板数据而言，$N = 31$、$T = 5$、$k = 10$。

表 5-10　城市化驱动因子多重共线性检验

变量	*VIF*	变量	*VIF*	变量	*VIF*
X_1	68.43	X_9	4.06	X_{17}	5.40
X_2	1.27	X_{10}	3.96	X_{18}	11.62
X_3	13.89	X_{11}	26.59	X_{19}	7.25
X_4	5.39	X_{12}	53.47	X_{20}	10.69
X_5	1776.20	X_{13}	2.74	X_{21}	6.16
X_6	3484.32	X_{14}	10.35	X_{22}	1.24
X_7	1636.66	X_{15}	26.59	X_{23}	1.21
X_8	3333.33	X_{16}	53.47	—	—

第三步，各变量在时间尺度上表现平稳是进行面板数据模型合理回归的前提。所谓时间平稳性是指一个序列在剔除了截距和时间趋势以后，剩余的序列为白噪声；在实际研究中，如果对非平稳序列直接构建面板数据模型则容易造成伪回归现象（陈强，2014），且平稳性检验对于时间序列

$T \geqslant 15$ 的模型更为关键。本书采用单位根检验方法中的相同根单位根检验 Levin，Lin & Chu t^* 统计量判断各变量是否为同阶单整，检验发现2001—2015年所有因变量与自变量均在10%、5%或1%显著性水平下存在平稳性（见表5-11）。同时，各变量在三个分时段中也均通过1%显著性水平的平稳性检验，因篇幅限制文中不再列出。

第四步，在变量平稳性的基础上可以对其构成的面板数据进行协整性检验，如通过协整性检验则说明变量之间存在着长期稳定的均衡关系，此时进行面板数据回归的结果是较为精确的。本研究采用 Kao 方法中的 ADF 检验的 t 统计量进行判断，该方法假设要素间无协整关系。表5-12显示 $Y_1 \sim Y_9$ 与各筛选后的自变量之间均在1%显著性水平下拒绝原假设，即2001—2015年各变量之间存在协整性，对分时段内各面板数据的 ADF 检验也均呈现显著的协整关系（$P < 0.01$）。以上检验结果说明各 HANPP 指标及所选城市化驱动因子符合面板数据模型构建的基本条件，可以进一步确定模型的具体形式并完成后续的回归工作。

表5-11　HANPP 及城市化驱动因子平稳性检验

变量	Levin，Lin & Chu t^*	变量	Levin，Lin & Chu t^*	变量	Levin，Lin & Chu t^*
Y_1/ Y_4	-9.05***	X_2	-4.30***	X_{19}	-5.87***
Y_2/ Y_5	-8.23***	X_4	-1.79**	X_{21}	-4.42***
Y_3/ Y_6	-9.87***	X_9	-3.96***	X_{22}	-13.13***
Y_7	-12.75***	X_{10}	-1.31*	X_{23}	-34.63***
Y_8	-11.70***	X_{13}	-15.75***	—	—
Y_9	-11.70***	X_{17}	-6.02***	—	—

注：*、**、*** 分别表示通过了10%、5%与1%的显著性水平检验。

表5-12　HANPP 及城市化驱动因子协整性检验

模型	ADF-t 统计量	模型	ADF-t 统计量
Y_1/ Y_4	-12.96***	Y_7	-13.39***
Y_2/ Y_5	-4.53***	Y_8	-10.25***
Y_3/ Y_6	-13.67***	Y_9	-11.29***

注：*** 表示通过了1%的显著性水平检验。

由前文可知，当个体与时间对因变量无影响效应时，面板数据模型为混合模型；根据影响效应的数量，面板数据模型可分为单因素模型与双因素模型；根据效应的影响效果，其又可分为变截距模型与变系数模型，而固定效应或随机效应则是影响效应是否与自变量相关的判据（赵卫亚 等，2013）。因此，构建合理面板数据模型的第五步需要从基于 F 检验与约束检验相结合的影响效应判断出发。F 检验用于判断面板数据模型是否存在个体与时间的影响效应，其基于对约束模型（混合模型）与无约束模型的残差平方和 RSS_R 与 RSS_U 的核算进行。根据式（5－7）求得的 F 检验统计量如表5－13所示，通过与自由度（$N-1$，$NT-k-N$）以及 $P=0.01$ 显著性水平下的 F 检验临界值进行对比，发现其均大于临界值 $F_{0.01}(30, 424)=1.74$，因此，在2001—2015年所有HANPP要素与城市化因子构建的面板数据模型均拒绝混合模型的假设，即存在个体或时间的影响效应。按照此方法对各分时段面板数据进行 F 检验，对于前两个研究时段，在 $P=0.1$、$P=0.05$、$P=0.01$ 显著性水平下其临界值分别为 $F_{0.1}(30, 114)=1.41$、$F_{0.05}(30,114)=1.56$、$F_{0.01}(30,114)=1.87$。同时，因自变量 X_{21} 在2011—2015年31个省级行政区统计中数据无变化，故将其从模型中剔除，其 F 临界值在保留两位小数后与前两时段相同。由表5－14中的统计结果可知，除2001—2005年 $HANPP_{luc}$（gC 及 gC/m^2）（Y_3及 Y_6）不存在效应（为混合模型）外，其他HANPP的城市化驱动面板数据模型均在10%、5%或1%显著性水平下存在个体效应或时间效应影响。

$$F=\frac{(RSS_R-RSS_U)/(N-1)}{RSS_U/(NT-k-N)} \tag{5-7}$$

为进一步判断面板数据模型属于单因素或双因素模型，本研究采用约束检验判断产生影响的效应个数，并借助EViews 9.0软件进行似然比检验（likelihood ratio）。表5－13中共有6项统计量，其中Cross-section F 和Cross-section Chi-square用于判断是否存在个体效应，而时间效应则由与Period相关的统计量判断，同时，似然比检验也对二者的交互作用进行了判断。由于该检验的原假设为不存在影响效应，由表5－13中HANPP与城市化驱动的各面板数据模型似然比检验的显著性可知，其在10%、5%或1%显著性水平下均拒绝了原假设，因此各模型均具有个体、时间双因素的影响效应。按照此方法对各分时段面板数据进行约束检验，对各统计量进行归纳后可得其存在效应的类型（见表5－14）。其中，2001—2005

年受时间效应影响的模型最多，而 Y_3 与 Y_6 模型不存在任何影响效应（为混合模型），与 F 检验结果一致；2006—2010 年绝大部分模型受个体与时间双效应的共同影响，模型最为复杂；2011—2015 年各模型的影响效应差异较大。从各 HANPP 模型影响效应在各时段间的变化可以看出，Y_1 与 Y_4 受时间效应影响为主，Y_2、Y_5、Y_7 则受个体效应影响为主，其他要素均受双效应影响。

表 5－13　2001—2015 年面板数据模型 F 检验与约束检验

检验类型	Y_1/ Y_4	Y_2/ Y_5	Y_3/ Y_6	Y_7	Y_8	Y_9
F 检验	3.01***	5.99***	3.22***	3.94***	3.79***	3.79***
Cross-section F	1.53**	3.51***	1.61**	1.39*	1.678**	1.678**
Cross-section Chi-square	49.26**	106.33***	51.79***	44.99**	53.85***	53.85***
Period F	3.40***	4.47***	3.42***	5.38***	4.42***	4.42***
Period Chi-square	51.05***	66.06***	51.42***	78.48***	65.40***	65.40***
Cross-Section/ Period F	1.98***	3.95***	2.13***	2.59***	2.49***	2.49***
Cross-Section/ Period Chi-square	89.56***	164.44***	95.55***	114.26***	110.40***	110.40***

注：*、**、*** 分别表示通过了 10%、5% 与 1% 的显著性水平检验。

表 5－14　2001—2005 年、2006—2010 年、2011—2015 年面板数据模型 F 检验及其存在效应类型

时段	检验类型	Y_1/ Y_4	Y_2/ Y_5	Y_3/ Y_6	Y_7	Y_8	Y_9
2001—2005 年	F 检验	1.48*	5.46***	1.07	2.56***	1.44*	1.44*
	存在效应类型	时间	个体	无效应	双效应	时间	时间
2006—2010 年	F 检验	2.57***	10.17***	2.75***	2.48***	2.53***	2.53***
	存在效应类型	双效应	双效应	双效应	个体	双效应	双效应
2011—2015 年	F 检验	1.52*	13.69***	2.07***	1.81**	3.53***	3.53***
	存在效应类型	时间	个体	双效应	个体	双效应	双效应

注：*、**、*** 分别表示通过了 10%、5% 与 1% 的显著性水平检验。

在确定各模型个体或时间影响效应存在数量的基础上，第六步需利用Hausman检验判断该效应属于固定效应或随机效应。由于研究中各HANPP变化的城市化响应均属于双因素模型，因此需对其分别进行效应判断，具体需借助EViews 9.0软件中随机效应检验的Hausman检验完成。其原假设均为符合随机模型形式，如统计量的显著性未通过10%、5%或1%的显著性水平检验，则需接受Hausman原假设的随机效应模型检验，否则为固定效应模型。

表5－15中各面板数据模型Hausman检验结果显示，HANPP（gC及gC/m²）（Y_1及Y_4）与$HANPP_{luc}$（gC及gC/m²）（Y_3及Y_6）均属于时间随机且个体固定的双因素模型。对于$HANPP_{harv}$（%HANPP）（Y_8）与$HANPP_{luc}$（%HANPP）（Y_9）的双因素固定效应模型而言，不同截面或不同时间序列均会对面板数据模型的截距产生影响。而$HANPP_{harv}$（gC及gC/m²）（Y_2及Y_5）与HANPP（$\%NPP_{pot}$）（Y_7）则均属于双因素随机效应模型，其截面和时间随机误差项的平均效应共同影响模型中的截距项，由此可对各面板数据模型进行回归。

表5－15　2001—2015年面板数据模型Hausman检验

检验类型	Y_1/ Y_4	Y_2/ Y_5	Y_3/ Y_6	Y_7	Y_8	Y_9
Period random	15.21	8.94	9.59	7.64	23.48***	23.48***
Cross-section random	20.24**	9.84	18.45**	11.02	22.21**	22.21**
Cross-section and period random	26.55***	14.80	17.31*	12.92	30.98***	30.98***

注：*、**、***分别表示通过了10%、5%与1%的显著性水平检验，未标注显著性即接受原假设。

表5－16为使用Hausman检验对三个分时段面板数据模型存在效应类型的检验结果。在各双效应模型中，除2001—2005年Y_7、2006—2010年Y_1、Y_3、Y_4、Y_6受个体随机效应与时间固定效应共同影响外，其他模型均为双固定效应模型；在各单效应模型中，仍以个体或时间的固定模型为主。依据表5－16可对各时段HANPP变化的城市化驱动模式进行探究。

表 5-16 2001—2005 年、2006—2010 年、2011—2015 年
面板数据模型 Hausman 检验存在效应类型

时段	Y_1/ Y_4	Y_2/ Y_5	Y_3/ Y_6	Y_7	Y_8	Y_9
2001—2005 年	时间固定	个体随机	无效应	个体随机时间固定	时间固定	时间固定
2006—2010 年	个体随机时间固定	双固定效应	个体随机时间固定	个体随机	双固定效应	双固定效应
2011—2015 年	时间固定	个体固定	双固定效应	个体随机	双固定效应	双固定效应

二、我国 HANPP 变化主导驱动因子

根据表 5-15 及表 5-16 判定的面板数据模型影响效应，在 EViews 9.0 软件中得到 HANPP 及其组分全时段及三个分时段时间变化的城市化驱动模式（见表 5-17、表 5-18）。不同于表 5-2 中各因变量仅检测出单一城市化因子的驱动作用，面板数据模型整合了多样本优势并对二者之间的关联特征进行了更全面的挖掘。从全时段面板数据模型拟合效果来看，所有模型均通过了 5% 或 1% 的显著性检验，R^2 体现了城市化对 HANPP 的约束作用与解释程度。城市化对 $HANPP_{harv}$（gC）及 $HANPP_{harv}$（gC/m^2）的解释程度最高（$R^2=0.35$），其次为 $HANPP_{harv}$（%HANPP）及 $HANPP_{luc}$（% HANPP）、HANPP（%NPP_{pot}）、HANPP（gC）及 HANPP（gC/m^2）、$HANPP_{luc}$(gC) 及 $HANPP_{luc}$(gC/m^2)，这与本章第一节中基于回归模型的分省研究结果一致，且模型拟合程度的最优指标与最劣指标也与全国尺度回归结果相符。各城市化驱动因子对 HANPP 的约束能力由强到弱依次为城市生态建设、城市人口增长、城市经济发展、城市土地扩张，这与全国尺度的回归结果相符。其中，城市人口增长主要作用于 $HANPP_{harv}$ 并对其有削弱作用；以第二、第三产业发展为代表的经济城市化与以人均建成区面积为代表的城市土地扩张可显著增加 $HANPP_{luc}$ 占用量。值得注意的是，城市生态建设因子对 HANPP 及其组分并未呈统一负向作用，但由表 5-17 可

知，建成区绿化覆盖率的提高与自然保护区面积的扩大已在全国范围对 $HANPP_{harv}$(gC)、$HANPP_{harv}$(gC/m^2) 及生态占用度（Y_7）的增长产生抑制作用。其他城市生态建设因子与 HANPP 的正向关系是二者在研究时段内均呈增长趋势的体现，由于生态建设与治理任务的艰巨性与长期性，其对生态环境的有益作用远不能抵消人类活动带来的生态压力，因此未能在研究时段内扭转全国生态占用的总体增长趋势。但从发展的眼光来看，加强城市生态建设仍具备缓解人类活动生态占用压力的潜能，这也对我国未来协调城市发展与生态退化矛盾、提高单位用地生产能力提出了更高的要求。

表 5－17　2001—2015 年我国 HANPP 变化城市化驱动面板数据模型

变量	模型					
	Y_1/ Y_4	Y_2/ Y_5	Y_3/ Y_6	Y_7	Y_8	Y_9
常数项	0.30***	0.64***	0.34***	0.46***	0.71***	0.29*
X_2	0.04	−0.10***	0.07	−0.02	−0.06	0.06
X_4	0.03	−0.18**	0.06	−0.17***	−0.50***	0.50***
X_9	−0.03	−0.07	−0.02	−0.10	0.04	−0.04
X_{10}	−0.01	−0.31***	0.04	−0.08	−0.21**	0.21**
X_{13}	0.03	0.01	−0.01	0.16***	−0.01	0.01
X_{17}	0.10	0.11	0.02	0.20**	0.02	−0.02
X_{19}	0.02	−0.14*	0.02	0.02	−0.12	0.12
X_{21}	0.09	0.26*	0.01	0.16**	0.25	−0.25
X_{22}	0.13**	−0.03	0.15***	−0.01	−0.08	0.08
X_{23}	0.02	0.10**	0.01	−0.11***	0.04	−0.04
R^2	0.15	0.35	0.13	0.16	0.25	0.25
F 统计量	1.82	23.92	1.53	8.70	2.57	2.57
P	<0.01	<0.01	<0.05	<0.01	<0.01	<0.01

注：*、**、*** 分别表示通过了 10%、5% 与 1% 的显著性水平检验。

城市化驱动因子对 HANPP 及其组分的正负方向与约束强度也在面板数据模型中得到了更为准确的识别。除造林面积（X_{22}）对 HANPP 及 $HANPP_{luc}$ 产生显著影响外，其他自变量对其作用均不显著，说明各省级行政区城市化的巨大差异对生态占用的复杂作用尚未在全国尺度展现出统一规律。对收获量要素（Y_2/Y_4）产生显著驱动的自变量在各模型中数量最多，其受城市人口增长与城市生态建设约束最强，城市土地扩张未对其产生显著影响。其中，城市人口密度（X_2）和第二、第三产业就业人口（X_4）的增加体现了农村人口向城市的聚集，与之伴随的务农人员减少直接造成了 $HANPP_{harv}$(gC) 及 $HANPP_{harv}$(gC/m^2) 的下降。全国绝大部分省级行政区的第三产业比重（X_{10}）在研究时段内有明显提高，相应的第一产业占比下降是各省级行政区经济结构向城市化转型的体现，其对 $HANPP_{harv}$ 具有较强的负向作用。此外，人类在进行园林绿化、公园绿地修缮、绿色基础设施维护时会造成一定的生物量损耗（Krausmann et al.，2013），由此，在城市生态建设因子减少 $HANPP_{luc}$ 的同时，也容易造成城市区域 $HANPP_{harv}$ 的增长，二者的权衡关系决定了城市生态建设对 HANPP 及其占比的复杂影响。从各百分比形式的因变量来看，第二、第三产业就业人口（X_4）的增长对 $HANPP_{harv}$ 贡献率和 $HANPP_{luc}$ 贡献率分别呈负向约束作用与正向促进作用，而其在 HANPP（$\%NPP_{pot}$）模型中的系数为负值，说明就业人口向城市转移所减少的收获量远高于其在促进城市建设时所增加的土地利用碳占用。区域产业结构重心不断向非农转移显著减少了 $HANPP_{harv}$ 在 HANPP 中的比重，但未对人类活动在潜在 NPP 中的总占用程度产生明显影响。

城市化在各个分时段对 HANPP 变化的驱动作用相较全时段表现出更强的倾向性，各时段中不同的城市化驱动因子对 HANPP 的约束强度也有所变化（见表 5－18），但总体呈现以城市生态建设驱动贯穿始终且由城市经济发展、城市人口增长向城市土地扩张转移的特征。

表 5-18　2001—2005 年、2006—2010 年、2011—2015 年我国 HANPP 变化城市化驱动面板数据模型

变量	模型																	
	Y_1/Y_4			Y_2/Y_5			Y_3/Y_6			Y_7			Y_8			Y_9		
时段	①	②	③	①	②	③	①	②	③	①	②	③	①	②	③	①	②	③
常数项	0.54	0.78	/	0.62	0.42	0.36	0.48	0.97	/	0.62	0.41	0.43	0.56	/	/	0.44	1.44	0.68
X_2	/	/	0.06	/	0.06	/	/	-0.09	/	/	/	/	/	0.13	/	/	-0.13	/
X_4	/	/	/	/	/	0.17	/	/	/	-0.30	/	/	-0.57	/	/	0.57	/	/
X_9	-0.33	/	/	/	/	/	-0.29	/	0.48	-0.22	/	/	0.35	/	-0.38	-0.35	/	0.38
X_{10}	-0.23	/	/	-0.37	/	/	/	/	/	/	/	/	—	/	/	/	/	—
X_{13}	/	0.11	0.21	/	/	0.33	-0.09	/	/	/	0.22	0.22	—	/	0.29	/	/	-0.29
X_{17}	/	/	/	/	0.13	0.27	/	/	-0.13	/	0.27	/	—	/	0.26	/	/	-0.26
X_{19}	/	/	/	0.24	/	/	/	/	-0.44	/	-0.16	/	-0.30	/	/	0.30	/	/
X_{21}	-0.27	-0.37	/	/	/	/	/	-0.47	/	/	0.16	/	—	0.67	/	—	-0.67	/
X_{22}	0.34	0.06	/	-0.17	/	/	0.22	/	-0.08	/	/	/	-0.29	/	/	0.29	/	/
X_{23}	/	/	/	0.15	/	/	0.05	/	/	/	/	-0.11	/	/	/	/	/	/
R^2	0.13	0.34	0.15	0.19	0.81	0.80	0.11	0.30	0.39	0.31	0.19	0.09	0.20	0.48	0.55	0.20	0.48	0.55
F	1.54	5.06	1.88	3.46	11.00	11.72	1.73	4.30	1.63	4.45	3.29	1.59	2.50	2.29	3.20	2.50	2.29	3.20
P	0.10	0.001	0.04	0.001	0.001	0.001	0.08	0.001	0.02	0.001	0.001	0.12	0.001	0.001	0.001	0.001	0.001	0.001

注：1. 表中保留的系数至少通过了10%的显著性检验，“/”表示系数未通过10%、5%或1%任一水平的显著性检验。

2. 时段①②③分别代表2001—2005年、2006—2010年、2011—2015年。

在第一时段（2001—2005 年），城市化驱动因子对 HANPP（$\%NPP_{pot}$）的解释作用在各要素中最强（$R^2=0.31$），与全时段研究结果相同，其对 $HANPP_{luc}$总量与地均量的解释作用最弱（$R^2=0.11$）。各城市化驱动因子对 HANPP 的约束作用由强到弱依次为城市生态建设、城市经济发展、城市人口增长、城市土地扩张。第二、第三产业增加值占比对 2001—2005 年 HANPP 的约束作用为各时段中最强，该时段的城市经济发展可在导致 $HANPP_{harv}$占用量明显降低的同时，对 HANPP 总量增长起到一定程度的抑制作用。

在第二时段（2006—2010 年），城市人口增长对增加生态占用量的作用显著增强，其与城市生态建设逐渐显现的对人类生态占用的抑制作用产生复杂的权衡关系，但城市经济发展在该时段未检测到对哪种 HANPP 要素的显著影响。同时，城市化对 HANPP 及其组分的总体解释程度为各时段最高，$HANPP_{harv}$的 R^2 值达到 0.81。

在第三时段（2011—2015 年），$HANPP_{harv}$变化仍为城市化解释率最高的要素（$R^2=0.80$）。随着近年来全国范围内城市建设步伐的明显加快，城市土地扩张对生态资源占用的促进作用在该时段达到最强，其与城市经济发展和人口增长的交互作用给城市生态建设缓解人类活动生态压力的有限作用带来了挑战。值得注意的是，城市生态建设在全时段面板数据模型研究中对 HANPP 及其组分表现出复杂的驱动特征（见表 5 - 17），其在各时段模型回归结果中仍呈现正负分异的影响效果。但是，随着研究时段的推移，城市生态建设对以 $HANPP_{luc}$（gC）、$HANPP_{luc}$（gC/m^2）、$HANPP_{luc}$（%HANPP）为代表的土地利用所造成的生态损耗的抑制作用不断加强，其对人类活动生态压力的缓解作用逐步显现。这主要缘于在政府关注度提升、资金投入增加、管控力度加强等多重作用下，全国范围内不断推进的多途径城市生态建设项目。从协调人地关系的视角来看，我国城市生态建设初见成效，但由于 2011—2015 年城市土地扩张对 HANPP 产生了显著促进作用，且该促进作用在各时段间出现上升趋势，因此，城市土地扩张与城市生态建设的关系应作为未来我国人地关系研究的重点。

第三节　基于地理探测器的 HANPP 空间分异驱动因子

一、HANPP 空间分异驱动因子

城市化伴随着道路建设、不透水面扩张、绿地缩减等多种形式的土地利用与土地变化，用地斑块的改变直接影响着 HANPP 及其组分的空间分异特征。为充分考虑多种城市化空间要素对 HANPP 及其组分构成的影响，本节选取地均 HANPP、$HANPP_{harv}$、$HANPP_{luc}$及栅格尺度 HANPP（%NPP_{pot}）、$HANPP_{harv}$（%HANPP）、$HANPP_{luc}$（%HANPP）6 个指标作为因变量（Y_1～Y_6），选择表 5－19 中 7 个空间分异驱动因子作为自变量（Z_1～Z_7），借助地理探测器分别识别影响各省级行政区 HANPP 及其组分空间分异的主导驱动因子。其中，高程（Z_1）与坡度（Z_2）属于在全域起到控制作用的环境约束因子，其同时影响人类活动范围及城市扩张。夜间灯光数据（Z_3）在准确识别城市斑块的基础上能够综合体现区域人类活动强度，其不仅体现了以人类活动强度最高点（DN＝63）由核心向周边梯度递减的特征，而且是体现城市经济区位的要素。夜间灯光数据来自 DMSP-OLS 数据集，本研究首先对年际非稳定的 DN 像元进行剔除，并对其进行年际校正，后取 2001—2012 年各像元 DN 均值表征研究时段内的平均灯光强度。由于建设用地以相对分散的斑块形式穿插于各类用地中，因此采用到建设用地的距离（Z_4）作为城市经济区位对 HANPP 的影响因子。同时，由于城市发育主要基于原有建设用地斑块的扩张，因此本研究提取 2015 年 MCD12Q1 数据中的建设用地斑块，并计算所有像元到建设用地的距离用于表征城市扩张对 HANPP 及其组分构成的影响。线状的地理区位约束因子用于表征城市中关键廊道对 HANPP 及其组分的约束作用，包括到主要铁路的距离（Z_5）、到主要公路的距离（Z_6）、到主要河流的距离（Z_7），其中公路包括国道、省道、环路等。

表 5-19　HANPP 空间分异驱动因子

因子分类	空间分异驱动因子
环境约束因子	高程（Z_1）
	坡度（Z_2）
经济区位约束因子	夜间灯光数据（Z_3）
	到建设用地的距离（Z_4）
地理区位约束因子	到主要铁路的距离（Z_5）
	到主要公路的距离（Z_6）
	到主要河流的距离（Z_7）

地理探测器能基于空间要素的分异特征，借助 GIS 的空间叠加理论和空间要素的集合论，利用统计学方法探测要素空间分异并寻找其背后的驱动因子。利用地理探测器进行分析的理论前提是若某自变量 Z 对因变量 Y 有重要影响，则其二者应在空间分异上有高度相似性。例如，某自变量 Z 具有明显的分区特征，则对其具有主要驱动作用的必要条件是分区内部因变量 Y 的变异性小，而分区之间差异显著。地理探测器具有对共线性免疫的明显优势，既可以探测数值型数据，也可以探测定性数据；同时，对离散的自变量进行分级分类后，使用地理探测器的模拟结果比经典回归更加可靠（王劲峰、徐成东，2017）。此外，风险探测、生态探测、交互作用探测、因子探测是地理探测器对空间要素相互关系的主要研究方面（王劲峰 等，2010）。其中，风险探测关注因变量在各个自变量分区间是否有显著差异；生态探测用于比较各自变量对因变量空间分异的影响是否有显著差异；交互作用探测旨在分析相较于单一自变量，将自变量两两组合能否提高对因变量的解释能力；因子探测可探究各自变量对因变量的解释程度，是地理探测研究中最为关键的结果，一般使用决定力 q 值表示［见式（5-8）］。

$$q = 1 - \frac{\sum_{i=1}^{n} N_i \sigma_i^2}{N\sigma^2} \tag{5-8}$$

式中，i 为自变量 Z 的分类或分区数目，N_i 与 N 分别为分区 i 和全区的样本个数，σ_i^2 为分区 i 内因变量 Y 的离散方差，σ^2 则为研究区内因变量总方差。决定力 q 的取值范围为 0～1，q 值越大，表明自变量 Z 对 Y 的解释能力越强（解释率为 $q\times100\%$），即 Z 是 Y 的主导驱动因子。本研究通过计算我国 31 个省级行政区 HANPP 及其组分空间驱动因子的 q 值，识别城市化对 HANPP 空间分异的约束特征。

地理探测器在对栅格数据进行处理时，因变量 Y 与自变量 Z 的空间粒度会影响结果的精度，理论上空间粒度越小即输入样本数越多，相应的分析精度越高（王劲峰、徐成东，2017），但其对输入样本数量有一定的限制（当样本量超过 32767 个时会导致模型数据溢出）。为保证地理探测器在输入足够样本量的同时避免数据过多引起的操作溢出，本研究对 HANPP、$HANPP_{harv}$、$HANPP_{luc}$ 及夜间灯光数据均重采样至 10 km，所有涉及距离的驱动因子均使用欧氏距离计算，并与 HANPP 等因子保持相同的分辨率；对面积较小的省级行政区（如北京、天津、上海、海南、宁夏、重庆）使用 2 km 分辨率因变量及自变量，以保证 31 个省级行政区均有大于 1000 个输入样本，各省级行政区输入样本数见表 5－20。

表 5－20 我国 31 个省级行政区 HANPP 空间分异城市化主导驱动因子及其决定力

省级行政区	样本	HANPP (gC/m²)	$HANPP_{harv}$ (gC/m²)	$HANPP_{luc}$ (gC/m²)	HANPP (%NPP_{pot})	$HANPP_{harv}$ (%HANPP)	$HANPP_{luc}$ (%HANPP)
北京	4099	Z_1(0.45)	Z_3(0.40)	Z_3(0.29)	Z_1(0.18)	Z_3(0.33)	Z_3(0.41)
天津	2907	Z_2(0.18)	Z_3(0.26)	Z_3(0.23)	Z_2(0.12)	Z_3(0.21)	Z_3(0.29)
河北	1876	Z_1(0.47)	Z_1(0.44)	Z_1(0.11)	Z_1(0.34)	Z_1(0.20)	Z_1(0.34)
山西	1566	Z_1(0.32)	Z_1(0.21)	—	Z_1(0.13)	Z_1(0.18)	Z_1(0.19)
内蒙古	8635	Z_7(0.20)	Z_1(0.12)	Z_7(0.30)	Z_3(0.06)	Z_4(0.05)	Z_1(0.05)
辽宁	1449	Z_1(0.16)	Z_1(0.13)	Z_7(0.11)	Z_3(0.10)	Z_7(0.08)	Z_1(0.15)
吉林	1898	Z_1(0.44)	Z_1(0.42)	Z_1(0.20)	Z_1(0.56)	Z_1(0.53)	Z_1(0.54)
黑龙江	4520	Z_1(0.38)	Z_1(0.36)	Z_3(0.08)	Z_1(0.32)	Z_1(0.35)	Z_1(0.38)
上海	1558	Z_3(0.23)	Z_3(0.32)	Z_3(0.62)	Z_1(0.20)	Z_3(0.08)	Z_3(0.36)
江苏	1004	Z_1(0.09)	Z_3(0.04)	Z_3(0.23)	Z_3(0.09)	Z_3(0.02)	Z_3(0.10)
浙江	1005	Z_1(0.28)	Z_1(0.16)	Z_3(0.18)	Z_3(0.20)	Z_7(0.04)	Z_3(0.08)
安徽	1399	Z_1(0.20)	Z_1(0.07)	Z_2(0.17)	Z_2(0.28)	Z_2(0.16)	Z_2(0.47)
福建	1209	Z_1(0.15)	Z_1(0.14)	Z_4(0.07)	Z_3(0.05)	Z_5(0.03)	Z_5(0.03)
江西	1663	Z_1(0.24)	Z_1(0.19)	Z_3(0.08)	Z_1(0.20)	Z_1(0.10)	Z_1(0.24)

续表5－20

省级行政区	样本	HANPP (gC/m^2)	$HANPP_{harv}$ (gC/m^2)	$HANPP_{luc}$ (gC/m^2)	HANPP (%NPP_{pot})	$HANPP_{harv}$ (%HANPP)	$HANPP_{luc}$ (%HANPP)
山东	1526	Z_1(0.09)	Z_1(0.04)	Z_1(0.09)	Z_1(0.05)	Z_3(0.05)	Z_3(0.06)
河南	1651	Z_2(0.04)	Z_4(0.02)	Z_3(0.15)	Z_4(0.02)	Z_1(0.19)	Z_1(0.28)
湖北	1852	Z_1(0.34)	Z_1(0.26)	Z_1(0.11)	Z_1(0.33)	Z_1(0.26)	Z_1(0.39)
湖南	2116	Z_1(0.14)	Z_1(0.07)	Z_1(0.02)	Z_1(0.09)	Z_1(0.02)	Z_1(0.01)
广东	1768	Z_1(0.27)	Z_2(0.10)	Z_3(0.15)	Z_2(0.10)	—	—
广西	2351	Z_1(0.26)	Z_1(0.05)	Z_4(0.08)	Z_1(0.07)	Z_4(0.08)	Z_4(0.08)
海南	8445	Z_1(0.27)	Z_1(0.15)	Z_1(0.20)	Z_1(0.30)	—	Z_1(0.01)
重庆	20603	Z_1(0.11)	Z_1(0.07)	Z_3(0.12)	Z_1(0.09)	Z_1(0.19)	Z_1(0.32)
四川	4833	Z_1(0.22)	Z_1(0.25)	Z_1(0.08)	Z_1(0.23)	Z_2(0.02)	Z_4(0.01)
贵州	1757	Z_1(0.06)	Z_1(0.04)	Z_2(0.03)	Z_1(0.04)	Z_1(0.06)	Z_1(0.11)
云南	3841	Z_5(0.06)	Z_3(0.05)	Z_5(0.05)	Z_5(0.07)	Z_3(0.01)	Z_3(0.01)
西藏	9314	Z_1(0.46)	Z_1(0.12)	Z_1(0.42)	Z_1(0.55)	Z_6(0.01)	Z_4(0.01)
陕西	2067	Z_1(0.20)	Z_1(0.27)	Z_4(0.08)	Z_3(0.16)	Z_1(0.23)	Z_1(0.25)
甘肃	2435	Z_2(0.10)	Z_6(0.04)	Z_2(0.10)	Z_1(0.04)	Z_2(0.03)	Z_2(0.03)
青海	4980	Z_6(0.22)	Z_1(0.18)	Z_6(0.16)	Z_1(0.19)	Z_1(0.01)	Z_1(0.01)
宁夏	12960	Z_1(0.27)	Z_1(0.31)	Z_1(0.56)	Z_1(0.30)	Z_1(0.15)	Z_1(0.15)
新疆	5298	Z_1(0.12)	Z_3(0.12)	Z_6(0.15)	Z_3(0.04)	Z_5(0.04)	—

此外，由于地理探测器要求自变量 Z 为类型量，因此本研究利用自然断点法将7个驱动因子分为10个等级，提取各省级行政区内部所有栅格的对应指标数值作为地理探测器输入样本。从7个驱动因子的分异特征来看，环境约束因子对HANPP的约束作用具有全局性特征。我国海拔显示出西高东低的三级阶梯特征，青藏高原与天山山脉平均海拔在4000 m以上，高寒气候对人类活动与城市建设造成一定阻碍；平均海拔在500 m以下的第一阶梯是我国人类活动最广泛与城市化最发达的地区。因此，东部地区地势平坦且多分布平原与盆地是进行建设与耕作的必要条件。在城市经济区位约束因子中，夜间灯光数据能够综合反映人类活动强度与城市化水平，我国灯光强度DN高值区分布于华北平原与东部沿海城市，其能准确识别京津冀城市

群、长三角城市群和珠江三角洲（以下简称“珠三角”）城市群。建设用地因植被覆盖率相较自然生态系统偏低，故具有较高的 $HANPP_{luc}$ 及较低的 $HANPP_{harv}$，关注到建设用地的距离要素对 HANPP 的影响有助于判断城市周边人类占用是否呈递增趋势。地理区位约束因子可以反映城市景观连通度，我国公路网较铁路网更为密集，二者均呈现由东南向西北密度递减的特征，河流虽无法直接体现人类活动的碳占用，但人类具有在地势平缓的近水区域聚居的倾向性，对以上三种线状要素的研究可明晰城市地理区位与自然条件对 HANPP 空间分异的影响。

二、省际 HANPP 空间分异驱动因子

借助地理探测器对 31 个省级行政区 HANPP 及其组分空间分异的城市化驱动因子进行探测，所得各因子决定力 q 值如图 5－1 所示。本研究以 $P<0.05$ 的标准对 q 值是否呈显著性进行筛选，由图 5－1 可见，各省级行政区对 HANPP 空间分异产生影响的城市化因子数量较多，但其对因变量 Y 的解释程度（$100\times q\%$）差异明显，可据此判断主导驱动因子。此外，表 5－20 对影响各省级行政区 HANPP 及其组分 q 值最大的驱动因子进行了梳理，有助于进一步分析城市化对 HANPP 空间分异的影响模式。

由图 5－1（a）可知，共有 13 个省级行政区的 HANPP(gC/m^2) 由 7 个城市化因子共同驱动，仅山东、河南与贵州的驱动因子少于 4 个；驱动因子较多的省级行政区主要分布于我国北部及南部，而位于我国中部的省级行政区 HANPP(gC/m^2) 的城市化驱动因子则较为单一。其中，山东与河南耕地覆盖极广且地势平坦，城市化因子对其碳占用的解释率均不足 10%，而主导贵州 HANPP 分布的高程解释率仅为 6%。从驱动因子的类型来看，以高程为代表的环境约束因子（$q=0.19$）与以到主要河流距离的地理区位约束因子（$q=0.20$）对内蒙古地均 HANPP 的控制作用相似，说明自然要素是其地均 HANPP 的主要约束；经济区位对内蒙古、辽宁、福建、云南及部分位于西部的省级行政区(西藏、甘肃、宁夏、新疆）的地均 HANPP 的影响程度最弱，其中位于西部的省级行政区因建设用地面积占比较低，难以对 HANPP 的空间分布形成明显约束；与之相反，夜间灯光数据是城市化程度极高的上海地均碳占用主导驱动因子（$q=0.23$），北京及天津因相对上海而言并未达到建设用地的高度饱和，其环境

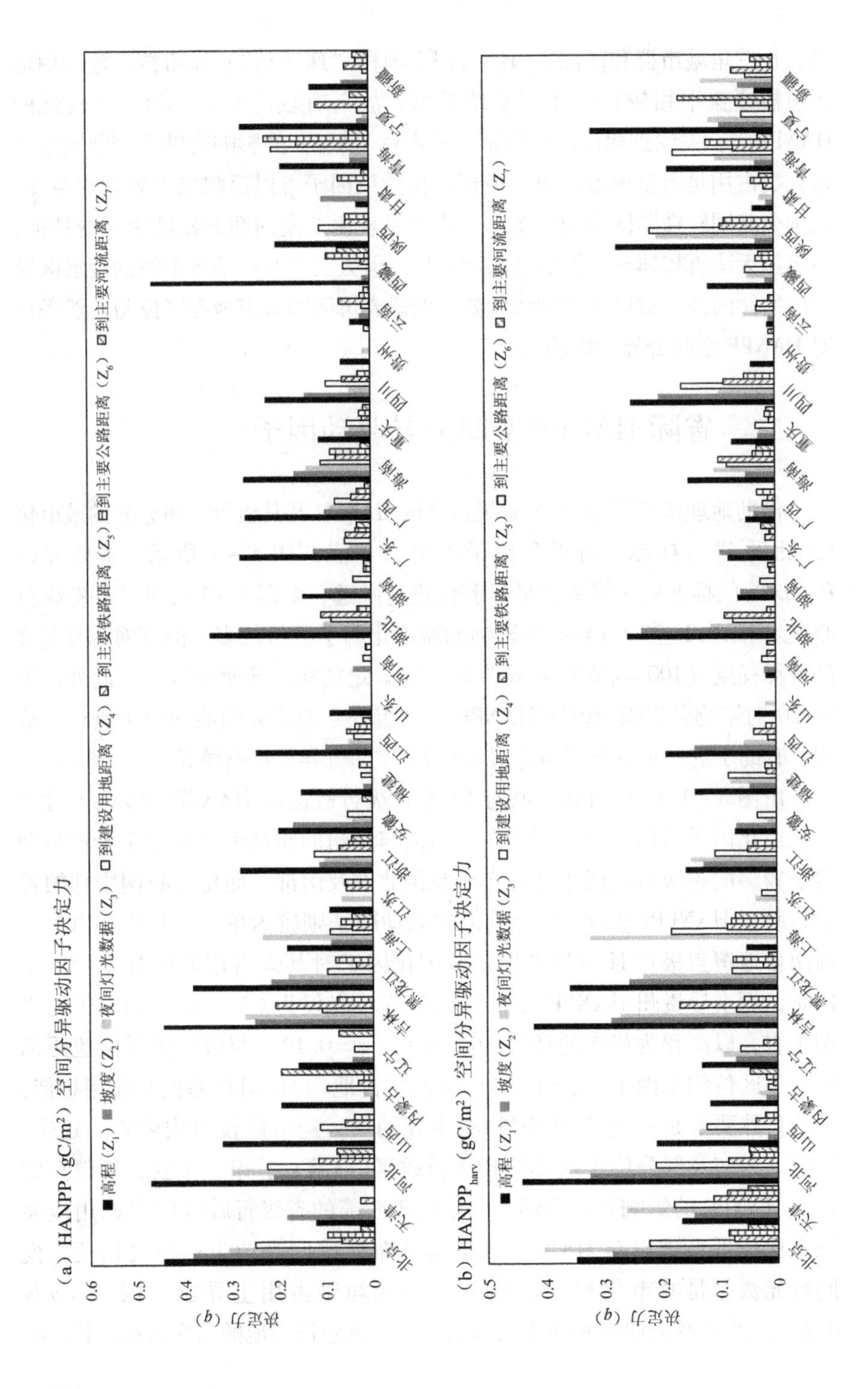

（a）HANPP（gC/m²）空间分异驱动因子决定力

（b）$HANPP_{harv}$（gC/m²）空间分异驱动因子决定力

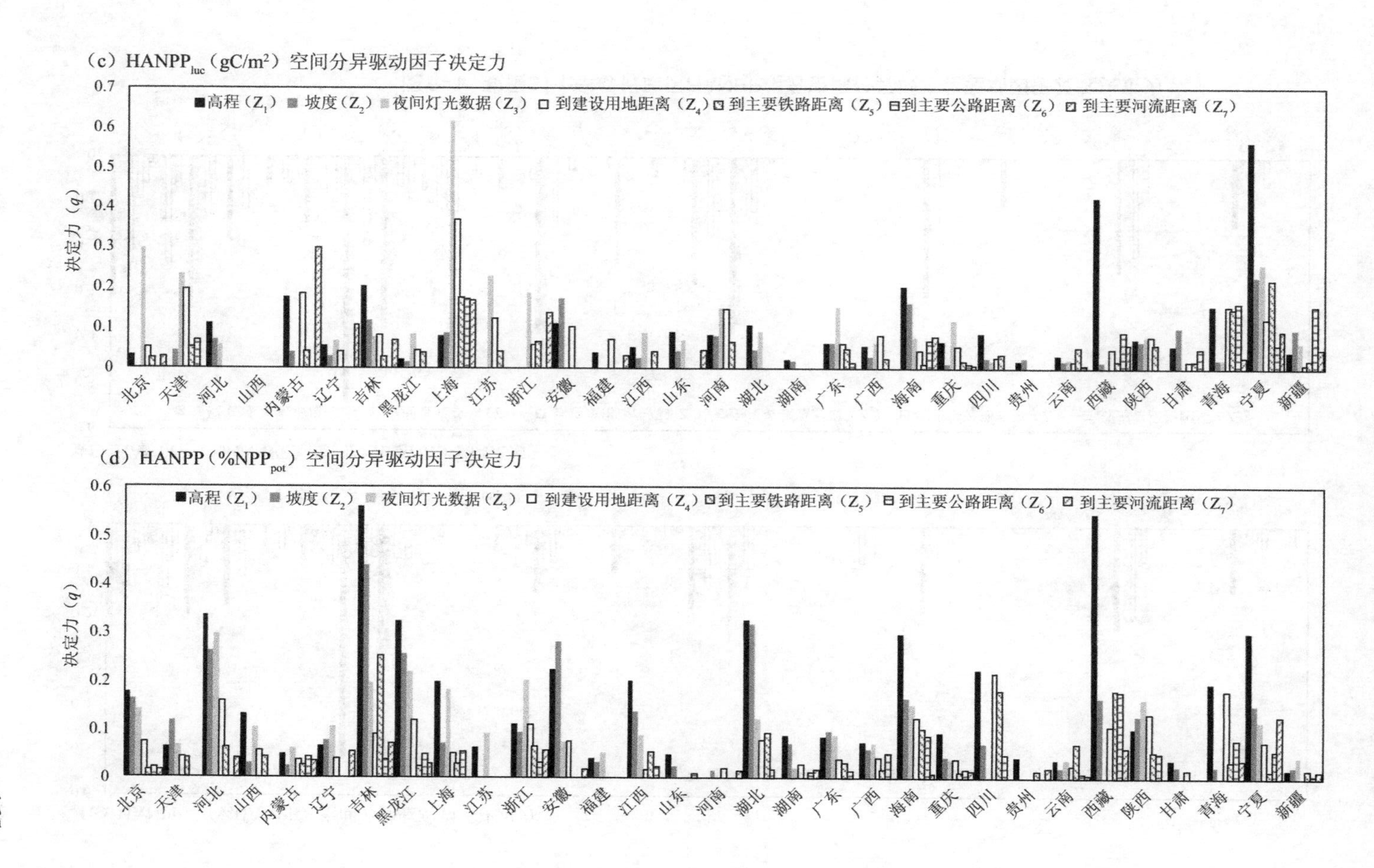
（c）HANPP$_{luc}$（gC/m^2）空间分异驱动因子决定力
高程（Z_1） 坡度（Z_2） 夜间灯光数据（Z_3） 到建设用地距离（Z_4） 到主要铁路距离（Z_5） 到主要公路距离（Z_6） 到主要河流距离（Z_7）
决定力（q）
0 0.1 0.2 0.3 0.4 0.5 0.6 0.7
北京 天津 河北 山西 内蒙古 辽宁 吉林 黑龙江 上海 江苏 浙江 安徽 福建 江西 山东 河南 湖北 湖南 广东 广西 海南 重庆 四川 贵州 云南 西藏 陕西 甘肃 青海 宁夏 新疆
（d）HANPP（%NPP$_{pot}$）空间分异驱动因子决定力
高程（Z_1） 坡度（Z_2） 夜间灯光数据（Z_3） 到建设用地距离（Z_4） 到主要铁路距离（Z_5） 到主要公路距离（Z_6） 到主要河流距离（Z_7）
决定力（q）
0 0.1 0.2 0.3 0.4 0.5 0.6
北京 天津 河北 山西 内蒙古 辽宁 吉林 黑龙江 上海 江苏 浙江 安徽 福建 江西 山东 河南 湖北 湖南 广东 广西 海南 重庆 四川 贵州 云南 西藏 陕西 甘肃 青海 宁夏 新疆

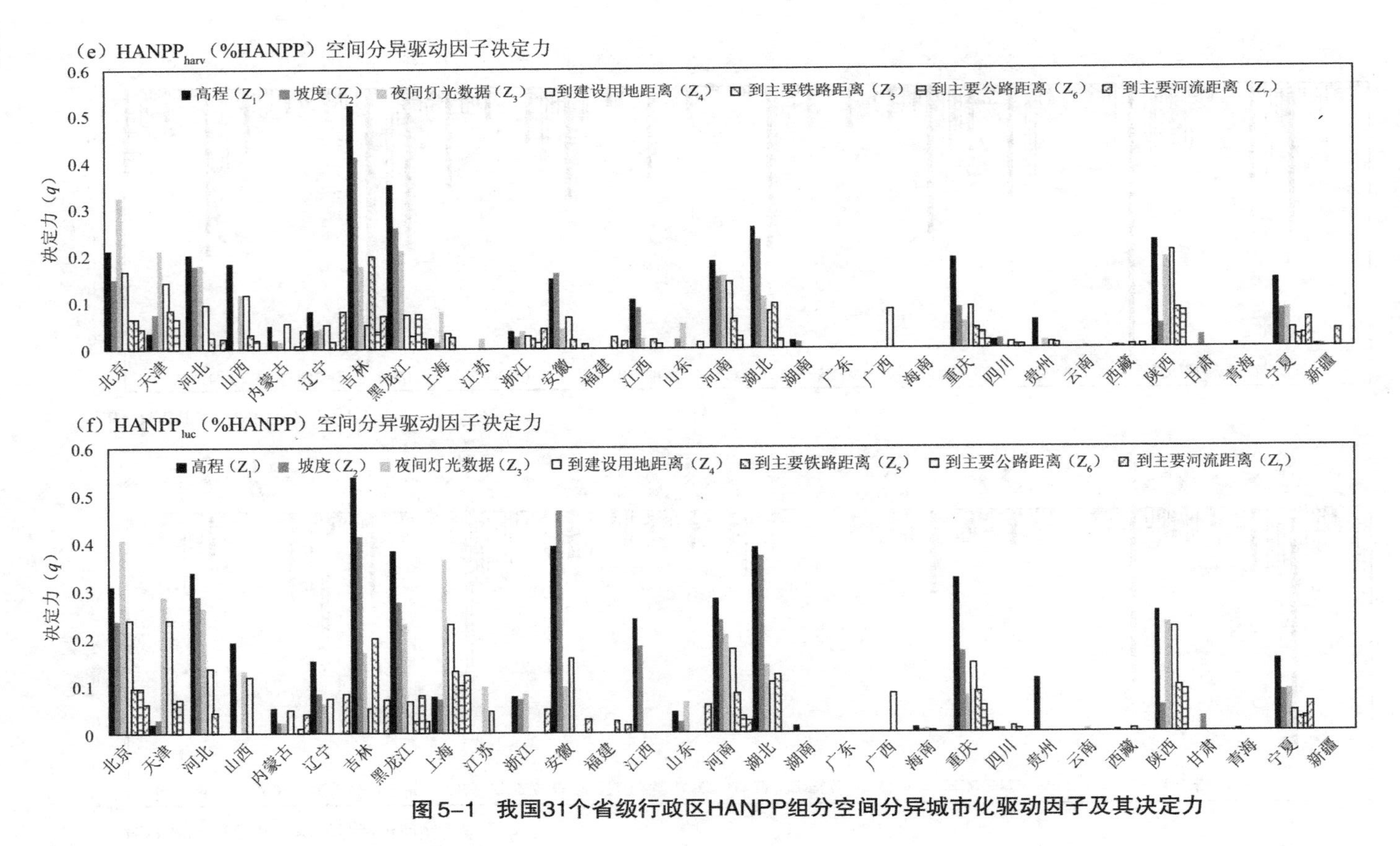

图5-1 我国31个省级行政区HANPP组分空间分异城市化驱动因子及其决定力

约束作用仍占主导地位；其余省级行政区驱动因子的决定力呈环境约束因子 > 经济区位约束因子 > 地理区位约束因子的梯度变化。从各省级行政区城市化驱动因子对 HANPP(gC/m^2) 的平均解释水平来看，北京、吉林、河北为全国解释率最高（ $\bar{q}$ 分别为 0. 23、0. 22、0. 21)，河南、云南、贵州解释率最低（ $\bar{q}$ 分别为 0. 02、0. 03、0. 03)，说明除所选城市化因子外，还存在其他要素对地均 HANPP 具有更强约束，如生产用地分布、气候要素等。此外，全国各自变量的平均决定力 q 呈 $Z_1(0.22) > Z_2(0.11) > Z_3(0.10) > Z_4(0.08) > Z_5(0.07) > Z_6(0.05) > Z_7(0.04)$ 的趋势，说明环境约束在全国水平对地均 HANPP 约束最强，道路交通与河流水系的约束力整体较弱，这一方面由其复杂的网状分布特征导致，另一方面也与其受栅格数据分辨率所限而难以在空间精确刻画较窄的线要素有关。

$HANPP_{harv}$(gC/m^2) 作为 HANPP 的组分之一，其城市化驱动因子决定力省内分异与 HANPP(gC/m^2) 呈相似的梯度特征［见图 5 - 1 (b)］。高程仍是大部分省级行政区的主导驱动因子，但各因子在全国的平均解释率排序有所变化：$Z_1(0.16) > Z_3(0.12) > Z_2(0.10) > Z_4(0.09) > Z_5(0.05) > Z_6(0.044) > Z_7(0.04)$，高程与坡度的环境约束力明显下降，而夜间灯光数据和到建设用地距离所表征的城市经济区位影响力总体增强，体现了城市区域对生产性生态用地的功能剥夺。此外，城市化驱动因子在河北 ($\bar{q}$ = 0. 22)、吉林（ $\bar{q}$ =0. 21)、北京（ $\bar{q}$ =0. 21）对 $HANPP_{harv}$(gC/m^2) 的分省平均决定力仍位于全国前列；城市化对河南（ $\bar{q}$ = 0. 01)、云南 ($\bar{q}$ = 0. 02)、贵州（ $\bar{q}$ =0. 02）的地均收获量的影响程度微弱，三地位于全国末列。由此可见，HANPP(gC/m^2) 空间分异的城市化约束特征主要由 $HANPP_{harv}$(gC/m^2) 贡献。从各省级行政区的驱动因子数量来看，位于我国西北与东北的大部分省级行政区地均收获量空间分异受全部城市化因子影响，而位于华北平原的省级行政区及贵州仍仅受个别因子驱动。其中，城市化对山东地均 $HANPP_{harv}$ 的影响不足 3%；江苏同样具有较高的耕地覆被比例，其从 HANPP(gC/m^2) 中剥离了土地利用碳占用以后，呈现仅受城市经济区位制约的特征，但平均决定力也仅为 3% 左右，说明城市建设对地势平缓地区土地生产能力的约束作用较为有限。从各类驱动因子的决定力来看，城市经济区位的约束力相较高程与坡度的环境约束力在多个省级行政区明显增强，尤其是在北京、天津、上海三市，其已成为制约地均 $HANPP_{harv}$ 的主导因子。其中，夜间灯光数据在以上三市的 q 值分别达到 0.40、0.26、0.32，到建设用地距离的 q 值分别为 0.22、0.18、0.18，在全国处较高水平，说明城市经济区位要素的分布特征能较大程度地决定城市化发达区的地均 $HANPP_{harv}$ 空间格局，且夜间灯光数据更易刻画收获量从城市中心向外递增的趋势。同时，经济区位也成为新疆 $HANPP_{harv}$ 的主导因子，这主要缘于当地有限的耕地高度依赖于人工管理，故生产力高值区与人类活动区重合度高。

$HANPP_{luc}(gC/m^2)$ 表征土地利用碳占用的空间分异，图 5－1（c）所示的城市化驱动特征与图 5－1（a）、(b) 呈现明显差异，城市化驱动因子的平均决定力在全国呈 $Z_3(0.13) > Z_1(0.11) > Z_4(0.09) > Z_7(0.08) > Z_6(0.07) > Z_2(0.06) > Z_5(0.05)$ 的趋势，说明城市经济区位已成为约束 $HANPP_{luc}(gC/m^2)$ 的主导因子。同时，地理区位约束因子的影响作用总体上升，而高程和坡度的环境约束力均低于 HANPP 与 $HANPP_{harv}$，由图 5－1（c）可见其 q 值均处于较低量级。此外，上海作为我国最发达的城市之一，充分体现了城市化因子对 $HANPP_{luc}$ 的强约束作用，其各城市驱动因子平均决定力为全国最高（$\bar{q}=0.24$）；夜间灯光数据与到建设用地的距离分别能够解释 62% 及 37% 的地均 $HANPP_{luc}$ 分布特征，也处于全国最高水平；三种线状要素的解释率均达到 17% 左右，而环境要素的作用仅为 8% 左右。各省级行政区城市化驱动因子数量由我国西部向东部明显递减，且位于东部的省级行政区的因子决定力高值多由夜间灯光数据或到建设用地距离贡献，由此可证明城市化水平较高区的 $HANPP_{luc}(gC/m^2)$ 主要来自城市建设导致的植被损失，受城市化制约的因素更为单纯。相对而言，城市化因子对西部地区土地利用碳占用的作用机理更为复杂。西部地区的碳损失主要来自放牧导致的大面积草地退化，相较于建设用地，其 $HANPP_{luc}$ 仍同时受制于人类活动、环境要素及气候要素。如图5－1(c)所示，高程仍为西藏与宁夏 $HANPP_{luc}$ 的主导驱动因子。对图5－1(a)～(c)进行对比可知，城市化因子对地均 HANPP 及其组分的空间分异约束作用由强到弱依次为 HANPP、$HANPP_{harv}$、$HANPP_{luc}$，体现出 HANPP 在定量表征不同形式城市化过程中人类活动碳占用的综合能力。

图 5－1(d)～(f) 分别为 HANPP（$\%NPP_{pot}$）、$HANPP_{harv}$（%HANPP）、$HANPP_{luc}$（%HANPP）三要素空间分异的城市化驱动因子及其决定力 q 值分布。人类对生态系统潜在资源占用程度的空间不均衡特征可由 HANPP（$\%NPP_{pot}$）表征，位于我国东北及北部地区的 10 个省级行政区受到全部城

市化因子的驱动，而驱动因子相对单一的省级行政区则多分布于东部沿海。其中，耕地为山东、河南、江苏的主导用地类型，其区内单位面积碳占用分布及水热条件都相对均质，因而 HANPP（%NPP_{pot}）格局未展现明显的梯度特征，山东、河南受城市化制约程度总体较低（$\bar{q}$ 分别为 0.03 及 0.02）；同时，城市区域几乎无法通过收获进行碳占用，故在耕地高产省份的城市多为 HANPP（%NPP_{pot}）低值区。相较于山东和河南，江苏的城市化水平更高，因而其资源占用度主要由夜间灯光数据约束（$q=0.09$）。从全国各城市化驱动因子的平均决定力来看，其总体呈现 Z_1（0.17）> Z_2（0.12）> Z_3（0.11）> Z_4（0.08）> Z_5（0.06）> Z_6（0.04）> Z_7（0.03）的趋势，与 HANPP(gC/m^2) 各驱动因子的排序相同但总体决定力小幅减弱。这说明与水热条件梯度特征高度相关的 NPP_{pot} 对 HANPP（%NPP_{pot}）格局仅具有次要影响，环境要素仍对占用度起主导约束作用。此外，从各省级行政区的城市化驱动因子对占用度的平均解释水平来看，吉林、西藏、河北为全国解释率最高（$\bar{q}$ 分别为 0.23、0.21、0.19），主要由环境要素贡献；河南、新疆、甘肃解释率最低（$\bar{q}$ 分别为 0.02、0.02、0.03），主要由人类活动密集区与水热条件较优区的空间不匹配导致。

$HANPP_{harv}$ 与 $HANPP_{luc}$ 在 HANPP 中的占比可表征各省级行政区人类活动占用资源的主要途径，并可从侧面反映各省级行政区的产业结构，前者占比高值区多为我国产粮大省以及通过加强人工管理突破自然本底限制的西部地区耕地（如新疆）。由图 5-1（e）可知，共有 11 个省级行政区的 $HANPP_{harv}$（%HANPP）空间格局受 3 个及以下的城市化因子影响，主要分布于我国南部及西北部地区；其中，江苏、广西、云南、甘肃、青海均仅受单一因子影响。而广东与海南并未探测出受任何因子的显著驱动，这主要缘于该两省生产用地以产量较低的林地为主，难以在 $HANPP_{harv}$（%HANPP）中形成明显的空间分异，由此也解释了林地覆盖率高的福建其城市化因子决定力仅为 0.02 的原因。与此相对，位于我国中部与东北的省级行政区 $HANPP_{harv}$（%HANPP）受城市化制约较强，且不同城市化水平的省级行政区的主导因子类型各异，如北京、天津、上海均由城市经济区位约束因子驱动，而吉林、黑龙江则由高程或坡度控制。全国各城市化驱动因子平均决定力排序与 $HANPP_{harv}$（gC/m^2）相似：Z_1（0.13）> Z_3（0.10）> Z_2（0.09）> Z_4（0.08）> Z_5（0.04）> Z_7（0.038）> Z_6（0.03）。由此可见，夜间灯光数据与到建设用地距离在典型城市显示出高水平影响作用。前者对北京和天津 $HANPP_{harv}$（%HANPP）解释率分别达到33%与21%，居全国前列；后者的解释率分别达16%与14%，反映了建设用地与生产用地的互斥关系。此外，关中平原分布有大面积耕地，$HANPP_{harv}$贡献率能够准确刻画其在生产用地的高值及城市区域的低谷，因此，陕西的 $HANPP_{harv}$（%HANPP）也显示出对城市经济区位的较高敏感度（q_{X_3} = 0.19，q_{X_4} = 0.21），这一现象也能通过图5-1（b）来体现。

由于在数值上的互补性，$HANPP_{luc}$（%HANPP）的城市化驱动因子决定力省际分异与 $HANPP_{harv}$（%HANPP）有一定的相似性［见图5-1（f）］。$HANPP_{luc}$（%HANPP）是表征难以恢复的 $HANPP_{luc}$与表征可再利用的 $HANPP_{harv}$二者之间平衡关系的综合体现，因此，各城市化因子对其在全国的平均决定力排序不再与 $HANPP_{luc}$（gC/m^2）相同，而是呈现较高的环境约束力：$Z_1(0.18) > Z_2(0.16) > Z_3(0.15) > Z_4(0.11) > Z_5(0.07) > Z_6(0.06) > Z_7(0.05)$。但北京、上海、天津的 $HANPP_{luc}$（%HANPP）分异仍由城市经济区位要素主导，夜间灯光数据与到建设用地距离在三市的决定力分别为0.41、0.36、0.29及0.24、0.23、0.24。此外，吉林（0.24）、安徽（0.23）、湖北（0.23）因环境因子的高度约束而具有位居全国前列的 $\bar{q}$ 值；城市化对海南、西藏、青海三地 $HANPP_{luc}$（%HANPP）的解释率未达1%，而广东与新疆则未见任何城市化因子的显著影响。这主要缘于这些省级行政区均广泛覆被类型单一且生产力较低的林地或草地，提供的有限 $HANPP_{harv}$量级远不及土地利用造成的碳占用，同时，城市区域也几乎不提供 $HANPP_{harv}$，因而全域 $HANPP_{luc}$（%HANPP）未见明显分异。从各省级行政区的驱动因子数量来看，驱动因子数量小于3个的省级行政区有13个，这些省级行政区广泛分布于我国南部与西北部，且其平均决定力均偏低。结合图3-15的 $HANPP_{luc}$年均贡献率可知，这些省级行政区往往分布有具备高产能力的耕地，极大程度地决定了 $HANPP_{luc}$（%HANPP）的格局，城市要素的作用难以得到体现；相反，城市区域的 $HANPP_{luc}$高贡献则较易在耕地密集的华北平原各省级行政区得到体现。

表5-20梳理了各省级行政区6种生态占用指标决定力最强的主导驱动因子，其有助于提炼城市化对HANPP空间分异在国家尺度的约束规律。由分析可知，高程为24个省级行政区 HANPP（gC/m^2）的主导驱动因子，

且决定力较高的省级行政区除一级阶梯的西藏（$q=0.46$）外，还包括二、三级阶梯交汇处地势分异明显的河北（$q=0.47$）与北京（$q=0.45$）。此外，小兴安岭、长白山与东北平原的交错分布也使海拔对黑龙江（38%）和吉林（44%）的 HANPP(gC/m^2) 具有较高解释率。上海是本研究中唯一以夜间灯光数据为主导驱动因子的地区（$q=0.23$）；道路交通与河流水系则对建设用地占比较低的内蒙古、青海、云南地均生态占用起主要约束作用。高程对地均收获量的空间约束仍占绝对优势，体现出与海拔紧密关联的水热条件对生产用地生产能力的高度制约。值得注意的是，夜间灯光数据和到建设用地距离成为7个省级行政区的主导驱动因子，且前者对北京、上海、天津三地 $HANPP_{harv}$(gC/m^2) 的解释率分别达到40%、32%、26%，这反映出城市建设对生态系统生产能力的剥夺作用。相对而言，各省级行政区 $HANPP_{luc}$(gC/m^2) 的城市化主导因子类型分异明显，城市经济区位成为超过40%的省级行政区土地利用碳占用的主要约束条件，其多出现于东南沿海及北部城市化水平较高的省级行政区，体现出城市经济区位与城市建设对生态资源剥夺区的高度重合。其中，上海夜间灯光数据表征的人类活动强度可解释62%的 $HANPP_{luc}$(gC/m^2) 特征，是城市化因子对各省级行政区所有 HANPP 及其组分解释率的最高值。

对城市扩张起约束作用的环境因子为22个省级行政区生态资源占用度 HANPP（%NPP_{pot}）空间分异的主导因子，但其相较 HANPP(gC/m^2) 中具备相同驱动因子的对应省级行政区的 q 值有所降低。北部及东部沿海共有7个省级行政区受到夜间灯光数据的主要约束，但总体解释水平仍相对较低，这主要缘于 HANPP（%NPP_{pot}）是表征人类活动强度与自然本底约束的综合指标，不受任何人类干扰的 NPP_{pot} 抹去了部分与城市化关联的空间分异特征。由于 $HANPP_{harv}$ 及 $HANPP_{luc}$ 对 HANPP 贡献率的互补性，因此，二者在各省级行政区的主导城市化驱动因子及 q 值分异有较高的相似性，仅西藏、新疆、四川、内蒙古、辽宁、浙江、海南的主导因子相异，但其决定力大多处于较低水平（$q<0.1$），均不具备对相应要素空间分异的高度约束能力。此外，福建、广西、甘肃、青海、宁夏、云南的主导因子及其 q 值在 $HANPP_{harv}$（%HANPP）和 $HANPP_{luc}$（%HANPP）有相同的探测结果，而广东则未探测出任何显著性驱动因子，说明因变量指标在这些省级行政区所受到的城市化约束具有稳定性。值得注意的是，$HANPP_{harv}$ 贡献率

及 $HANPP_{luc}$ 贡献率在各省级行政区的决定力 q 明显低于其他 4 种 HANPP 指标的探测结果，位于西部的省级行政区受城市化约束的水平甚至仅在 0.01 左右，说明其在反映 HANPP 空间分异的城市化响应时有一定的局限性。

相较于单一自变量，判断自变量两两之间的交互作用是增加还是减弱其对因变量的解释能力是地理探测器生成的另一重要结果。表 5－21 梳理了对统计单元有最强交互作用的城市化驱动因子组合及其 q 值。总体而言，通过对比表 5－21 与表 5－20 的单一主导因子 q 值可知，前者对 HANPP 空间分异的解释率均较后者存在 1%～44% 不同程度的提高；同时，大部分主导交互因子均为表 5－20 单一主导因子与其他自变量的组合，在 186 个样本中仅有 31 个样本识别出其他自变量组合具有更强的解释率。从 HANPP 及其组分要素来看，高程与其他城市化因子的交互作用能够提升其对 29 个省级行政区 HANPP(gC/m^2) 的解释率，且高程与城市经济区位的组合数量最多，说明借助环境约束因子与经济区位约束因子综合特征评价城市化相对发达地区 HANPP(gC/m^2) 的城市化响应更为全面。此外，到建设用地距离与到主要铁路距离的交互作用对青海 HANPP (gC/m^2) 的解释率相较原单一因子提升 33%。其中，交互因子决定力最高的省级行政区为西藏（$q=0.57$）。夜间灯光数据能够明显提升 $HANPP_{harv}$ (gC/m^2) 的驱动能力，其与其他城市化驱动因子的交互作用可提升其对 18 个省级行政区地均收获量的空间分异解释率。不同于地均 HANPP 的规律，夜间灯光数据与高程的组合更适用于解释位于我国北部的省级行政区 $HANPP_{harv}$(gC/m^2) 的空间格局，如北京的 $q_{Z_1 \cap Z_3}$ 可达 0.56。高程与夜间灯光数据在各交互因子组合中对 $HANPP_{luc}$(gC/m^2) 有同等解释能力（均出现 18 次），二者组合对上海 $HANPP_{luc}$(gC/m^2) 的解释率是所有样本中的最高值（67%）。夜间灯光数据作为北京、天津、上海三市的单一主导因子，在环境约束要素的辅助下，其对三市 $HANPP_{luc}$(gC/m^2) 城市化响应的解释率虽均有提升但未超过 10%，说明夜间灯光数据能够充分解释高度城市化地区的土地利用碳占用格局。

表5-21 我国31个省级行政区HANPP空间分异城市化主导交互因子及其决定力

省级行政区	HANPP (gC/m^2)	$HANPP_{harv}$ (gC/m^2)	$HANPP_{luc}$ (gC/m^2)	HANPP ($\%NPP_{pot}$)	$HANPP_{harv}$ (%HANPP)	$HANPP_{luc}$ (%HANPP)
北京	$Z_1 \cap Z_2$ (0.48)	$Z_1 \cap Z_3$ (0.56)	$Z_2 \cap Z_3$ (0.34)	$Z_2 \cap Z_3$ (0.30)	$Z_1 \cap Z_3$ (0.41)	$Z_1 \cap Z_3$ (0.51)
天津	$Z_1 \cap Z_2$ (0.25)	$Z_2 \cap Z_3$ (0.41)	$Z_2 \cap Z_3$ (0.31)	$Z_2 \cap Z_3$ (0.21)	$Z_2 \cap Z_3$ (0.30)	$Z_2 \cap Z_3$ (0.34)
河北	$Z_1 \cap Z_2$ (0.51)	$Z_1 \cap Z_3$ (0.51)	$Z_1 \cap Z_3$ (0.20)	$Z_1 \cap Z_3$ (0.40)	$Z_1 \cap Z_3$ (0.27)	$Z_1 \cap Z_3$ (0.40)
山西	$Z_1 \cap Z_3$ (0.39)	$Z_1 \cap Z_3$ (0.31)	$Z_2 \cap Z_3$ (0.12)	$Z_1 \cap Z_3$ (0.22)	$Z_1 \cap Z_3$ (0.28)	$Z_1 \cap Z_3$ (0.30)
内蒙古	$Z_1 \cap Z_7$ (0.31)	$Z_1 \cap Z_3$ (0.18)	$Z_4 \cap Z_7$ (0.39)	$Z_1 \cap Z_3$ (0.15)	$Z_1 \cap Z_4$ (0.28)	$Z_1 \cap Z_4$ (0.22)
辽宁	$Z_1 \cap Z_7$ (0.26)	$Z_1 \cap Z_3$ (0.27)	$Z_1 \cap Z_3$ (0.20)	$Z_1 \cap Z_3$ (0.25)	$Z_3 \cap Z_7$ (0.21)	$Z_2 \cap Z_7$ (0.28)
吉林	$Z_1 \cap Z_5$ (0.54)	$Z_1 \cap Z_3$ (0.53)	$Z_1 \cap Z_5$ (0.36)	$Z_1 \cap Z_5$ (0.64)	$Z_1 \cap Z_2$ (0.59)	$Z_1 \cap Z_5$ (0.60)
黑龙江	$Z_1 \cap Z_4$ (0.44)	$Z_1 \cap Z_3$ (0.45)	$Z_3 \cap Z_5$ (0.14)	$Z_1 \cap Z_2$ (0.42)	$Z_1 \cap Z_3$ (0.43)	$Z_1 \cap Z_3$ (0.47)
上海	$Z_1 \cap Z_3$ (0.37)	$Z_2 \cap Z_3$ (0.44)	$Z_1 \cap Z_3$ (0.67)	$Z_1 \cap Z_3$ (0.34)	$Z_2 \cap Z_3$ (0.30)	$Z_2 \cap Z_3$ (0.46)
江苏	$Z_1 \cap Z_3$ (0.23)	$Z_2 \cap Z_5$ (0.28)	$Z_2 \cap Z_3$ (0.34)	$Z_1 \cap Z_5$ (0.21)	$Z_2 \cap Z_3$ (0.16)	$Z_2 \cap Z_3$ (0.22)
浙江	$Z_1 \cap Z_7$ (0.36)	$Z_2 \cap Z_3$ (0.31)	$Z_3 \cap Z_7$ (0.33)	$Z_2 \cap Z_3$ (0.33)	$Z_1 \cap Z_7$ (0.31)	$Z_1 \cap Z_5$ (0.23)
安徽	$Z_1 \cap Z_2$ (0.24)	$Z_1 \cap Z_2$ (0.20)	$Z_2 \cap Z_3$ (0.26)	$Z_1 \cap Z_2$ (0.33)	$Z_1 \cap Z_2$ (0.25)	$Z_1 \cap Z_2$ (0.52)

续表 5-21

省级行政区	HANPP (gC/m^2)	$HANPP_{harv}$ (gC/m^2)	$HANPP_{luc}$ (gC/m^2)	HANPP (%NPP_{pot})	$HANPP_{harv}$ (%HANPP)	$HANPP_{luc}$ (%HANPP)
福建	$Z_1 \cap Z_4$ (0.24)	$Z_1 \cap Z_3$ (0.23)	$Z_1 \cap Z_4$ (0.16)	$Z_2 \cap Z_3$ (0.15)	$Z_5 \cap Z_7$ (0.45)	$Z_5 \cap Z_7$ (0.47)
江西	$Z_1 \cap Z_4$ (0.29)	$Z_1 \cap Z_2$ (0.23)	$Z_1 \cap Z_3$ (0.15)	$Z_1 \cap Z_3$ (0.26)	$Z_1 \cap Z_2$ (0.14)	$Z_1 \cap Z_2$ (0.30)
山东	$Z_1 \cap Z_3$ (0.24)	$Z_1 \cap Z_2$ (0.13)	$Z_1 \cap Z_3$ (0.19)	$Z_1 \cap Z_2$ (0.16)	$Z_3 \cap Z_7$ (0.16)	$Z_3 \cap Z_7$ (0.20)
河南	$Z_1 \cap Z_4$ (0.16)	$Z_2 \cap Z_4$ (0.17)	$Z_3 \cap Z_4$ (0.24)	$Z_1 \cap Z_2$ (0.16)	$Z_1 \cap Z_3$ (0.31)	$Z_1 \cap Z_3$ (0.41)
湖北	$Z_1 \cap Z_2$ (0.37)	$Z_2 \cap Z_3$ (0.32)	$Z_1 \cap Z_3$ (0.19)	$Z_1 \cap Z_2$ (0.38)	$Z_2 \cap Z_3$ (0.32)	$Z_1 \cap Z_2$ (0.45)
湖南	$Z_1 \cap Z_5$ (0.17)	$Z_2 \cap Z_3$ (0.12)	$Z_1 \cap Z_3$ (0.12)	$Z_1 \cap Z_5$ (0.15)	$Z_3 \cap Z_4$ (0.05)	$Z_3 \cap Z_4$ (0.05)
广东	$Z_1 \cap Z_3$ (0.30)	$Z_2 \cap Z_3$ (0.16)	$Z_2 \cap Z_3$ (0.21)	$Z_2 \cap Z_3$ (0.18)	$Z_2 \cap Z_3$ (0.08)	$Z_1 \cap Z_3$ (0.05)
广西	$Z_1 \cap Z_4$ (0.32)	$Z_1 \cap Z_6$ (0.17)	$Z_2 \cap Z_4$ (0.13)	$Z_1 \cap Z_6$ (0.25)	$Z_2 \cap Z_4$ (0.47)	$Z_2 \cap Z_4$ (0.49)
海南	$Z_1 \cap Z_7$ (0.34)	$Z_1 \cap Z_4$ (0.20)	$Z_1 \cap Z_7$ (0.36)	$Z_1 \cap Z_4$ (0.35)	$Z_4 \cap Z_7$ (0.01)	$Z_1 \cap Z_4$ (0.02)
重庆	$Z_1 \cap Z_2$ (0.13)	$Z_1 \cap Z_2$ (0.08)	$Z_1 \cap Z_3$ (0.17)	$Z_1 \cap Z_2$ (0.12)	$Z_1 \cap Z_2$ (0.21)	$Z_1 \cap Z_2$ (0.38)
四川	$Z_1 \cap Z_4$ (0.27)	$Z_1 \cap Z_4$ (0.31)	$Z_1 \cap Z_4$ (0.13)	$Z_1 \cap Z_4$ (0.32)	$Z_1 \cap Z_4$ (0.06)	$Z_1 \cap Z_4$ (0.05)
贵州	$Z_1 \cap Z_3$ (0.18)	$Z_1 \cap Z_2$ (0.09)	$Z_1 \cap Z_2$ (0.11)	$Z_1 \cap Z_7$ (0.10)	$Z_1 \cap Z_3$ (0.12)	$Z_1 \cap Z_3$ (0.20)

续表 5-21

省级行政区	HANPP (gC/m²)	$HANPP_{harv}$ (gC/m²)	$HANPP_{luc}$ (gC/m²)	HANPP (%NPP_{pot})	$HANPP_{harv}$ (%HANPP)	$HANPP_{luc}$ (%HANPP)
云南	$Z_1 \cap Z_5$ (0.14)	$Z_3 \cap Z_4$ (0.09)	$Z_1 \cap Z_5$ (0.10)	$Z_3 \cap Z_5$ (0.12)	$Z_2 \cap Z_3$ (0.05)	$Z_2 \cap Z_3$ (0.05)
西藏	$Z_1 \cap Z_6$ (0.57)	$Z_1 \cap Z_3$ (0.21)	$Z_1 \cap Z_6$ (0.53)	$Z_1 \cap Z_6$ (0.62)	$Z_1 \cap Z_2$ (0.03)	$Z_1 \cap Z_4$ (0.03)
陕西	$Z_1 \cap Z_4$ (0.29)	$Z_1 \cap Z_3$ (0.42)	$Z_2 \cap Z_3$ (0.19)	$Z_2 \cap Z_3$ (0.29)	$Z_1 \cap Z_4$ (0.38)	$Z_1 \cap Z_3$ (0.43)
甘肃	$Z_1 \cap Z_2$ (0.17)	$Z_1 \cap Z_4$ (0.10)	$Z_1 \cap Z_4$ (0.18)	$Z_2 \cap Z_4$ (0.15)	$Z_1 \cap Z_2$ (0.25)	$Z_1 \cap Z_2$ (0.17)
青海	$Z_4 \cap Z_5$ (0.55)	$Z_4 \cap Z_5$ (0.33)	$Z_4 \cap Z_5$ (0.51)	$Z_1 \cap Z_4$ (0.30)	$Z_1 \cap Z_2$ (0.06)	$Z_1 \cap Z_2$ (0.05)
宁夏	$Z_1 \cap Z_7$ (0.43)	$Z_1 \cap Z_7$ (0.41)	$Z_1 \cap Z_2$ (0.63)	$Z_1 \cap Z_2$ (0.35)	$Z_1 \cap Z_2$ (0.34)	$Z_1 \cap Z_2$ (0.36)
新疆	$Z_2 \cap Z_4$ (0.18)	$Z_1 \cap Z_3$ (0.17)	$Z_1 \cap Z_2$ (0.30)	$Z_3 \cap Z_4$ (0.08)	$Z_2 \cap Z_6$ (0.09)	$Z_3 \cap Z_6$ (0.02)

从各百分比形式的 HANPP 指标来看，高程仍通过与其他因子的组合对大部分省级行政区的 HANPP（%NPP_{pot}）格局起主导驱动作用，同时，坡度作为另一环境约束也出现在对 14 个省级行政区的探测结果中。华北平原与长江中下游平原为我国耕地集中分布的地区，其 HANPP 主要由生产用地提供，因此高程和坡度作为影响水热条件进而约束 $HANPP_{harv}$ 及 NPP_{pot} 的关键因子，成为分布于该地区多个省级行政区 HANPP（%NPP_{pot}）的主导交互因子。环境约束因子与经济区位约束因子的组合仍能解释全国大部分省级行政区 $HANPP_{harv}$（%HANPP）及 $HANPP_{luc}$（%HANPP）的空间特征，且由于贡献率因子相对地均生态占用指标具有更为丰富的生态意义，因此，在各 HANPP 指标中具有更为复杂的交互因子组合类型。值得注意的是，对比图 5-1 与表 5-20 中 $HANPP_{harv}$ 与 $HANPP_{luc}$ 在 HANPP 中占比偏

低的单因子决定力 q 值，交互因子明显提升了其对城市化响应的合理解释，31 个省级行政区均可分别平均提升 10% 以上的解释率。以福建和广西为例，前者在同时考虑到主要河流与铁路距离两因子后，其 q 值较单一因子的 0.03 升至 0.4 以上，将坡度因子结合到建设用地距离也使后者 q 值由 0.08 升至 0.4 左右，说明交互因子能更加充分地诠释百分比类型的 HANPP 要素的城市化响应特征。

从 HANPP 及其组分对城市化空间响应的敏感性来看，交互因子对 HANPP(gC/m^2) 的提升效果在全国水平较单一因子更弱，但在单一主导因子（$\bar{q}$ =0.23）检测以及交互主导因子（$\bar{q}$ =0.31）检测中，HANPP (gC/m^2)均在 6 种因变量中具有最高的全国平均 q 值，说明综合反映土地利用与收获碳占用的 HANPP(gC/m^2) 空间分异受城市化影响最为显著。相反，单一因子对 HANPP$_{harv}$(%HANPP) 及 HANPP$_{luc}$(%HANPP) 的决定力整体偏低，而交互因子能显著提升城市化对二者的解释率（全国平均提高 10% 以上）。因此，综合考虑不同的城市化空间约束因子能更加充分地诠释对单一因子敏感度低的 HANPP 要素的城市化空间响应特征。

从城市化对各省级行政区 HANPP 空间驱动的显著程度来看，受单一因子影响最显著的前三位是吉林（$\bar{q}$ =0.45）、北京（$\bar{q}$ =0.34）、河北（$\bar{q}$ = 0.32），末三位是云南（$\bar{q}$ =0.04）、贵州（$\bar{q}$ =0.06）、甘肃（$\bar{q}$ = 0.06）。受交互因子影响最显著的省级行政区前三位为吉林（$\bar{q}$ =0.54）、北京（$\bar{q}$ =0.43）、上海（$\bar{q}$ =0.43），而云南（$\bar{q}$ =0.09）、湖南（$\bar{q}$ = 0.11）、贵州（$\bar{q}$ =0.13）则位于末列。综合单一因子与交互因子的研究结果，吉林和北京的 HANPP 空间分异受城市化影响最为显著，而云南及贵州受城市化约束最弱，说明除城市化因子外，还需考虑其他因子对其 HANPP 的影响。此外，城市化因子驱动作用的稳定性有明显的区域差异，从单一因子来看，高程或坡度对河北、山西、吉林、湖北、湖南、海南、安徽、重庆、宁夏、贵州的 HANPP 指标有稳定的驱动作用，而城市经济区位则是北京、天津、上海、江苏 HANPP 的主导空间约束因子。从交互因子来看，经济区位因子与环境因子的交互作用能稳定解释河北、山西、广东、四川、陕西以及高城市化水平的北京、天津、上海各 HANPP 的城市化空间响应特征，安徽、重庆、宁夏的生态占用格局则主要受高程与坡度制约。综合来看，在31个省级行政区中，北京、天津、上海HANPP属于稳定的经济区位约束型省级行政区，安徽、重庆、宁夏则为稳定的环境约束型省级行政区。

第四节 小结

本章分别从HANPP及其组分的时间变化与空间分异视角探究城市化对HANPP的驱动机理。从基于回归模型与通径分析的分省HANPP时间变化研究结果来看，各类城市化因子对所有HANPP指标的驱动能力由高到低依次为城市生态建设、城市经济发展、城市土地扩张、城市人口增长。在各类因子中，城市人口密度（X_2）、第二产业增加值比重（X_9）、人均城市道路面积（X_{14}）、自然保护区面积（X_{23}）驱动作用最强。$HANPP_{harv}$（gC及gC/m^2）城市化驱动模型的剩余通径系数Pe最小且决定系数R^2最高，其对城市化因子的响应最为敏感；相反，与土地利用密切关联的$HANPP_{luc}$（gC及gC/m^2）对城市化的敏感度最低，这主要是因为在分省尺度下城市区域面积占比较低，且在15年的时间跨度下城市扩张幅度有限，但其在高度城市化的上海与北京仍表现出对城市化的显著响应。从城市化对各HANPP的解释程度来看，新疆（$\overline{R^2}=0.81$，$\overline{Pe}=0.40$）、黑龙江（$\overline{R^2}=0.80$，$\overline{Pe}=0.40$）、北京（$\overline{R^2}=0.79$，$\overline{Pe}=0.41$）受城市化影响相对更强；相反，城市化并非西藏（$\overline{R^2}=0.37$，$\overline{Pe}=0.80$）、重庆（$\overline{R^2}=0.35$，$\overline{Pe}=0.81$）、海南（$\overline{R^2}=0.29$，$\overline{Pe}=0.84$）等省级行政区HANPP时间变化的主导驱动因子。从HANPP城市化驱动因子的稳定性来看，属于城市生态建设驱动型的省级行政区最多，主要集中分布于我国西南地区；其次为城市经济发展驱动型，其主要集中分布于城市化水平较高的地区。从城市化对HANPP的驱动机制来看，HANPP由城市人口增长与城市建设强度加大造成的$HANPP_{luc}$上升、务农人口流失以及生产用地减少伴随的$HANPP_{harv}$下降共同决定；城市发展伴随的农业科技水平提升对$HANPP_{harv}$起促进作用，但其仍受制于城市土地扩张与城市生态建设对其的权衡作用；城市生态建设所减少的生态占用相较其他形式的增量份额仍然过小，其在研究时段内尚难以扭转生态占用的总体上升趋势，这说明了协调城市人地关系的难度与长期需求。

从基于面板数据模型的全国研究结果来看，其因相较回归模型具备整合多样本关联特征的优势而对 HANPP 的时间变化驱动进行了更全面的挖掘，对城市化驱动因子的约束强度与方向也进行了更准确的识别。在 2001—2015 年，城市化对 HANPP 及其组分的约束作用由强到弱依次为：$HANPP_{harv}$（gC 及 gC/m^2）、$HANPP_{harv}$（%HANPP）及 $HANPP_{luc}$（%HANPP）、HANPP（$\%NPP_{pot}$）、HANPP（gC 及 gC/m^2）、$HANPP_{luc}$（gC 及 gC/m^2），与基于回归模型的省际研究结果一致。城市化对 HANPP 的约束能力由强到弱依次为城市生态建设、城市人口增长、城市经济发展、城市土地扩张。其中，城市人口增长主要表现出对 $HANPP_{harv}$ 的削弱作用，经济与土地城市化则能够显著增加 $HANPP_{luc}$。建成区绿化覆盖率与自然保护区面积的增加在 2001—2015 年对 $HANPP_{harv}$ 及 HANPP（$\%NPP_{pot}$）的增长产生了抑制作用，但其他城市的生态建设因子对生态占用的缓解作用尚不明显。每 5 年分时段面板数据模型显示，城市化对 HANPP 的影响始终以城市生态建设为主导，而后经历了从城市经济发展到城市人口增长、城市土地扩张为辅助影响的阶段性转变。2001—2005 年城市经济发展可导致 $HANPP_{harv}$ 明显降低，2006—2010 年城市人口增长则对增加 HANPP 作用显著，随着近年来城市建设步伐明显加快，城市土地扩张对生态占用的促进作用在 2011—2015 年达到顶峰。与此同时，城市生态建设对 $HANPP_{luc}$ 与 HANPP 的抑制作用也在不断加强，我国城市生态建设虽然初见成效，但仍面临着与 $HANPP_{luc}$ 的权衡关系，因此，缓解我国未来城市发展与生态退化之间的矛盾仍不可松懈。

借助地理探测器，可明晰城市化在改变地表景观格局时对 HANPP 空间分异的影响机理。研究发现，在单一因子中，高程、坡度对大部分 HANPP 及其组分的空间格局起主导约束作用，其对 HANPP（gC/m^2）的主导作用在 27 个省级行政区均有体现；其次为经济区位与道路交通、河流水系，其中高度城市化地区仍以经济区位约束为主，其对 $HANPP_{luc}$（gC/m^2）的约束能力最强。道路交通与河流水系解释率整体较低的原因有两方面，一是位于我国东部的省级行政区的路网及水系分布极为密集，难以呈现显著分异特征；二是囿于栅格数据分辨率限制，本研究所采用 10 km 栅格数据对较窄的道路交通与河流水系进行精细刻画存在不足。主导交互因子最多可将城市化对 HANPP 空间分异的解释率提升 44%，且大部分主导交互因子均是原单一主导因子与其他自变量的组合，其中高程与夜间灯光数据的组合对提高解释率最为有效。从 HANPP 对城市化空间响应的敏感性来看，无论是在单一主导因子（$\bar{q}=0.23$）检测中还是在交互主导因子（$\bar{q}=0.31$）检测中，HANPP（gC/m^2）受城市化影响最为显著。综合单一因子与交互因子的研究结果，吉林和北京的 HANPP 空间分异受城市化影响最为显著，而云南及贵州受城市化约束最弱，故需考虑城市化以外的其他驱动作用。此外，北京、天津、上海的 HANPP 受稳定的经济区位约束，而安徽、重庆、宁夏则受稳定的环境约束。

第六章

中国HANPP城市化响应

城市是人类活动最集中、资源生产消费最密集、人地关系最复杂的区域。我国城市快速发展伴随的土地改造与人类活动极大地影响着城市区域HANPP变化。在明晰城市化对HANPP驱动机理的基础上，关注我国城市群及大中小城市内部HANPP空间分异与时间动态，有助于聚焦城市区域人地关系现状，为协调我国未来城市发展与有限生态资源的关系提出相应的政策建议。因此，本章旨在从同步性和偏移性两个方面进一步探究我国城市化影响下的HANPP变化特征。同步性研究包括两个尺度，即分别在我国“5+9+6”城市群新格局以及国务院“五类七档”城市分级标准体系下讨论HANPP的变化特征。在空间视角下，重点关注城市群内部HANPP空间分异，借助剖面线分析对比城市群规模、形态、单双核对HANPP的影响；在时间视角下，探究城市群发育过程与HANPP是否有同步性，并使用空间代时间的观点，讨论生态资源占用与城市等级是否存在同步性，由此回答“不同城市化等级与规模将如何影响HANPP时空变化”的问题。同时，为回答“城市化与HANPP的同步性和偏移性如何在时空尺度体现”这一问题，本章将进一步从偏移性角度识别城市人口增长、城市经济发展与HANPP之间是否存在脱钩现象，进而评估HANPP在应对城市发展过程中的脱钩潜力及其趋势特征，并结合我国土地利用与土地覆被变化以及农业技术发展现状，从提高区域单位面积生产用地生产能力、优化区域产业结构等视角对协调我国未来城市化过程中的人地关系进行政策解读。

第一节　不同城市群HANPP变化对比

一、“5+9+6”城市群HANPP等级分异

根据我国城市群发展程度与政策指引，国家正在重点建设5个国家级大型城市群、稳步推进建设9个区域级中型城市群和引导培育6个地区级小型城市群（方创琳 等，2018），详见表6－1。该城市群格局由方创琳（2014）提出，其能够反映我国城市发展的最新状况，并被《国民经济和社会发展第十三个五年规划纲要》采用，成为国家城市化发展实践决策的

重要依据。本节在城市群“5+9+6”新格局下探究HANPP及其组分构成的空间分异特征，在关注国家级、区域级、地区级城市群之间HANPP等级差异的基础上，依据各城市群内部HANPP剖面线分析，重点探究建设用地对生态占用是否有明显的梯度性影响特征，以及该梯度特征如何随城市群的规模、形态而改变。在此需要指出的是，在空间上探究城市化影响下的HANPP变化属于土地利用与土地覆被变化对生态系统固碳影响的研究范畴，合理的空间分辨率选择在研究过程中十分关键，若分辨率超过某一阈值，研究结果将会明显偏离实际情况。Zhao等（2010）基于250 m、500 m、1 km、2 km、4 km等多种分辨率数据研究1992—2007年美国两个州土地利用固碳状况，发现1 km是正确评价土地利用与土地覆被变化对区域生态系统碳吸收能力影响的阈值。因此，本研究采用的1 km粒度能够较为真实地反映出我国城市化对HANPP时空分异的影响，并从生态系统固碳视角明晰土地利用变化剧烈的城市区域的人地关系特征。

表6-1　我国城市群“5+9+6”新格局

城市群分类	城市群名称
5个国家级大型城市群	长三角城市群、珠三角城市群、京津冀城市群、长江中游城市群、成渝城市群
9个区域级中型城市群	哈长城市群、山东半岛城市群、中原城市群、海峡西岸城市群、辽中南城市群、关中城市群、江淮城市群、北部湾城市群、天山北坡城市群
6个地区级小型城市群	呼包鄂榆城市群、晋中城市群、宁夏沿黄城市群、兰西城市群、滇中城市群、黔中城市群

注：引自方创琳等，2018。

借助HANPP（gC/m^2及$\%NPP_{pot}$）、$HANPP_{harv}$（gC/m^2及%HANPP）、$HANPP_{luc}$（gC/m^2及%HANPP）等要素的年均值在“5+9+6”城市群内部的分异特征可明晰人类活动最为密集的区域的生态占用梯度特征。从全国尺度来看，我国东南部城市群HANPP（gC/m^2）明显高于西北部；从各城市群内部HANPP空间异质性来看，根据城市区域建设用地与城市周边非建设用地生态资源地均占用量的梯度特征，城市群内部HANPP呈现城区高峰型、城区低谷型、城区非城区均衡型三类。其中，京津冀城市群内部生态占用空间较为均质，人类活动虽在城市与城市周边区域的占用重心不同，但对生态资源的总体利用平衡度高，HANPP 的空间均质现象还出现在呼包鄂榆城市群、宁夏沿黄城市群与兰西城市群，以上城市群通常分布在有中等生产力的耕地、林地、草地混合斑块。长三角是典型的城区 HANPP 低谷型城市群，其中上海几乎不具备生产性土地，因此，其在长三角城市群 HANPP 分布中呈明显低谷。城区 HANPP 的低谷现象通常出现在城区被具有高生产力的耕地环绕的地区，如济南在山东半岛城市群、长春在哈长城市群中也呈现该规律。相反，珠三角的生产用地以收获量较低的林地为主，故广州、深圳的建设用地在珠三角城市群的生态占用量明显高于非城区，且其 HANPP 由城市中心向外围呈梯度递减特征。

城市群内部 $HANPP_{harv}$（gC/m^2）紧密依赖于生产用地的类型。京津冀、山东半岛、中原、哈长、辽中南等分布于东北部与北部的城市群内部，土地具有稳定的高粮食作物供应能力，其 $HANPP_{harv}$（gC/m^2）常依赖于广泛分布的同类高产作物。由于城市内部不透水面大幅剥夺了原有用地的生产能力，对于大部分城市群而言，可借助 $HANPP_{luc}$（gC/m^2）的高值区准确识别城区边界，珠三角城市群在各城市群中显示出了最高的土地利用生态占用强度。京津冀、中原、哈长、山东半岛等城市群的 HANPP（$\%NPP_{pot}$）在全国处于较高水平，其主要由耕地斑块的高生产能力决定。此外，建设用地在各城市群中的 HANPP（$\%NPP_{pot}$）普遍低于周边地区，虽然人类活动占用度并未超过生态本底的承受能力，但其主要由难以恢复的 $HANPP_{luc}$ 贡献，这是城市不再具备生产功能的体现。由于我国沿海城市具有旅游开发、航运等优势，其相较内陆城市有更高的城市化程度，因此在沿海分布的海峡西岸城市群内部人类活动生态占用主要通过 $HANPP_{luc}$（%HANPP）的高值体现；与之相反，人类在因自然环境限制无法大规模建设开发的天山北坡城市群则主要通过耕作与收获进行生态占用。

根据城市群内部所包含引领型城市的数量，可将城市群分为多核城市群、双核城市群和单核城市群（方创琳 等，2005），规模较大的多核城市群在“5 +9 +6”新格局中属于国家级城市群，双核城市群与单核城市群多属于区域级城市群或地区级城市群。为进一步明晰我国各城市群的规模、形态对其内部生态占用的影响，探究主城区与非城区之间的 HANPP 是否呈明显的梯度分异，本节从表 6 – 1 各级城市群中分别选择一个城市群作为典型案例，对其内部 6 个生态占用指标进行剖面线分析。为充分考虑城市群的等级特性与形态特性，所选案例须分别属于三核、双核、单核城市群，且分别属于国家级、区域级、地区级城市群；同时，为保证剖面线提取时能充分反映城市群核心至城市群边缘各类用地的HANPP变化，须综合考虑城市群形态的规则性，核心城市尽可能位于城市群中部。此外，为充分显示人类对不同生产用地收获占用强度，所选案例须具有分异明显且大面积分布的林地、草地、耕地。综合以上条件，本节选取的城市群案例为京津冀城市群、哈长城市群、宁夏沿黄城市群。

图6－1为典型多核、双核、单核城市群内部不同剖面线方向HANPP、$HANPP_{harv}$、$HANPP_{luc}$等6个要素的变化状况，在剖面线上以每2 km为间隔分别提取各HANPP指标数值。其中，对于具有北京、天津、石家庄三个引领型城市的京津冀城市群，所选剖面线分别为每两个城市中心的连线；对于双核的哈长城市群，第一条剖面线为哈尔滨与长春的连线，另外两条剖面线分别穿越两城市中心与第一条线垂直；对于单核的宁夏沿黄城市群，所选两条剖面线以宁夏城市中心为交叉点，分别沿南北向、东西向延伸。由图6－1（a）可知，在北京—天津城市中心连线剖面线上，$HANPP_{harv}$、$HANPP_{luc}$及HANPP在张家口到北京一带均呈波动上升趋势，在进入延庆以后$HANPP_{harv}$明显下降；在北京城区内$HANPP_{luc}$（gC/m^2及%HANPP）剖面线均出现持续性的高值平稳期（如图中箭头所示），说明自然地表向不透水面的转化具有生态占用饱和性，相应的$HANPP_{harv}$（gC/m^2及%HANPP）急剧下降，同时，市区内收获量呈现小幅波动，并非如$HANPP_{luc}$稳定在某一区间内，这是城市内部生态建设的体现。剖面线从大兴向天津延伸过程中贯穿京津冀东南部的耕地，因此，图6－1（a）中$HANPP_{harv}$达到最高值，$HANPP_{luc}$（gC/m^2及%HANPP）在天津主城区内（点序185～215）又到达另一高值平稳期，但出现带宽明显窄于北京。由此可见，结合$HANPP_{luc}$与$HANPP_{harv}$的突变特征可以准确识别建设强度较高的城市中心区域，并根据$HANPP_{luc}$平稳期持续长度可以从侧面判断城市规模。与此相应，分别绘制天津—石家庄、北京—石家庄城市中心连线HANPP变化特征，这两条剖面线均穿过了大面积耕地，故图6－1（b）、（c）中$HANPP_{harv}$（gC/m^2及%HANPP）始终为人类活动生态占用的主要途径，$HANPP_{luc}$（gC/m^2及%HANPP）仅在剖面线经过城市中心区域时得到短暂提高，且其占用量并未超过人类通过粮食收获占用的碳总量。

图6－1（d）～（f）为双核的哈长城市群HANPP及其组分剖面线变

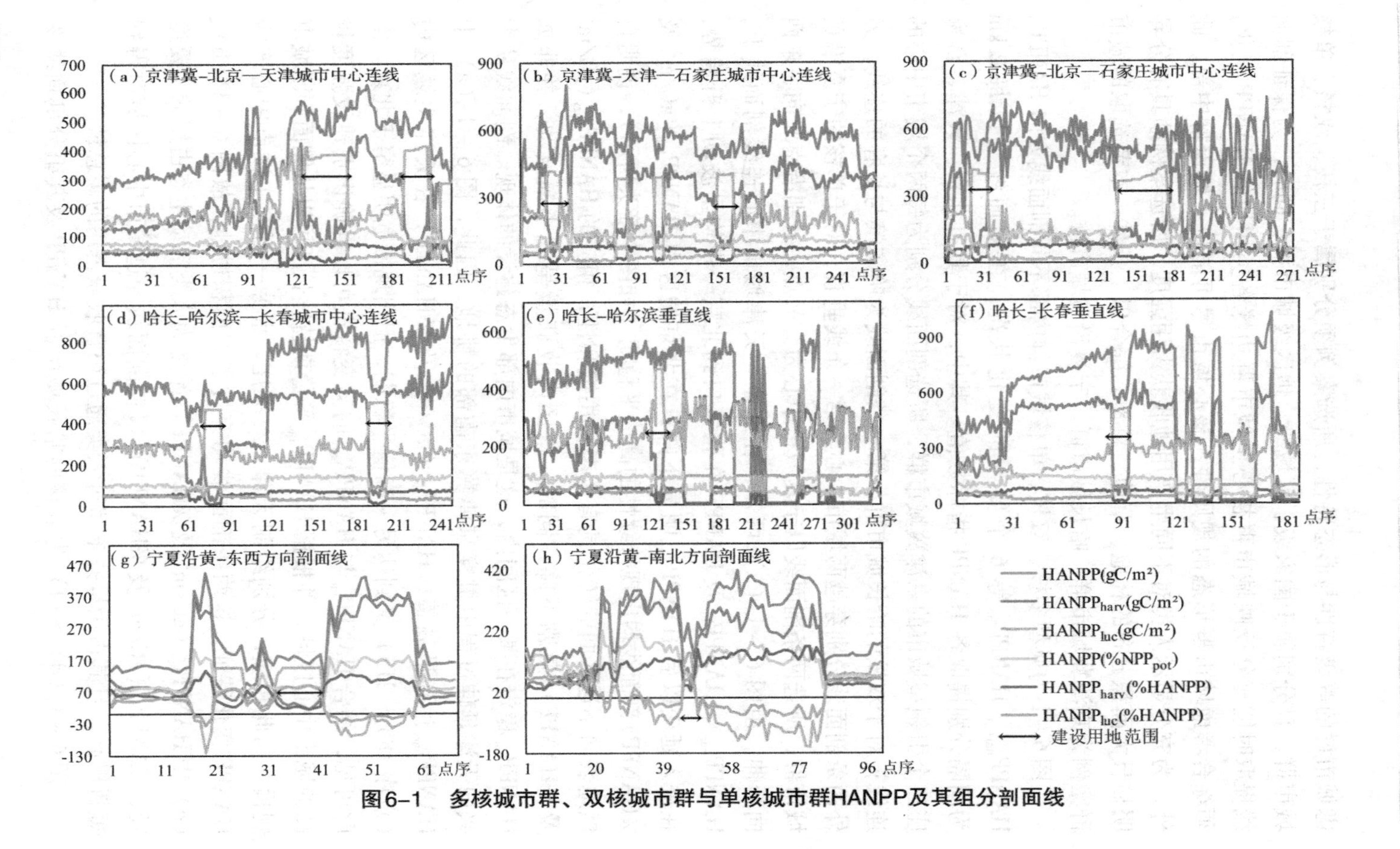

图6-1　多核城市群、双核城市群与单核城市群HANPP及其组分剖面线

化状况，相较京津冀城市群各要素复杂的变化趋势，其剖面线上生态占用的平稳性明显提高。这主要缘于京津冀城市群中除核心城市外还分布有其他中小城市，而哈长城市群内部除哈尔滨、长春外，主要用地为耕地、林地、草地等连续分布的大斑块，因此，城市区域的 HANPP 及其组分均在图中显示出显著的突变特征。此外，图 6－1(f) 中点序 30～85 区间对应吉林中部的耕地，随着采样点距离城市区域越近，其因人工管理而占用的 $HANPP_{luc}$(gC/m^2) 呈梯度上升，可以看出 $HANPP_{luc}$ 对城市土地扩张的响应相较其他要素更加敏感。综合图 6－1(a)～(d) 中 $HANPP_{luc}$(gC/m^2 及 %HANPP) 在不同规模城市中心的数值特征可以发现，同一城市群内部具有发展引领作用的核心城市 $HANPP_{luc}$ 量级差异不显著，但不同规模城市之间的 $HANPP_{luc}$ 在剖面线上量级差异明显［见图 6－1 (g)］。由此可见，单一城市 $HANPP_{luc}$ 在剖面线分析中高值平稳期的持续长度、城市之间的 $HANPP_{luc}$ 量级差异对判断城市规模有辅助作用。

不同于京津冀城市群与哈长城市群，单核的宁夏沿黄城市群剖面线上的 $HANPP_{luc}$(gC/m^2 及 %HANPP) 在部分采样范内为负值［见图 6－1 (g)、(h)］，其对应宁夏平原沿黄河水系分布的耕地斑块。宁夏沿黄城市群降水量较少，故其生态系统潜在固碳能力低于在丰富的黄河过境水量滋养与人工管理双重作用下的耕地固碳能力，大面积自流灌溉区的 $HANPP_{harv}$(gC/m^2) 超过位居其中的宁夏城区的 $HANPP_{luc}$(gC/m^2) 两倍以上，且随着与城区距离的减少，两要素在城区周边分别呈递减与递增的梯度特征。剖面线分析使不同区域、不同截面上的人类占用生态资源数量特征得以直观展现，图 6－1 中所选案例剖面线经过了不同区域大面积且连续的耕地、草地、林地、建设用地斑块，在剖面线由自然植被覆盖区向城市中心延伸的过程中，$HANPP_{luc}$ 与 $HANPP_{harv}$ 常分别呈现此消彼长的权衡关系。此种关系与土地利用类型紧密关联，且不同用地间 HANPP 及其组分的梯度特征在多核、双核、单核城市群内均具有相似的规律。值得注意的是，城市区域的建设开发使土地几乎不再具备生产功能，因此，城市中心的 $HANPP_{luc}$ 为区域内土地利用占用生态资源的最大值。同时，从图 6－1 可发现，$HANPP_{luc}$ 量级也仅达到甚至仍低于城市周边生态用地的 $HANPP_{harv}$。为满足未来人口生存与居住需求，不断扩大的城市区域必将对有限生产用地的持续性供应能力提出更高的要求，因此亟须对部分城市的无序扩张加以控制，同时守住耕地保护红线，严格保护永久基本农田。

我国“5 +9 +6”城市群格局对各城市群的规模、发展程度进行了明确的等级划分，以表6－1中的国家级、区域级、地区级城市群为分组，在图6－2中对其分级设色，由高到低统计其内部生态占用的多年平均水平，以反映HANPP及其组分是否随着城市化水平有显著的等级分异。由图6－2（a）可知，5个国家级大型城市群的HANPP(gC/m^2）平均占用水平相似，总体处于前50%的行列，其中，兼备突出的城市发展水平与广阔林地、草地、耕地斑块分布的长江中游城市群平均占用量最高，长三角城市群和珠三角城市群次之，京津冀城市群仅略高于成渝城市群。而6个地区级小型城市群生态占用量则总体较低（均处于后50%的位序中），其中，宁夏沿黄城市群与呼包鄂榆城市群虽贡献了高水平收获量的耕地，但其城市区域占用的$HANPP_{luc}$远低于大、中型城市群。除位于新疆的天山北坡城市群位于末列外，大部分区域级中型城市群的HANPP(gC/m^2）与国家级城市群同处于前50%的位序中，中原城市群、山东半岛城市群、江淮城市群因分布有高产的耕地，其生态占用量均高于所有国家级城市群。总体来看，HANPP(gC/m^2）能够较为准确地反映我国大、中、小型城市群的城市规模与城市等级的差异。

结合图6－2（b）的占用度HANPP（$\%NPP_{pot}$）分析可知，生态占用度可综合反映城市化程度与自然本底的碳积累潜力，在不同城市化水平下并未呈现显著的分级特征。国家级大型城市群虽因高度城市化有较高的生态占用量，但除图6－2（a）中位于第10位的京津冀城市群前移至第4位外，其他国家级城市群在潜在固碳量中占用比重的位序均总体后移至后50%。与之相反，地均HANPP偏低的地区级小型城市群多位于我国西部及西南地区，其自然本底与NPP_{pot}并不优越，故其HANPP（$\%NPP_{pot}$）有前移趋势，宁夏沿黄城市群因黄河流域大面积自流灌溉区的高产能力已经超越其水热条件限制，其占用度已超越京津冀并接近100%；在图6－2（a）中位于末位的天山北坡城市群也因人工管理下的耕地生产能力提高，其占用度跃升了14个位次。区域级中型城市群生态占用度并未体现出明显的聚集特征，但中原城市群与山东半岛城市群的占用度均超过了100%，仍处于全国前两位。

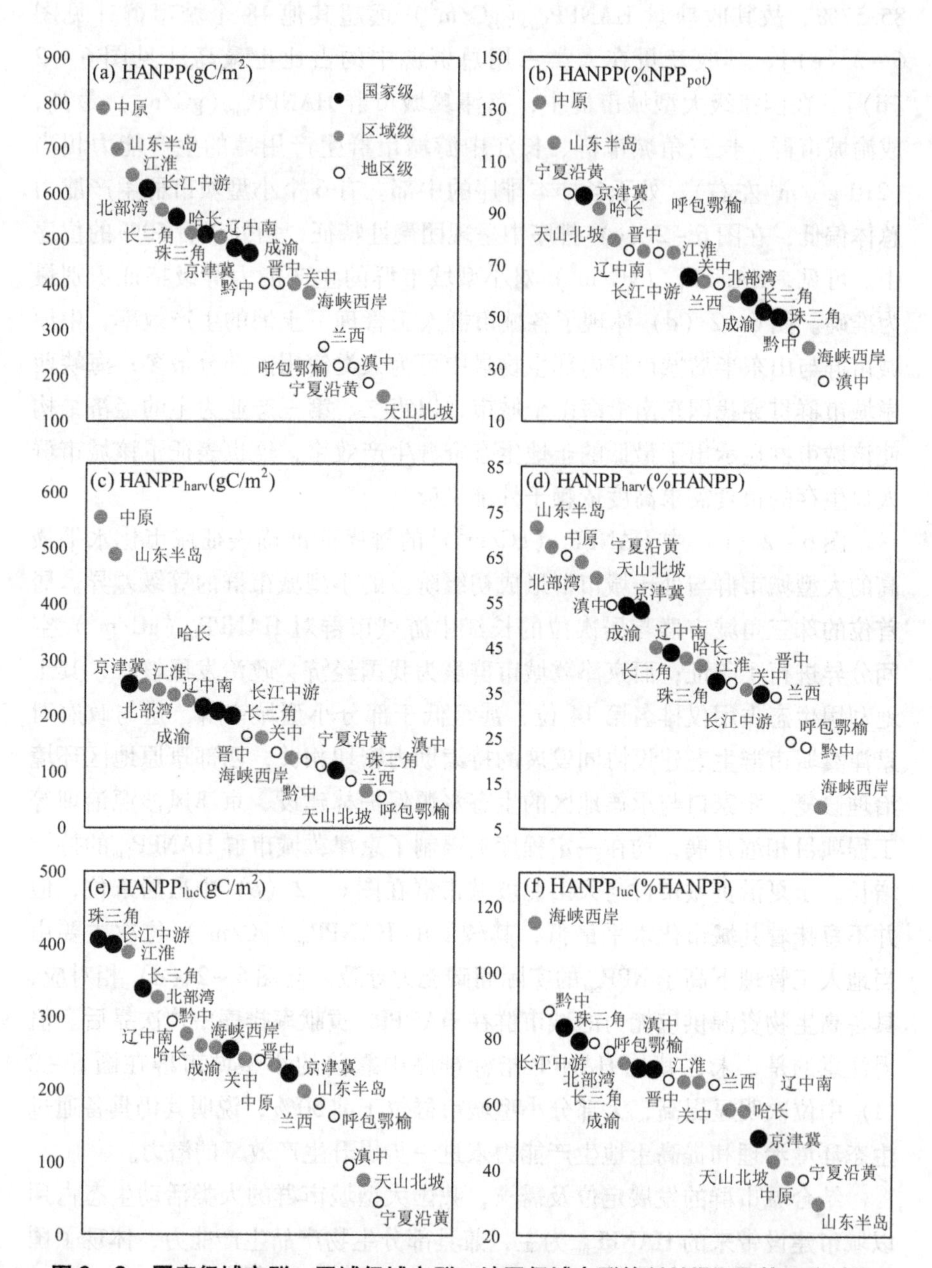

图6-2 国家级城市群、区域级城市群、地区级城市群的HANPP及其组分对比

中原城市群与山东半岛城市群的耕地面积占比分别达到51.13%与85.57%，故其收获量$HANPP_{harv}$(gC/m^2)远超其他18个城市群[见图6-2(c)]，其收获量在人类占用总资源中的占比也最高[见图6-2(d)]。在国家级大型城市群中，京津冀城市群$HANPP_{harv}$(gC/m^2)最高，成渝城市群、长三角城市群、长江中游城市群生产用地的生产能力相当(210 gC/m^2左右)，处于各样本排序的中部。有6个小型城市群生产能力总体偏低，在图6-2(c)排序中呈现团聚性特征，均处于后50%的位序中。可见，$HANPP_{harv}$(gC/m^2)对小型城市群的生产能力等级特征识别最为准确。图6-2(d)体现了各城市群人工管理下土地的生产效率，中原城市群与山东半岛城市群内部生物量中可为人类使用的部分最多；海峡西岸城市群贯穿我国东南沿海多个城市，以第二、第三产业为主的经济结构使该城市群显示出了最低的土地生态资源生产效率，这也表征了该城市群人口生存的粮食需求高度依赖于外部供应。

图6-2(e)中$HANPP_{luc}$(gC/m^2)的排序能准确表征城市化水平最高的大型城市群与处于城市群形成初级阶段的小型城市群的等级差异。居首位的珠三角城市群与居次位的长江中游城市群对$HANPP_{luc}$(gC/m^2)空间分异进行了印证；而京津冀城市群虽为我国经济、政治发展核心，其土地利用生态占用仅排名第14位，甚至低于部分小型城市群，这与政府对京津冀城市群生态建设协同发展的持续助力密切相关，西部草原地区环境治理修复、张家口与承德地区的生态水源保护林建设、京津风沙源治理等工程项目相继开展，均在一定程度上遏制了京津冀城市群$HANPP_{luc}$的持续增长。宁夏沿黄城市群与天山北坡城市群在图6-2(e)中虽居末位，但并不意味着其城市化水平最低，其较低的$HANPP_{luc}$(gC/m^2)位次主要由当地人工管理下高于NPP_{pot}的实际固碳能力导致。与图6-2(d)相对应，具备高生物资源供应能力的城市群在$HANPP_{luc}$贡献率排序中位次靠后。值得注意的是，未在其他HANPP指标排序中靠前的小型城市群在图6-2(f)中位次明显提高，大部分小型城市群位于前50%，说明其仍具备通过生态环境治理和提高土地生产能力来进一步提升生产效率的潜力。

结合城市群的发展定位及需求，我国大型城市群的人类活动生态占用以城市建设带来的$HANPP_{luc}$为主，兼具部分生物产品生产能力，体现了国家级城市群以引领经济、科技、文化发展方向为核心的定位特征。在未来发展过程中，大型城市群应将科学的城市发展规划与城市生态建设相结合，适当疏导城市人口压力、迁出部分环境污染严重的工业部门以有效控制城市建设导致的 $HANPP_{luc}$ 损失，使其发展为具有全球影响力的增长极。中型城市群地均收获量相较大型、小型城市群具有明显的优越性，其在未来发展中必将面临城市建设扩张与有限生产用地之间的冲突问题。考虑到不断增长的人口和与之伴随的粮食需求扩张，应特别加强对中型城市群生态安全与资源环境承载力的考察，保证其在提升城市功能的同时减少具有生产潜力的土地的损失，从而保证其 $HANPP_{harv}$ 对区域人口生存的支撑作用。分布于我国西部与西南山区的小型城市群城市发展所占用的 $HANPP_{luc}$ 与生产能力在全国偏低，但其对当地水热条件决定的潜在固碳能力进行了较为充分的利用。考虑到6个小型城市群目前尚处于城市群形成与发育的关键阶段，未来应继续引导、推进其城市建设，提升其经济支撑与人口吸引作用；同时，在保证已有生产用地生产能力的基础上，针对其面临的干旱、石漠化等生态环境问题，应积极推进治理工作，多措并举，从而有效提高生产用地质量并提升其单位面积 $HANPP_{harv}$。

二、城市群发育过程与HANPP变化同步性

城市群的发育过程伴随着单一城市中心的经济增长、技术发展、人口聚集与城市中心之间的连通度提高，人类活动则是该过程的主导驱动要素。因此，探究人类活动导致的生态资源占用是否与城市群发育过程存在同步性，有助于挖掘城市群扩张带来的生态压力及其变化规律，进而从碳循环与生态可持续性角度对我国城市群未来发展进行指导。本节首先选取能直观表征城市化强度与人口聚集的 DMSP-OLS 夜间灯光数据，在对其进行非稳定像元剔除与年际校正后，借助 Mann-Kendall 非参数检验方法分别探究夜间灯光与 HANPP 及其组分构成的时间变化趋势。具体而言，通过计算 Mann-Kendall 检验的正态系统变量 Z 值（魏凤英，2007），并以其在显著性水平5%下的临界值 $Z = \pm 1.96$ 将变化趋势进行以下划分：当 Z 值大于1.96时，说明有显著的上升趋势；当 Z 值小于 -1.96 时，说明有显著的下降趋势；当 Z 值在 $0 \sim 1.96$ 区间内时，表明有不显著的上升趋势；而当 Z 值在 $-1.96 \sim 0$ 区间内时，则表明有不显著的下降趋势。此外，DMSP-OLS 数据集不能完全覆盖研究时段，且其与2012年后发布的 NPP-VIIRS 月合成数据无法直接合并使用，故本节仅探究 HANPP 与夜间灯光

数据在2001—2012年的同步性变化。

表6-2统计了我国“5+9+6”城市群2001—2012年HANPP与夜间灯光数据同步性变化（同时呈增加或降低趋势）占城市群总面积的比例。从所有城市群的总体统计来看，HANPP（$\%NPP_{pot}$）与灯光的同步增加面积占比最大（36.7%），其是除研究时段内夜间灯光DN值未发生变化的区域（占比为43.5%）外的最大组分；其次是占比为36.3%的HANPP（gC/m^2），其对应斑块在我国北部各城市群分布最为广泛，说明综合刻画人类活动生态占用总量的HANPP对城市扩张与人类活动的表征能力最强，且城市化与其生态响应总体呈同步趋势；由前文可知，$HANPP_{luc}$贡献率在全国绝大部分地区逐年下降，故其与灯光的同步增长比例（17.6%）在各指标中最低。需要指出的是，基于灯光数据的城市格局变化诸多研究均建立在城市扩张的视角之下，并未考虑局部地区因产业转型、资源枯竭、人口流失而导致的小幅度城市收缩现象。但城市收缩现象已在我国初步显现（Deng et al.，2019；杜志威、李郇，2017；李郇 等，2017），因此，本节通过对夜间灯光与HANPP及其构成的共同下降斑块的提取，对局地的城市收缩及其生态响应进行空间刻画。表6-2可知，城市收缩伴随的生态资源占用下降在城市群尺度的占比均较低，除$HANPP_{luc}$（%HANPP）占比达4.7%外，其他指标均未超过3%，对应斑块在空间上均呈零散分布，说明我国城市群仍以快速扩展和生态占用增加为主导。

表6-2　我国“5+9+6”城市群HANPP与夜间灯光数据同步性面积占比

单位：%

城市群*	HANPP		$HANPP_{harv}$		$HANPP_{luc}$		HANPP%		$HANPP_{harv}$%		$HANPP_{luc}$%	
	同增	同减	同增	同减	同增	同减	同增	同减	同增	同减	同增	同减
1	62.7	0.2	33.2	1.7	59.7	0.2	64.1	0.5	23.4	1.7	47.0	0.5
2	45.2	1.8	26.1	0.9	46.6	2.1	37.8	3.0	24.4	1.0	23.8	5.7
3	46.0	2.5	41.0	2.9	52.1	0.6	43.0	2.9	10.9	3.6	44.1	1.7
4	29.8	1.6	22.9	0.6	25.1	3.3	33.6	1.0	19.1	1.5	11.7	6.3
5	32.0	1.3	24.0	0.6	33.1	1.5	33.3	1.2	17.0	1.4	14.9	6.1
6	47.4	0.4	43.7	1.0	45.0	0.7	43.5	1.3	35.9	2.7	11.9	6.8
7	77.5	1.0	78.6	0.8	42.1	5.0	76.4	1.1	53.9	1.7	26.2	6.4

续表 6-2

城市群*	HANPP		$HANPP_{harv}$		$HANPP_{luc}$		HANPP%		$HANPP_{harv}$%		$HANPP_{luc}$%	
	同增	同减	同增	同减	同增	同减	同增	同减	同增	同减	同增	同减
8	69.3	2.0	75.0	0.7	11.4	3.8	71.3	1.6	74.5	0.6	7.2	3.4
9	31.5	1.4	24.1	1.4	32.9	1.7	32.2	1.8	23.6	2.4	27.8	4.9
10	53.4	0.7	50.5	0.9	53.5	0.2	49.0	1.9	23.9	6.2	28.3	5.2
11	33.9	2.4	39.3	0.5	20.6	4.3	28.1	3.2	28.3	0.6	13.2	5.1
12	37.7	2.1	44.9	0.2	20.0	4.8	48.1	0.6	42.6	0.5	9.3	6.4
13	35.3	1.0	28.3	0.3	26.8	1.4	36.2	1.0	25.5	0.5	12.3	2.6
14	10.8	1.3	13.8	1.2	4.1	2.2	10.8	1.7	13.3	1.1	8.6	2.1
15	16.7	1.5	26.2	0.6	10.7	2.1	19.0	1.3	23.6	1.1	9.2	2.5
16	19.1	11.5	25.6	7.9	11.8	16.1	22.5	11.8	24.6	7.5	13.5	12.1
17	41.7	0.9	51.3	0.1	29.4	1.9	40.4	0.9	30.2	1.1	25.0	2.0
18	15.2	2.0	28.5	0.2	4.1	3.2	16.0	2.0	28.0	0.2	1.5	3.6
19	9.6	5.5	15.9	0.7	2.5	6.6	11.7	5.3	13.1	1.6	11.1	3.5
20	12.5	1.8	8.8	1.2	12.3	2.0	16.4	1.1	9.6	1.1	8.1	3.4
大型	39.2	1.6	28.7	1.3	38.7	1.9	39.9	1.6	17.8	1.9	24.9	4.4
中型	45.1	1.2	44.6	0.8	33.1	2.3	44.2	1.5	35.0	2.1	16.0	5.3
小型	15.5	3.4	21.8	1.5	9.5	4.5	17.9	3.2	19.7	1.7	9.2	4.1
总体	36.3	1.8	33.8	1.1	29.7	2.7	36.7	1.9	25.4	2.0	17.6	4.7

注：*城市群编号为 1. 长三角 2. 珠三角 3. 京津冀 4. 长江中游 5. 成渝 6. 哈长 7. 山东半岛 8. 中原 9. 海峡西岸 10. 辽中南 11. 关中 12. 江淮 13. 北部湾 14. 天山北坡 15. 呼包鄂榆 16. 晋中 17. 宁夏沿黄 18. 兰西 19. 滇中 20. 黔中。

从各级城市群的同步性面积占比来看，HANPP（%NPP_{pot}）、HANPP（gC/m^2）对夜间灯光表征的城市发展响应仍然最为敏感；HANPP、$HANPP_{harv}$与灯光同步增加的面积占比呈现区域级中型城市群 > 国家级大型城市群 > 地区级小型城市群的趋势，说明 2001—2012 年中型城市群是我国城市化与生态占用增加的重心。同时，研究发现，中型城市群的 $HANPP_{harv}$（gC/m^2 及 %NPP_{pot}）与灯光同步增长面积超大型城市群 15% 以上，该现象可与前文所得中型城市群在人口生存粮食供应方面的高贡献特征相互印证。而反映土地利用占用资源的 $HANPP_{luc}$ 与灯光的占比则仍以国家级大型城市群为首、地区级小型城市群为末，其中大型城市群超中型城市群不足 10%，说明大型城市群仍是我国城市建设的重心。此外，$HANPP_{luc}$ 与灯光的同步增长不显著的斑块明显偏多，说明大型城市群已经形成了较为稳定的中心城市网络与格局，加之如北京、上海、深圳、广州等城市的内部建设已接近饱和，在人口总量上限、生态控制线、城市开发边界线等诸多限制下，城市向外围空间的扩张逐步减缓，因此，大型城市群的建设以加强城市内部建设密度为主，此时 $HANPP_{luc}$ 难以再有较大变化。

从表 6－2 中各个城市群 HANPP 与夜间灯光数据同步变化的面积占比来看，占比高值仍主要为大型城市群及中型城市群。山东半岛城市群、中原城市群、长三角城市群的 HANPP（$\%NPP_{pot}$）及 HANPP(gC/m^2) 与灯光同步增加的面积均超 50%，为样本中的前三位，但三者对城市化的响应模式并不相同。其中，中原城市群 HANPP 增加主要以人工管理逐步加强下原有生产用地单位面积产量的提高为主导，其 $HANPP_{harv}$（gC/m^2）及 $HANPP_{harv}$($\%NPP_{pot}$)面积占比分别为 75.0% 及 74.5%，显示出灯光与收获量的大面积显著同步增长，而相应城市化带动的土地利用与土地覆被变化占比较小，$HANPP_{luc}$(gC/m^2) 及 $HANPP_{luc}$($\%NPP_{pot}$)同步增加占比仅分别为 11.4% 及 7.2%；山东半岛城市群则属于城市化同时带动粮食生产与城市建设总体发展的驱动模式，从同步性面积占比来看，其仍以 $HANPP_{harv}$（gC/m^2）与灯光同步显著上升为主（78.6%）、$HANPP_{luc}$(gC/m^2) 与灯光同步不显著上升为辅（42.1%）；长三角城市群为典型的城市建设驱动 $HANPP_{luc}$ 增加模式，其 $HANPP_{luc}$(gC/m^2) 及 $HANPP_{luc}$($\%NPP_{pot}$)的面积占比为所有样本中最高（分别为 59.7% 及 47.0%），且以双要素显著增加与单要素显著增加斑块为主。京津冀城市群、珠三角城市群与长三角城市群的驱动模式相似。此外，灯光与生态占用同步降低的区域也需要特别关注。在所有样本中，晋中城市群同步降低面积最大，且以灯光变暗伴随的 $HANPP_{luc}$(gC/m^2 及 %HANPP) 降低为主（分别为 16.1% 及 12.1%）。山西煤矿蕴藏丰富，晋中城市群分布有多处矿区，结合土地利用类型可知，该类斑块主要分布于临汾市中部、长治市东部、太原市西部的草地及灌木中。矿区的兴衰会直接影响人类活动与灯光变化，废弃矿区将以灯光 DN 值降低的形式直接表征，同时，随着矿区的建设、高产、衰退，植被也经历了退化与自我恢复的过程，由此引起了 $HANPP_{luc}$ 在后期的下降。同时，东北地区的城市收缩现象在我国已初见端倪（Deng et al.，2019；田苗，2018；李郁 等，2017），哈长城市群 $HANPP_{luc}$（gC/m^2）与灯光同步降低的区域主要分布于哈尔滨西南及牡丹江市辖区周边，其在辽中南城市群中主要分布于抚顺、本溪、丹东三市建设用地周边。

为进一步明晰灯光与生态占用同步性变化斑块的分异规律与显著性差异，本研究依照前文原则选取京津冀、哈长、宁夏沿黄三个城市群为各级、各形态城市群的典型案例。分析显示，典型城市群地均 HANPP 及 $HANPP_{harv}$ 与灯光同步显著增长（$P<0.05$）区域明显多于其他指标，且主要集中于各城市群的耕地斑块上，在主城区周围形成清晰的环带。其中，京津冀城市群城市化过程中经济和人口的增长伴随着对粮食需求的提升，由此带动了东南部耕地产量的总体提高，其生态占用与城市化强度明显高于中小型的哈长城市群与宁夏沿黄城市群。同时，京津冀西部的张家口部分草原地区出现了灯光与 HANPP 及 $HANPP_{harv}$ 的同步不显著下降，其主要与过度放牧、开发导致的草原退化及人类活动重心向未退化区域的迁移有关。各城市群以灯光显著增长与 $HANPP_{luc}$（gC/m^2 及 %HANPP）的非显著增长为主，说明用地类型一旦转为不透水面后，城市建设强度对 $HANPP_{luc}$ 量级难有较大影响。以不同等级城市群案例来看，城市化带来的 $HANPP_{luc}$ 仍在大、中、小型城市群中呈梯度下降。结合表 6－2 可知，生态占用度 HANPP（$\%NPP_{pot}$）对城市化的响应在哈长城市群中显著性最高。HANPP（$\%NPP_{pot}$）与灯光同步增加的面积占比也呈中型城市群＞大型城市群＞小型城市群的趋势，说明研究时段内中型城市群城市化对潜在 NPP 的占用压力逐步增强，而大型城市群的城市扩张与建设高峰早于中型城市群出现，小型城市群则尚待进一步发育。此外，生态占用在 HANPP 组分间存在重心转移，京津冀城市群与哈长城市群生态占用重心分别向 $HANPP_{luc}$ 与 $HANPP_{harv}$ 转移，而宁夏沿黄城市群在不同用地类型上二者兼有。

各城市群主城区内部灯光与生态占用同步变化的显著性程度均明显低于周边非建设用地，体现了生态地表转化为不透水面后对碳循环过程的限制，且该限制过程在不同城市群中各核心城市之间也有明显差异。在京津冀城市群中，北京城六区内部以灯光 DN 值的非显著增长与大部分生态占用指标的显著增长为主，随着 2001—2015 年北京市城市建设向外扩张与对城六区人口压力的疏解措施，生态占用与灯光从城六区外围开始呈同步显著增长趋势，其呈环状分布于海淀区西部、丰台区西部并已向大兴、通州、顺义、昌平、门头沟、房山蔓延。而天津与石家庄则以生态占用与灯光的同步不显著增长为主，说明其主城区的建设步伐在研究时段内均趋缓。北京的建设强度与随之产生的生态占用均强于其他两市。基于北京市“十三五”规划方案，疏解非首都功能区的工作已逐步推进，其能对缓解首都人口密集带来的住房、交通拥挤起到长足影响，但人口外迁造成的生态用地向不透水面的转化也会带来更高的生态占用压力，因而更需结合生态可持续性研究合理规划新区建设范围，避免大面积占用生产用地。在哈长城市群中，长春市主城区同步显著增长的斑块面积高于哈尔滨主城区，但同步不显著增长仍为二者的主要变化形式；宁夏沿黄城市群则由城区中心的同步不显著增长逐步转向城区外围的显著同步增长，说明其在研究时段内经历了较快的城市建设和较高的生态占用，产生了城市空间的扩张。

城市群发育过程的生态响应还可从建设用地空间扩张的角度进一步探究。借助 2001 年及 2015 年 MCD12Q1 土地利用数据识别研究时段内原有建设用地、新增建设用地及非建设用地范围，可以得到 HANPP 及其组分变化率与 HANPP 生态可持续性等级在各范围、各城市群中的差异统计(见图 6－3)，以识别城市群发育过程中建设用地扩张与生态占用的同步性。图 6－3（a）显示，除山东半岛城市群和中原城市群外，各城市群新增建设用地 HANPP(gC/m^2) 的变化率远高于原有建设用地，生态占用量平均以9.74 $gC/(m^2 \cdot a)$的速度增加，且大型城市群明显高于中小城市群；同时，原有建设用地因已基本完成用地类型的转化，故其 HANPP(gC/m^2)的变化率最低。对于生态占用在潜在固碳能力中的占比而言，HANPP($\%NPP_{pot}$)的变化率明显降低，且并无明显量级差异［见图 6－3（b）］。值得注意的是，各城市群原有建设用地的生态占用度变化率并未因城市群的等级、形态、发展程度有明显差异，其数值均保持在 0 值左右（平均值为 0.02 $\%NPP_{pot}/a$)。由此可以推测，即使水热条件决定了各地不同的潜在固碳能力，但当不透水面在水平方向替代了大部分生态用地后，人类活动对土地生产能力已进行了最大幅度的剥夺，此时，垂直方向的进一步城市建设将难以影响已形成的稳定 HANPP（$\%NPP_{pot}$）。该现象也出现在 $HANPP_{harv}$(gC/m^2) 及 $HANPP_{harv}$(%HANPP) 中［见图 6－3（c）、(d)］，二者在原有建设用地的平均变化率分别为0.31 $gC/(m^2 \cdot a)$与 0.02 %HANPP/a，证明了城市建设与植被碳积累的相悖关系；同时，所有城市

（a）HANPP（gC/m²）变化率

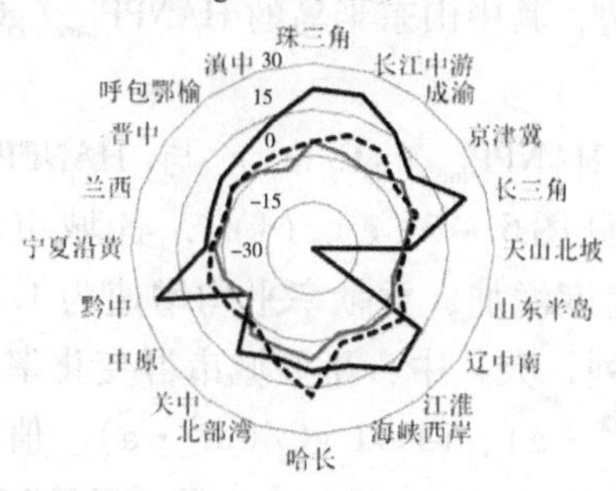

（b）HANPP（%NPP_{pot}）变化率

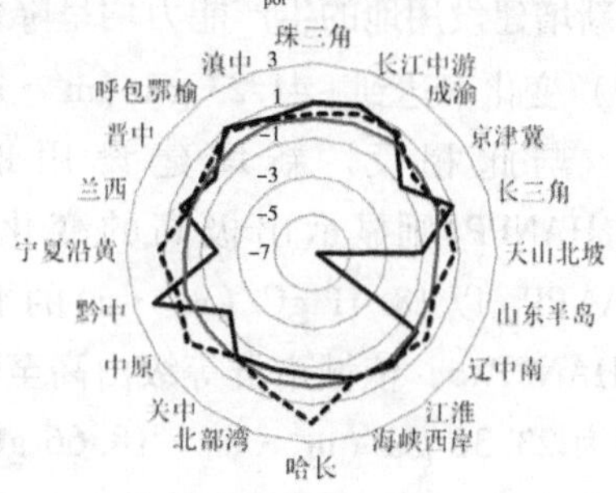

（c）$HANPP_{harv}$（gC/m²）变化率

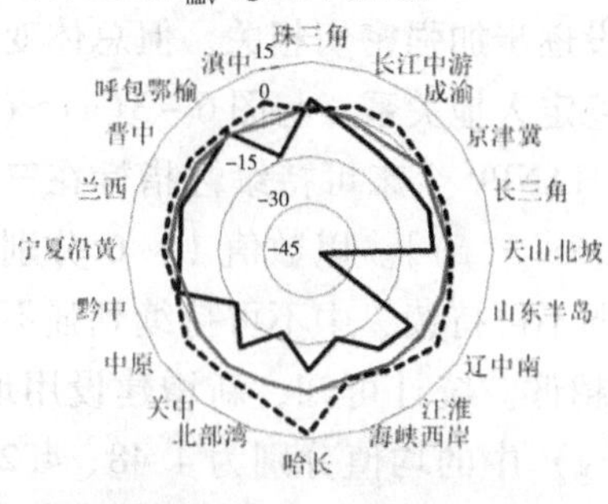

（d）$HANPP_{harv}$（%HANPP）变化率

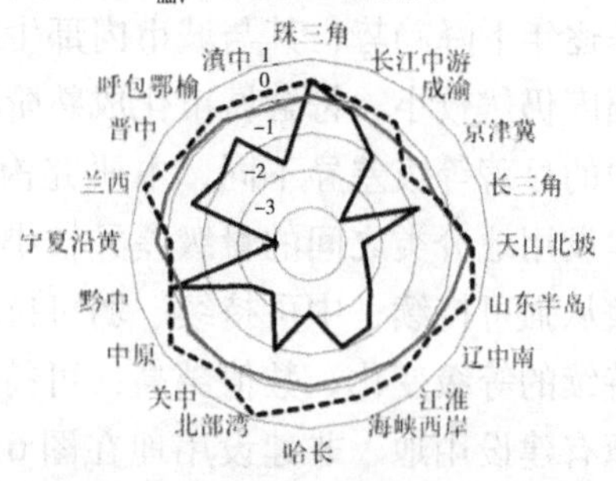

（e）$HANPP_{luc}$（gC/m²）变化率

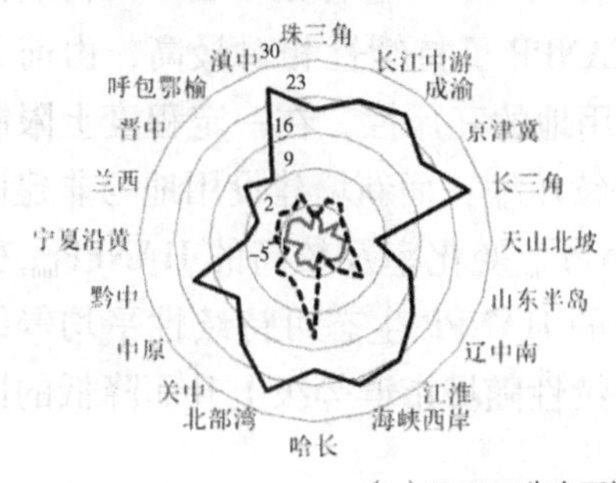

（f）$HANPP_{luc}$（%HANPP）变化率

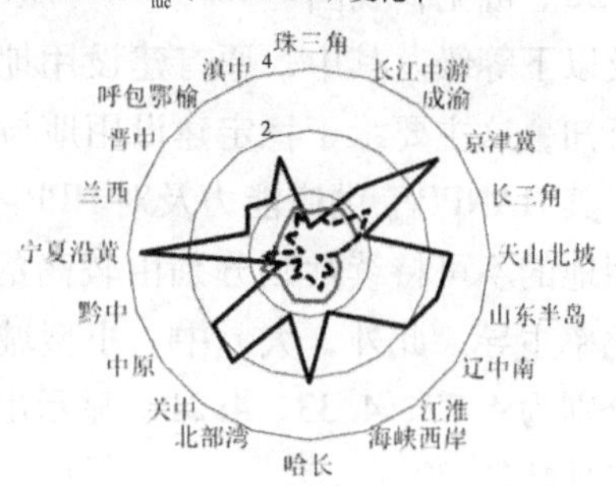

（g）HANPP生态可持续性（1～6，数值越高，可持续性越低）

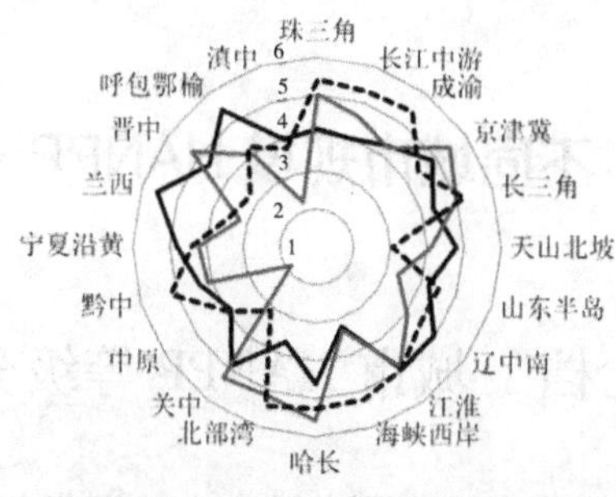

新增建设用地　原有建设用地　非建设用地

图6－3　城市群扩张对 HANPP 及其组分变化率的影响

群新增建设用地的生产能力均呈降低趋势，其中山东半岛的 $HANPP_{harv}$(gC/m^2) 变化率达到 -41.23 gC/(m^2 · a)。

与此相反，新增建设用地内 $HANPP_{luc}$ (gC/m^2) 与 $HANPP_{luc}$ (%HANPP)则显示出极高的变化率[见图6-3(e)、(f)]，各城市群 $HANPP_{luc}$以 18.41 gC/(m^2 · a)的平均速度增加，贡献率平均增速为 1.27 %HANPP/a，依城市群等级由高至低排列，大、中、小型城市群变化率分别为 23.36 gC/(m^2 · a)、18.66 gC/(m^2 · a)、13.91 gC/(m^2 · a)。值得注意的是，近五成城市群原有建设用地的 $HANPP_{luc}$(gC/m^2 及 %HANPP)呈逐年下降趋势，其与城市内部生态建设逐步加强密切相关，但总体变化幅度仍然较小，符合城市化成熟阶段的稳定人地关系。与图6-3(a)～(f)中的显著等级差异不同，本研究构建的 HANPP 生态可持续性指标在三种建设用地分类之间的量级差异较小[见图6-3(g)]。以数值 1～6 分别代表从强可持续、中可持续、弱可持续、弱不可持续、中不可持续到强不可持续的等级变化，数值越高，可持续性越低。统计可知，新增建设用地、原有建设用地、非建设用地在图6-3 (g) 中的均值分别为4.48、4.24、4.50。可见，我国“5+9+6”城市群内部 HANPP 总体处于弱不可持续性及以下等级。其中，原有建设用地的 HANPP 可持续性相对最高，由前文可知，这主要缘于稳定建设用地与生产用地的互斥性，在一定程度上限制了其 $HANPP_{harv}$供应能力及对 NPP_{eco}的持续压缩；而新增建设用地与非建设用地的不可持续性则分别由较高的 $HANPP_{luc}$变化率及较高的 $HANPP_{harv}$变化率主导。此外，大、中、小型城市群的 HANPP 生态可持续性平均等级分别为4.77、4.33、4.21，显示出可持续性随城市群等级上升而降低的同步性特征。

第二节　不同城市规模 HANPP 变化对比

一、“五类七档”城市 HANPP 等级分异

城市规模等级的划分有助于研究城市人口聚集与经济发展带来的区域人类活动加剧对生态占用的差异化影响，进而在城市规模等级视角下剖析

城市化与 HANPP 的同步性特征。基于 2014 年 11 月国务院发布的《关于调整城市规模划分标准的通知》，本节采用该标准将我国城市规模等级划分为“五类七档”，并在该标准下探究 HANPP 及其组分构成是否与城市等级呈同步分异特征。该划分标准相较 1989 年城市规划法的四级划分标准在空间口径、人口口径方面均有调整和改进，其以城区范围代替原市区范围，且以城区常住人口代替原非农户籍人口，由此得到的城市等级划分更加符合实际。具体来看，依照 2010 年人口普查数据中的城区人口规模进行划分，我国共有超大城市 3 座（人口 1000 万以上）、特大城市 9 座（人口 500 万～1000 万）、大城市 58 座（其中人口 300 万～500 万 Ⅰ 型 11 座、人口 100 万～300 万 Ⅱ 型 47 座）、中等城市 93 座（人口 50 万～100 万）、小城市 493 座（其中人口 20 万～50 万Ⅰ型 238 座、人口少于 20 万Ⅱ型 255 座）（戚伟 等，2016）。在该“五类七档”城市规模划分标准下，本节对各城市 HANPP（gC/m^2 及 $\%NPP_{pot}$）、$HANPP_{harv}$（gC/m^2 及 %HANPP）、$HANPP_{luc}$（gC/m^2 及 %HANPP）在首末年份的区域均值进行统计，以探究 HANPP 年内等级特征及该特征的年际变化。

各规模等级城市的 HANPP 及其组分在统计单元间的分异显著，且高值重心在首末年份间出现明显的位置转移。2001 年，HANPP（gC/m^2）高值集中于华北平原、长三角、珠三角地区各城市，人口稀少的西部低等级城市生态占用普遍较低；2015 年，我国东部高等级城市生态占用总体提高，且 HANPP（gC/m^2）极高值重心有向中部地区个别中等城市及小城市转移的趋势。$HANPP_{harv}$（gC/m^2）在首末年份的高值重心未见明显偏移，始终集中在华北平原的 Ⅱ 型大城市及中等城市，且超大城市和特大城市的平均收获量明显偏低。这说明人类活动与相应的 $HANPP_{harv}$ 占用均对土地利用类型和自然本底条件有极强的空间依赖性，自然本底优越及生产能力突出的土地对人类聚居与活动有着天然的吸引力，但为保护生产用地的空间完整性，生产用地覆盖率高的城市往往难以发育为特大城市或超大城市，故 $HANPP_{harv}$ 高值重心不与人类聚居重心完全吻合。与此相反，$HANPP_{luc}$ 的高值重心极大依赖于人类活动空间位置与开发强度，2001 年其极高值重心位于珠三角各等级城市，其中超大城市和特大城市的 $HANPP_{luc}$（gC/m^2）总体高于其他等级城市。随着研究时段内城市化建设加快，长江中下游平原各大城市及中等城市因土地利用改变造成的生态占用明显提高。在深圳、广州、东莞、佛山等城市快速建设的共同带动下，珠三角地区各等级城市仍保持 $HANPP_{luc}$（gC/m^2）的极高占用，同时，超大城市上海也带动了长三角地区各等级城市的 $HANPP_{luc}$ 占用。

如前文所述，人类活动在自然本底条件优越地区具有空间倾向性，但由于生产用地与建设用地的空间冲突，以及生产用地单位面积产量可借助农业技术实现对自然本底固碳限制的突破，因此，以 $HANPP_{luc}$ 占用为主要形式的超大城市和特大城市仅处于 HANPP（$\%NPP_{pot}$）中等占用程度。2001年及2015年占用度高值重心均集中于兼顾城市人口、经济发展与粮农供给的Ⅰ型大城市；同时，随着人工管理加强与农业技术提升，新疆西北部各Ⅰ型及Ⅱ型小城市在2015年 HANPP（$\%NPP_{pot}$）明显提高。各等级城市 $HANPP_{harv}$ 与 $HANPP_{luc}$ 在 HANPP 中的贡献率及其占用量呈相似空间格局，且其高值重心呈空间互补特征；前者在首尾年份的高值重心主要集中在华北平原各Ⅰ型大城市内部，后者则在超大城市和特大城市中体现出极高的 $HANPP_{luc}$ 贡献率。

为进一步量化城市内部生态占用与城市等级的同步变化特征，图6－4对各等级城市首尾年份 HANPP 指标进行了箱图分析，并以各样本组中位数的梯度特征作为识别城市化生态响应的同步性依据；同时，借助箱形图中位数线性拟合斜率与 R^2 判断同步性强度及首末年份的同步性变化。因各等级城市中的个别样本与总体的明显差异不利于梳理全国尺度同步性总体规律，故本节暂不关注上下四分位数区间以外的数值。总体来看，各生态占用指标表征城市规模等级标准下生态占用同步性特征的能力由强到弱呈现 $HANPP_{luc}$（gC/m^2）> HANPP（gC/m^2）> HANPP（$\%NPP_{pot}$）> $HANPP_{luc}$（%HANPP）> $HANPP_{harv}$（%HANPP）> $HANPP_{harv}$（gC/m^2）的规律。

由图6－4（a）、（d）可知，2001年，HANPP（gC/m^2）随城市等级由高到低呈现明显的梯度递减特征，超大城市的生态占用量中位数远超其他等级城市；2015年，中小城市的生态占用量中位数整体上升，但仍符合等级占用特征，中等城市的生态占用量中位数已接近特大城市水平，体现了在研究时段后期我国中小城市的人类活动和城市建设不断增强。总体来看，首尾年份城市化等级与 HANPP（gC/m^2）之间均符合同步性分异规律，但中位数线性拟合斜率与 R^2 显示2015年该同步性有所减弱，这从侧面反映了较低等级城市在研究时段内具有高强度的人类活动。从各等级城市样本的集中程度来看，中小城市的生态占用量总体比大城市分布更为集中，说明其生态占用水平较为均一，有11个Ⅰ型大城市分布于我国10个

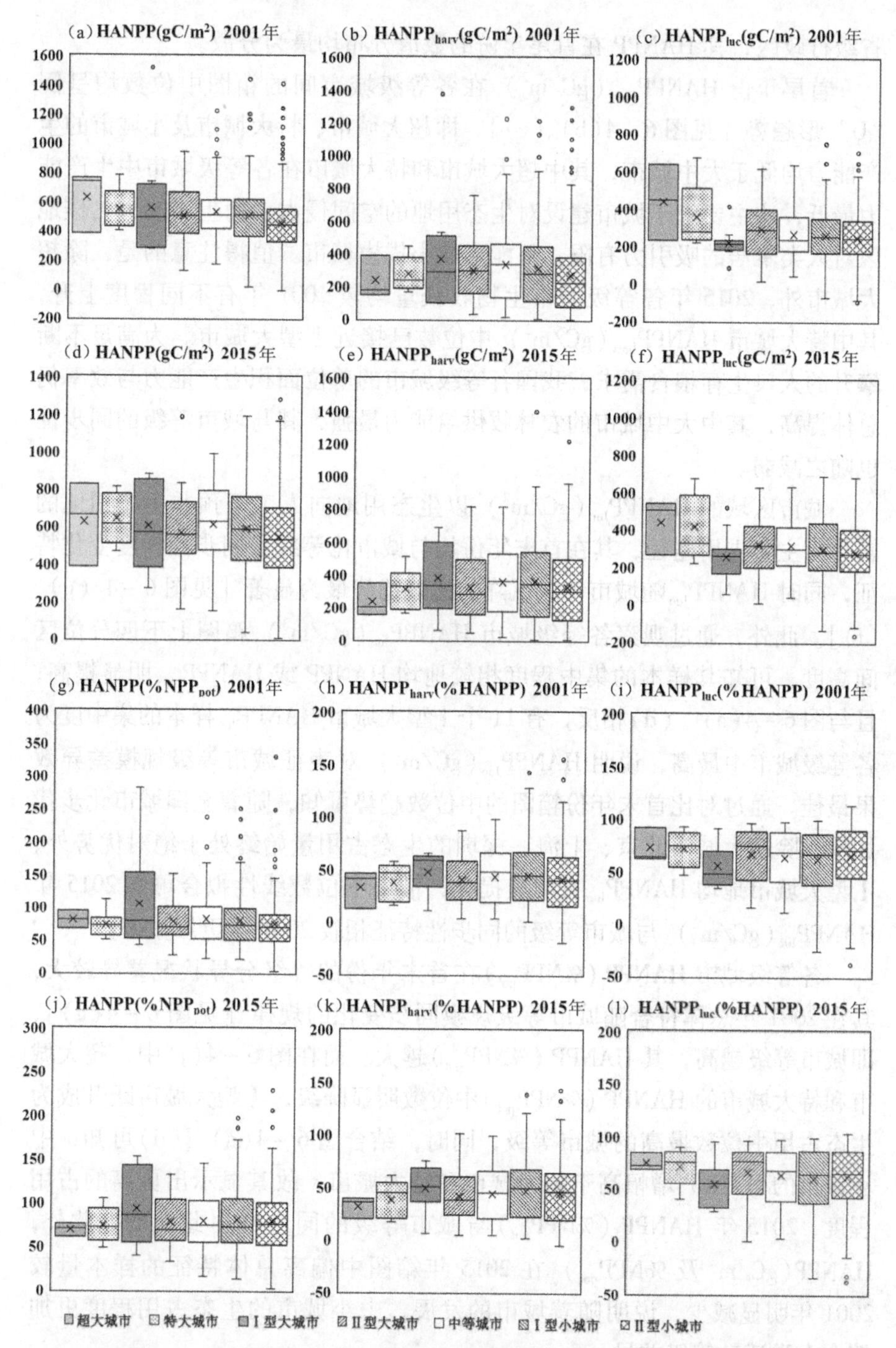

图6-4 2001年、2015年我国分等级城市HANPP及其组分对比

省级行政区，其 HANPP 在首尾年份的数值分布均最为分散。

首尾年份 $HANPP_{harv}$（gC/m^2）在各等级城市间的箱图中位数均呈倒“U”形趋势［见图 6－4(b)、(e)］，即超大城市、特大城市及小城市的生产能力均低于大中城市，其中超大城市和特大城市在各等级城市中生产能力最低，这主要缘于城市建设对生态用地的空间侵占，而生产能力欠佳地区对人类聚居的吸引力有限，只能形成小规模城市。值得注意的是，除超大城市外，2015 年各等级城市生物收获量均较 2001 年有不同程度上升，其中特大城市 $HANPP_{harv}$（gC/m^2）中位数已接近Ⅰ型大城市。为满足不断攀升的人口生存粮食需求，我国各等级城市的单位面积生产能力与效率仍总体提高，其中大中城市的农林牧供给能力最强，其与城市等级的同步性也随之减弱。

城市区域的 $HANPP_{luc}$（gC/m^2）以生态用地向人工干预非生态用地的转化为主要占用途径，其在首末年份均与城市化等级呈同步性梯度变化特征，同时 $HANPP_{luc}$ 随城市等级下降的递减趋势最为显著［见图 6－4（c）、(f)］。此外，通过观察各等级城市 $HANPP_{luc}$（gC/m^2）箱图上下四分位区间高度，可知其样本的集中程度相较地均 HANPP 或 $HANPP_{harv}$ 明显提高；且与图 6－4(a)、(d) 相反，有 11 个Ⅰ型大城市 $HANPP_{luc}$ 样本的集中度为各等级城市中最高，说明 $HANPP_{luc}$（gC/m^2）对表征城市等级规模差异效果最佳。通过对比首末年份箱图的中位数趋势可知，随着全国城市化步伐加快，除超大城市北京、上海、深圳的生态占用量始终处于绝对优势外，Ⅰ型大城市地均 $HANPP_{luc}$ 有明显提升，借助中位数线性拟合可知 2015 年 $HANPP_{luc}$（gC/m^2）与城市等级的同步性特征相较 2001 年更加显著。

各等级城市 HANPP（$\%NPP_{pot}$）在首末年份的等级分异状况差异较大，其在 2001 年总体符合随城市等级规模同步变化的规律［见图 6－4(g)］，即城市等级越高，其 HANPP（$\%NPP_{pot}$）越大。而在图 6－4(j) 中，超大城市和特大城市的 HANPP（$\%NPP_{pot}$）中位数明显降级，Ⅰ型大城市跃升成为生态占用中位数最高的城市等级，同时，结合图 6－4(a)、(d) 可知，中小城市的 HANPP 增幅高于超大城市和特大城市，故其显示出更高的占用程度，2015 年 HANPP（$\%NPP_{pot}$）与城市等级的同步性由此减弱。此外，HANPP（gC/m^2 及 $\%NPP_{pot}$）在 2015 年箱图中偏离总体特征的样本量较 2001 年明显减少，说明随着城市的发展，中小城市的生态占用程度更加符合人类活动等级差异。

与图6-4（b）、（e）趋势相似，$HANPP_{harv}$（%HANPP）也呈现随城市等级降低先增后减的倒“U”形特征，其中Ⅰ型大城市收获量占比最高[见图6-4（h）、（k）]。与此相对，其$HANPP_{luc}$贡献率则在各等级城市中最低［见图6-4（i）、（l）］，而该贡献率在特大城市的中位数由2001年的74.74%增至2015年的75.55%，始终处于各等级城市最高值，总体符合同步性规律。基于二者的互补性可知，$HANPP_{harv}$贡献率与$HANPP_{luc}$贡献率在2015年的城市等级同步性较2001年分别有所减弱和增强。除2001年Ⅰ型大城市$HANPP_{luc}$（%HANPP）中值为48.08%外，其他各等级城市首末年份中值均超过50%，说明在城市尺度聚焦城市化的生态响应问题，能够准确识别城市土地扩张过程中$HANPP_{luc}$高度占用的结构特征。

二、城市等级与HANPP变化同步性

由上文可知，各HANPP指标在单一年份呈现随我国城市等级不同程度的同步性变化特征，通过对各研究单元生态占用多年变化率的统计，可在时间变化视角下，讨论生态资源占用变化与城市等级是否存在同步性规律，从而回答“城市等级越高是否对应越快的生态占用增速”的问题。同时，基于本研究所得的HANPP生态可持续性评估结果对各等级城市的可持续性等级进行定量统计，可进一步回答“HANPP生态可持续等级是否随城市等级提高而降低”的问题。需要指出的是，由于“五类七档”城市规模划分须基于城区人口进行，而我国的人口普查仅对各地级市、县级市的城市常住人口进行统计，且本研究时段限制仅能根据2010年第六次全国人口普查数据进行城市分级，因此，本节将使用空间代时间的观点，如中小城市既可作为低城市等级研究单元，也可代表大城市的初始发展阶段。

HANPP及其组分变化率在“五类七档”城市等级间的分异较其在单一时点的分异特征有明显差异。我国东部为人口主要聚集区，各等级城市的生态占用呈逐年增加趋势，而我国西部地区人口稀少，且随着大城市就业机会增多，部分偏远城市存在人口流失现象，其生态占用有小幅下降。此外，东北地区部分Ⅰ型、Ⅱ型小城市及河北南部的部分Ⅰ型小城市呈现最快的HANPP(gC/m^2）增速，而超大城市和特大城市的生态占用增速则仅处于中等水平。从空间代时间的视角来看，中小城市处于城市化进程的加速阶段，城市建设以大面积不透水面的扩张为主要形式，而超大城市和特大城市已经

逐步进入城市化后期的稳定阶段，开始重视城市空间的人地关系协调与生态建设，故中、低等级城市的 HANPP(gC/m^2) 增速较高等级城市更快。在长时序下，区域自然本底条件相较人类活动强度变化更为稳定，故 HANPP($\%NPP_{pot}$)高值重心与占用量高值区存在较大程度的空间吻合，各等级城市内生态占用度的梯度特征也与 HANPP(gC/m^2) 相似。同时，由于我国南部水热条件总体优于北部，因此，南部各等级城市在应对相似生态占用增长速率的情况下，其对潜在固碳能力的占用程度在研究时段内变幅更小（0～1 $\%NPP_{pot}/a$）。

城市 $HANPP_{harv}$(gC/m^2) 变化率等级特征体现了区域农业发展对不断提升的人口粮食需求的响应，结合 $HANPP_{harv}$ 和 $HANPP_{luc}$ 在 HANPP 中贡献率的变化趋势，可明晰研究时段内各等级城市在发展农业生产与城市建设二者间重视程度的差异。华北平原作为我国粮食主产区，区内包含多个中小城市，其不仅在单一年份表现出高生产能力，而且在农业技术提升的帮助下逐年收获量呈攀升趋势；同时，该区各等级城市的 $HANPP_{harv}$(%HANPP) 稳步上升，说明华北平原各等级城市在城市建设的同时，大力发展农业技术以保障自身与其他城市的农业供应。与此相反，超大城市的 $HANPP_{harv}$(gC/m^2)及 $HANPP_{harv}$(%HANPP) 则多为负值，说明在研究时段内其农林牧生产能力已经逐步退化；特大城市的 $HANPP_{harv}$(gC/m^2) 及 $HANPP_{harv}$(%HANPP)略高于超大城市，但其增长率仍维持在较低水平，说明城市化会通过在空间上占用生产用地以及在人力投入上减少务农人员两种途径不断削弱区域的非城市特征。生产能力变幅较小甚至逐年减弱的我国东南沿海、西北地区的中小城市显示出高水平的 $HANPP_{luc}$ 占用与贡献增幅，与部分大城市增幅相似。值得注意的是，在研究时段内，我国东北地区有较多中小城市的城市建设与第一产业均有长足发展，其 $HANPP_{harv}$ 及 $HANPP_{luc}$ 占用量均见快速提升，但仍以收获量增长为主。此外，各等级城市 HANPP 生态可持续性呈现较为明显的集中连片的分异特征。其中，陕北、陕南及新疆北部的部分Ⅰ型小城市 HANPP 可持续性等级较高，而我国南部的各中小城市 HANPP 可持续性等级较低。

借助“五类七档”城市各生态占用指标箱图统计可进一步明晰城市规模划分标准下的 HANPP 同步性特征。与单一年份生态占用总量随城市等级降低而下降不同，Ⅰ型大城市至Ⅱ型小城市的 HANPP 变化率中位数呈现与城市等级的反向同步特征［见图 6－5（a）］，即低等级城市的生态占

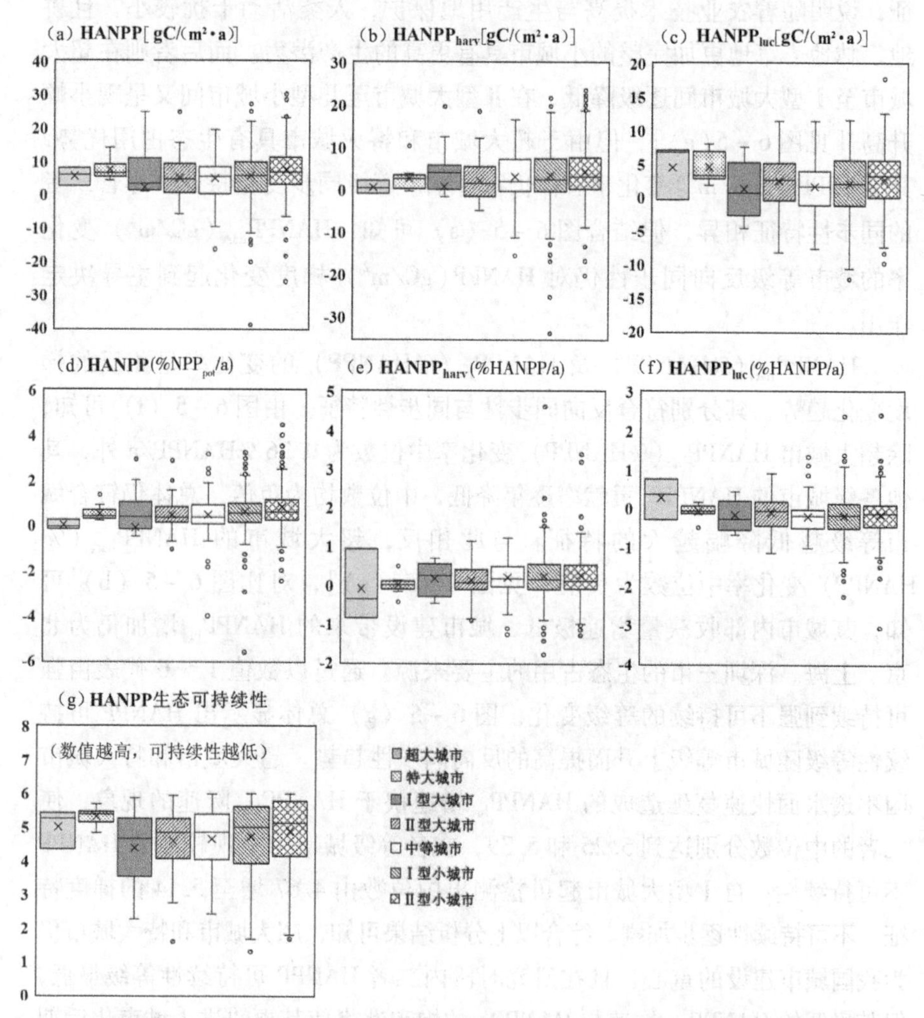

图6-5　2001—2015年我国分等级城市HANPP及其组分变化率对比

用增速更快；超大城市和特大城市的中位数虽明显高于其他等级城市，但总体仍符合反向同步特征。超大城市和特大城市的HANPP（$\%NPP_{pot}$）未见与其他等级城市的显著差异，故图6-5（d）的反向同步特征最强，其中超大城市（-0.04 $\%NPP_{pot}/a$）与Ⅱ型小城市（0.62 $\%NPP_{pot}/a$）的中位数差异最大。$HANPP_{harv}$（gC/m^2）及$HANPP_{luc}$（gC/m^2）在各等级城市间的变化率共同决定了HANPP的梯度特征。随着城市等级的降低，前者的变化率中位数呈明显的梯度上升趋势［见图6-5（b）］，符合反向同步特征，说明随着农业技术提高与生产用地保护，人类活动干扰较小，且耕地、林地、草地更加完整的小城市具有更高的生产潜力。而后者则在超大城市至Ⅰ型大城市间逐级降低，在Ⅱ型大城市至Ⅱ型小城市间又呈现小幅升高［见图6－5(c)］，但由于超大城市和特大城市具有生态占用优势，其 $HANPP_{luc}$(gC/m^2)变化率总体仍符合城市等级同步变化特征。尽管二者的同步性特征相异，但结合图6－5（a）可知，$HANPP_{harv}$(gC/m^2）变化率的城市等级反向同步性仍对 HANPP(gC/m^2）梯度变化起到主导决定作用。

$HANPP_{harv}$(%HANPP）及 $HANPP_{luc}$(%HANPP）的变化率呈相反的梯度变化趋势，其分别符合反向同步性与同步性特征。由图6－5（f）可知，除超大城市 $HANPP_{luc}$(%HANPP）变化率中位数为0.36 %HANPP/a外，其他各级城市的 $HANPP_{luc}$贡献率逐年降低，中位数均为负值，总体仍符合城市等级越低降幅越大的特征。与此相反，超大城市的 $HANPP_{harv}$(%HANPP）变化率中位数为负值［见图6－5（e)］，对比图6－5（b）可知，其城市内部收获量增速极低，城市建设带来的 $HANPP_{luc}$增加仍为北京、上海、深圳三市的生态占用的主要来源。通过以数值1～6代表由强可持续到强不可持续的等级变化，图6－5（g）总体显示出 HANPP 可持续性等级随城市等级上升而提高的反向同步性趋势。超大城市和特大城市因不透水面快速蔓延造成的 $HANPP_{luc}$增速快于 $HANPP_{harv}$降速的现象，使二者的中位数分别达到5.25和5.39，在各等级城市中呈现较高的 HANPP 不可持续性；自Ⅰ型大城市起可检测出中位数由4.67增至5.14的梯度特征，不可持续性逐步加剧。综合以上分析结果可知，超大城市和特大城市仍为我国城市建设的重心，且在研究时段内二者 HANPP 可持续性等级最低，但其极低的 $HANPP_{harv}$增速与 $HANPP_{luc}$的饱和性将使其更快进入城市化后期生态占用增速变缓的稳定阶段。与此相反，小城市的生态占用量级虽低但增速最快，其 $HANPP_{luc}$增速与中等城市相当甚至略高于中等城市，且其具有更强的 $HANPP_{harv}$生产能力。考虑到 $HANPP_{luc}$的不可更新特征，对于正处于城市建设关键阶段且具有极快扩张潜力的小城市，应对其进行科学的城市规划并重点抑制其 $HANPP_{luc}$的过快增长。

第三节 HANPP 变化与城市化脱钩评估

一、城市化与 HANPP 变化脱钩分析指标

城市化与 HANPP 之间的偏移性主要体现在 HANPP 及其组分构成与城市人口、经济为代表的指标产生脱钩现象。脱钩现象（decoupling）即所考察要素在某一时段内增长不同步的现象（Haberl et al.，2014），不同步现象越明显则脱钩越严重。此概念的提出是为了探讨环境退化与经济发展之间的关联性，现已被广泛用于社会经济发展与环境质量、碳排放、生态压力等方面的联动变化（Li et al.，2019）。在 HANPP 的已有研究中，讨论 HANPP 与城市化的脱钩现象时多采用定性分析，即通过两指标长时序变化曲线的同步或偏离状况进行简单判断，而人口及 GDP 是考察脱钩现象最常见的指标（Niedertscheider et al.，2012；Haberl et al.，2012；Krausmann et al.，2012；Zhou et al.，2018）。通过关注人口及 GDP 与 HANPP 脱钩程度的区域差异，可以进一步明晰城市化生态响应的机理与特征。为更加全面地评价城市化驱动下的 HANPP 脱钩潜力，避免定性研究中的不确定性，本节沿用表 5－1 中的指标体系对研究时段内的人口及经济城市化状况进行评价，并借助 Tapio 脱钩模型对脱钩状态进行量化。

Tapio 脱钩模型构建了变量在基期与末期之间相对变化量的关系，并消除了变量量纲不同的影响，能够对脱钩关系进行客观、准确的量化（Shang et al.，2016；Hu et al.，2017；齐绍洲 等，2015）。脱钩的弹性系数 E 为 Tapio 模型最关键的指标，其计算方法见式（6－1）。

$$E = \frac{\% \Delta HANPP}{\% \Delta Urban} = \frac{(HANPP_{末期} / HANPP_{基期} - 1)}{(Urban_{末期} / Urban_{基期} - 1)} \qquad (6-1)$$

式中，E 为 2001—2015 年 HANPP 相对于城市经济、人口指标偏移性变化的脱钩弹性值，$\% \Delta HANPP$ 和 $\% \Delta Urban$ 分别为两类指标在末期相对于基期的变化率。将 2001 年及 2015 年城市人口增长的 4 个指标（$X_1 \sim X_4$）以及城市经济发展的 6 个指标（$X_5 \sim X_{10}$）代入式（6－1）的 $\% \Delta Urban$ 变量中，并将 HANPP(gC)、HANPP(gC/m^2)、HANPP(% NPP_{pot})、$HANPP_{harv}$

(gC)、$HANPP_{harv}$ (gC/m^2)、$HANPP_{harv}$ (% HANPP)、$HANPP_{luc}$ (gC)、$HANPP_{luc}$ (gC/m^2)、$HANPP_{luc}$(% HANPP) 9 个指标代入% $\Delta HANPP$ 变量中，可以在 31 个省级行政区及全国评价单元下，对城市化驱动下的 HANPP 脱钩潜力进行评估。

此外，根据脱钩弹性值 E 的大小，可将脱钩状态划分为负脱钩、脱钩、连接三类关系。其中，负脱钩即生态占用 HANPP 在研究时段首末期的变化率始终高于城市人口、经济的变化率；脱钩则是生态占用的变化率始终低于城市人口、经济；若考察要素在研究时段内呈相似的同增或同降趋势，则属于相互连接的变化状况。根据考察要素在研究时段具体呈增长或负增长，可进一步将这三类关系细分为 8 种脱钩类型（见表 6－3）。其中，负脱钩可分为 3 种类型：扩张性负脱钩（$E>1.2$）是指生态占用量随城市人口、经济增长以更快的速度上升；强负脱钩（$E<0$）是指城市人口、经济负增长而生态占用量却逐年上升；弱负脱钩（$0\leqslant E<0.8$）是指城市人口、经济与生态占用同时处于负增长状态且生态占用降幅更小。脱钩也可分为 3 种类型：弱脱钩（$0\leqslant E<0.8$）是指城市人口、经济与生态占用均稳定增长，且生态占用增幅较低；强脱钩（$E<0$）是指城市人口、经济持续增长而生态占用则呈现负增长趋势；衰退脱钩（$E>1.2$）是指所考察要素同时呈现负增长且生态占用的负增长幅度更大。连接包括扩张性连接和衰退性连接两种类型，其 E 值均处于 0.8 和 1.2 之间，前者是指生态占用量随城市人口、经济增长以相似速度增加，后者则是二者均呈变幅相似的负增长趋势；在这两种类型中，考察的要素多呈较强的线性关系。

表 6－3　Tapio 模型 8 种脱钩类型

脱钩类型		% $\Delta HANPP$	% $\Delta Urban$	脱钩弹性系数 E
负脱钩	扩张性负脱钩	>0	>0	$E>1.2$
	强负脱钩	>0	<0	$E<0$
	弱负脱钩	<0	<0	$0\leqslant E<0.8$
脱钩	弱脱钩	>0	>0	$0\leqslant E<0.8$
	强脱钩	<0	>0	$E<0$
	衰退脱钩	<0	<0	$E>1.2$
连接	扩张性连接	>0	>0	$0.8\leqslant E<1.2$
	衰退性连接	<0	<0	$0.8\leqslant E<1.2$

二、人口及经济城市化与HANPP脱钩评估

分别计算研究时段内31个省级行政区及全国尺度HANPP及其组分构成与城市人口、经济指标的脱钩弹性值，可考察HANPP与城市化进程的偏移性特征。需要指出的是，由于Tapio模型对考察指标具有去量纲化的影响，因此，HANPP、$HANPP_{harv}$、$HANPP_{luc}$的总量（gC）与地均量（gC/m^2）将对应相同的E值，在本节结果中进行合并展示。HANPP及其组分构成由人类活动产生，因而人口数量增长、人类活动强度增加在理论上都将提高人类生态资源的占用量。

图6-6展示了全国及31个省级行政区4种城市人口增长指标（见表5-1中X_1～X_4）与HANPP脱钩类型的统计结果。HANPP(gC及gC/m^2)在我国大部分省级行政区以与城市人口增长的弱脱钩为主，且在全国尺度所有城市人口增长指标与HANPP也呈弱脱钩关系，即城市人口增速快于HANPP增速［见图6-6（a)］，符合HANPP受人口影响的原理。其中，除天津、河北、山西等11个省级行政区的全指标弱脱钩外，江苏、山东、河南等广泛分布耕地的省级行政区的城市人口密度逐年下降，其与上升的HANPP呈强负脱钩关系，说明$HANPP_{harv}$的上升是引起这些省级行政区生态占用增长的主要原因，该结论也可在图6-6（c）、(e）中对应的省级行政区得到验证。北京、广东、陕西等7个省级行政区呈现绝大部分城市人口与HANPP的强脱钩关系，说明在研究时段内虽然城市人口数量、密度、比重均有所增长且非农就业人数也有增加，但其生态占用呈小幅下降。对比图6-6（c）与图6-6(e）可知，出现强脱钩省级行政区的驱动原理有所差别，北京和广东属于城市建设削弱农林牧生产能力驱动型，而甘肃、宁夏、陕西等省级行政区则由$HANPP_{luc}$的降低驱动，出现这种情况与这些地区实施生态恢复工程有一定的关系。此外，部分高纬度省级行政区如黑龙江、吉林、内蒙古、新疆呈现更为复杂的关联特征，其中黑龙江与吉林的HANPP增速已超过人口增速。结合本书第四章第三节研究可知，可更新的$HANPP_{harv}$与不可更新的$HANPP_{luc}$在研究时段内的同步增长决定了HANPP的高增速。

(a) HANPP (gC 及 gC/m²) 人口脱钩
(b) HANPP (%NPPpot) 人口脱钩
(c) HANPPharv (gC 及 gC/m²) 人口脱钩
(d) HANPPharv (%HANPP) 人口脱钩
100%
75%
50%
25%
0
全国
北京
天津
河北
山西
内蒙古
辽宁
吉林
黑龙江
上海
江苏
浙江
安徽
福建
江西
山东
河南
湖北
湖南
广东
广西
海南
重庆
四川
贵州
云南
西藏
陕西
甘肃
青海
宁夏
新疆

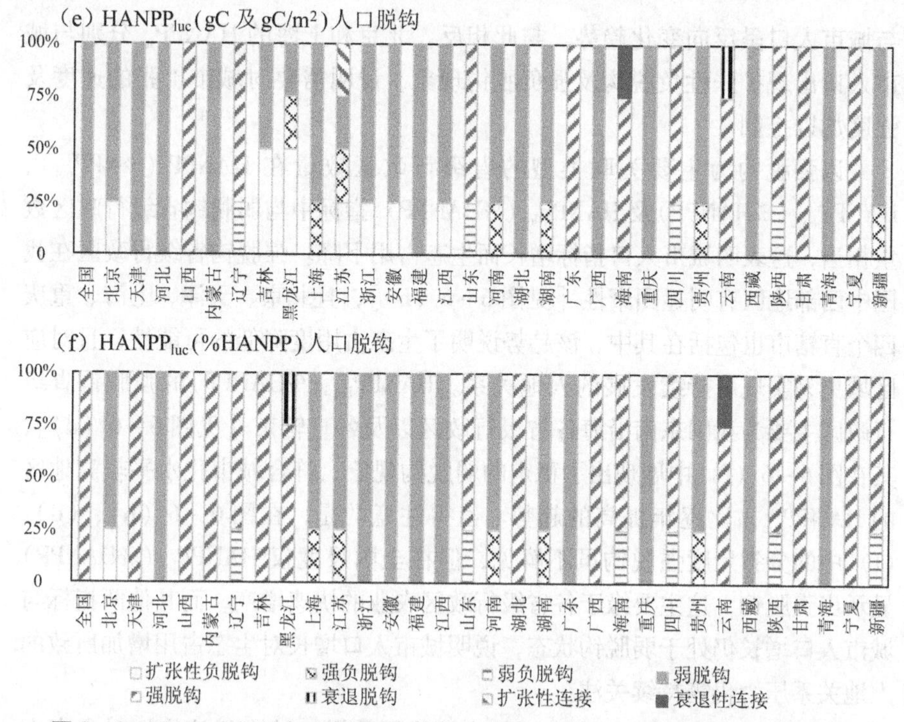

图6-6　2001—2015年全国及31个省级行政区城市人口增长与HANPP脱钩

各省级行政区的$HANPP_{harv}$(gC 及 gC/m²)、$HANPP_{luc}$(gC 及 gC/m²)对城市人口增长的响应以弱脱钩形式为主，涉及的省级行政区数量分别达到20个和18个，说明城市人口增长在导致土地利用与土地覆被变化加剧的同时，也伴随着科技进步带来的农业技术进步及耕作效率的提高，从而提升了各省级行政区的收获量。从脱钩状态的空间分异来看，图6-6（c）中，北京、上海、广东、福建、浙江、海南等城市化速度较快地区出现的强脱钩现象说明了城市扩张对生态用地的压缩将直接影响$HANPP_{harv}$的积累。东北各省级行政区$HANPP_{harv}$(gC 及 gC/m²）的增速已超过城市人口增速，同时，城市人口密度与$HANPP_{harv}$也在全国尺度表现出了扩张性负脱钩趋势，该种趋势表明单位用地面积生产能力的提升将有利于满足不断上升的人口生存粮食需求。在图6-6（e）中，$HANPP_{luc}$与城市人口的强脱钩省级行政区主要为我国西部部分省级行政区，这与在甘肃、宁夏、云南等地推行的退牧还草工程、草原生态保护工程以及在陕西实施的退耕还林工程密切相关，NPP_{act}会随着地表植被的逐步恢复而提高，故$HANPP_{luc}$

与城市人口呈反向变化趋势。与此相反，北京和上海的 $HANPP_{luc}$ 分别与城市人口出现扩张性负脱钩及强负脱钩现象，说明需要对城市扩张的速度及强度加以控制。

以强脱钩为主要关联类型的省级行政区数量在 HANPP（$\%NPP_{pot}$）、$HANPP_{harv}$（%HANPP）及 $HANPP_{luc}$（%HANPP）指标中与弱脱钩省级行政区数量相当，这表明城市人口指标增长而生态占用下降。强脱钩省级行政区在我国中西部地区有明显团聚性［见图6－6（b）］，且北京、天津、上海、重庆四个直辖市也包括在其中，该趋势说明了生态占用度降低的可能性，且对应区域更易实现可持续发展的人地关系。$HANPP_{harv}$（%HANPP）的强脱钩省级行政区主要为我国东南沿海各省级行政区以及各直辖市［见图6－6（d）］，其在图6－6（f）中展现出了稳定的弱脱钩现象，符合城市化水平较高地区的 $HANPP_{luc}$ 占比逐年提高的趋势。值得注意的是，在图6－6（b）、（d）、（f）中的分省尺度强脱钩虽不鲜见，但在全国尺度仅 $HANPP_{luc}$（%HANPP）显示出强脱钩，这主要缘于各省级行政区农业的快速增产，而其他两指标与城市人口增长仍处于弱脱钩状态，说明城市人口增长对生态占用增加所致的人地关系压力仍需持续关注。

不同于城市人口对生态占用的直接作用效果，城市经济指标对生态占用多起到间接的影响作用。本节依照相同的计算方法，对全国及31个省级行政区6种城市经济发展指标（见表5－1中 $X_5 \sim X_{10}$）与HANPP的脱钩评估结果通过图6－7进行展示。相较于城市人口，城市经济与生态占用之间的关系更加复杂。图6－7（a）中弱脱钩仍是大部分省级行政区经济指标与HANPP(gC及 gC/m^2）的主要关系，且多个省级行政区出现了第二产业比重(%）与生态占用量的扩张性负脱钩或强负脱钩关系，其中强负脱钩省级行政区主要分布在我国东北及东部沿海，而扩张性负脱钩则常见于我国中部及南部各省级行政区。图6－7（a）中各省级行政区的脱钩状态受 $HANPP_{harv}$ 与 $HANPP_{luc}$（gC及 gC/m^2）共同影响，对比图6－7（c）与图6－7（e）可知，二者在不同省级行政区的主导性有所差异。其中，福建、上海、浙江、贵州、云南、陕西、甘肃、宁夏等地的HANPP均由 $HANPP_{luc}$（gC及 gC/m^2）的脱钩形式主导，城市经济对收获量的影响较小。在图6－7（a）、（e）中，福建、上海、浙江、贵州均为弱脱钩形式，而云南、陕西、甘肃、宁夏则均为强脱钩形式。此外，山西、辽宁、山东、四川等地的城市经济与HANPP的弱脱钩状态则由 $HANPP_{harv}$（gC及 gC/m^2）决定。其余各省级行政区的脱钩状态在 $HANPP_{harv}$（gC 及 gC/m^2） 与 $HANPP_{luc}$（gC 及 gC/m^2）中呈现相似的特征。

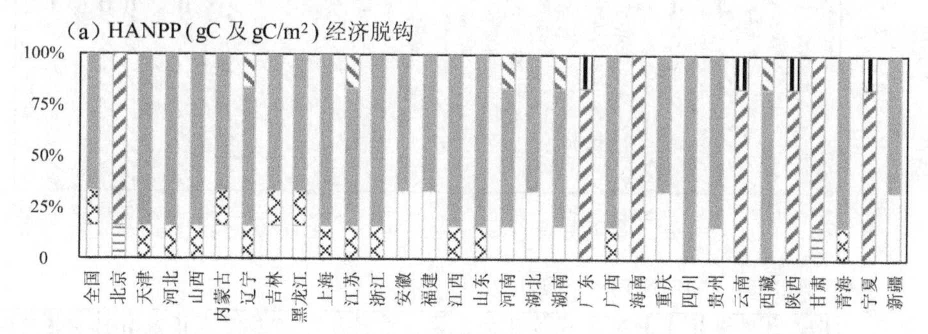

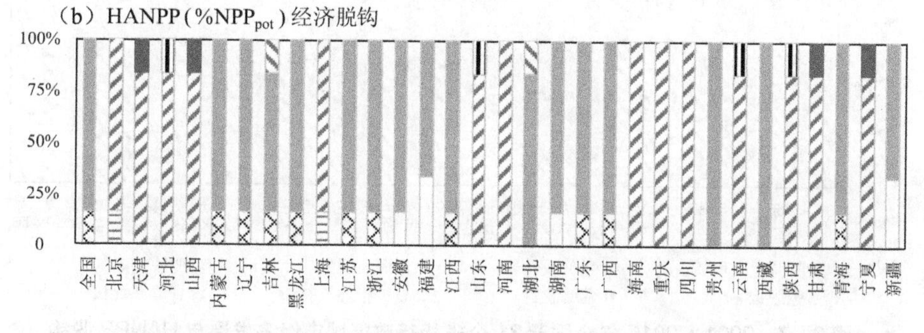

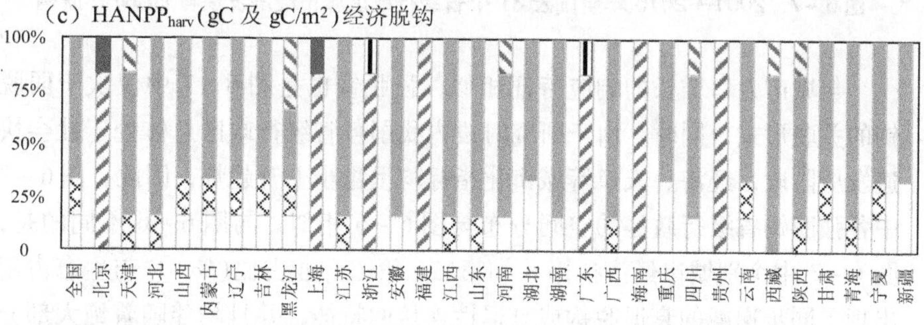

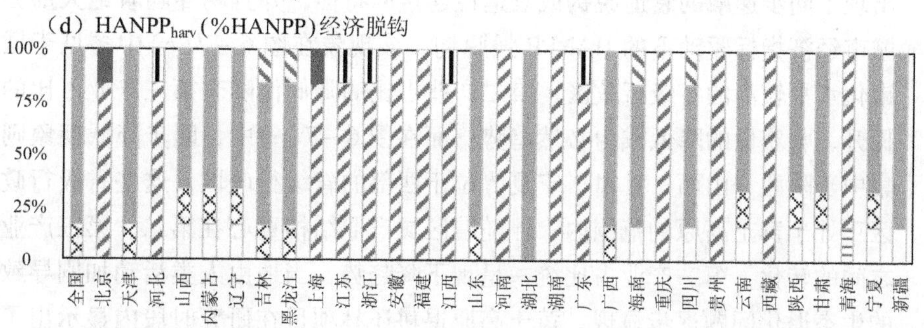

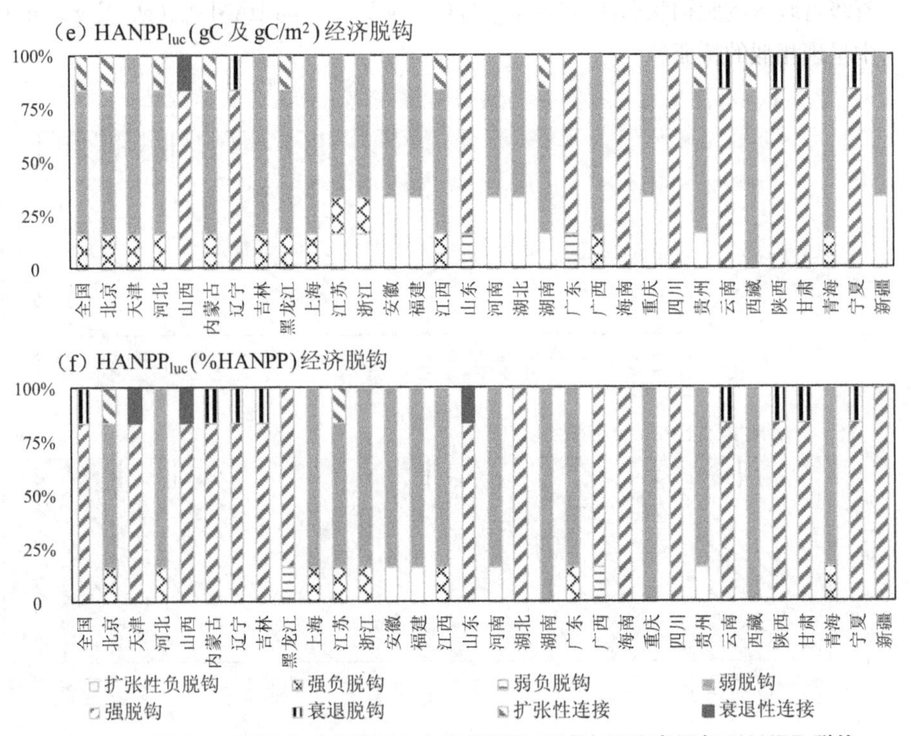

图6-7　2001—2015年全国及31个省级行政区城市经济发展与HANPP脱钩

与城市人口增长的响应特征相似，强脱钩也是图6-7中仅次于弱脱钩的关联形式，同时，由于研究时段内我国各省级行政区总体处于社会快速发展阶段，经济、人口等城市化指标均呈稳步上升趋势，因此，图6-7中各强脱钩省级行政区的空间分布与图6-6相似。与图6-6不同的是，图6-7中个别城市经济指标［如第二、第三产业占比(%)］与生态占用出现了同步递减的衰退脱钩或衰退性连接的特征，并且均伴随着绝大部分城市经济指标驱动下的HANPP强脱钩。该现象在图6-7(c)中多见于城市化水平较高的省级行政区，第二产业占比的降低伴随着第三产业占比的提升，收获量的降低成为必然趋势；而在图6-7(e)中，同步降低现象则集中于陕西、山西、甘肃、宁夏等位于西部的省级行政区，这些省级行政区正处于黄土高原的范围内，伴随着区域产业结构重心在第二、第三产业之间的转化，第一产业占比统一呈现下降趋势，当地由人类活动加剧导致的生态退化问题逐步显现，黄土高原退耕还林项目在研究时段内显示出了

NPP_{act}增加、$HANPP_{luc}$减少的明显效果。

由图6－7（b）、（d）、（f）可知，强脱钩与弱脱钩在三种百分比形式指标中出现的省级行政区数量相当。除生态占用降低的西部地区省级行政区外，位于我国中部至西南部沿线更大范围内的省级行政区的生态占用度开始逐步显示出下降趋势［见图6－7（b）］，说明这些地区在研究时段内的生态环境与自然本底固碳能力均有所提升。图6－7（d）、（f）在各省级行政区的主导脱钩类型呈互补特征，通过对比各城市经济指标的脱钩类型频次占比可发现，河南、湖南、湖北、四川、重庆、贵州、西藏、新疆等中西部地区省级行政区在图6－7（d）、（f）中分别出现了统一的弱脱钩或强脱钩特征，易在其他省级行政区出现此消彼长特征的产业结构占比统一呈上升趋势，这也预示着当地第一产业比例降低导致其生态占用重心已向$HANPP_{luc}$转移。因此，我们需要特别关注因无序、快速开发带来的生态退化。在全国尺度，城市经济指标的变化趋势可作为区域综合发展的侧面表征，除$HANPP_{luc}$（%HANPP）总体呈下降趋势故其与城市经济呈强脱钩外，HANPP及其组分仍总体遵循城市经济越发达生态占用越高的规律。

总体来看，HANPP和城市化人口、经济指标的脱钩现象同土地利用与土地覆被变化及城市发展密切相关。考察指标在图6－6与图6－7中呈扩张性连接或衰退性连接的频次很低，故HANPP及其组分与城市化驱动因子的变化趋势尚有偏差，且两指标变化趋势相反的强脱钩与强负脱钩状态频现，该种不同步现象从理论上并不符合人类活动与其所占用生态资源总量的联动关系，其主要与人类主动进行的生态恢复及农业增产密切相关（Niedertscheider et al.，2012）。针对城市化指标增长而HANPP负增长现象，我们可以从以下三个方面进行解读：首先，经历退耕还林等生态治理工程的地区将存在高HANPP的耕地向低HANPP的林地转化的现象；其次，耕地向高NPP_{act}低HANPP的保护区、公园或发展观光农业的改造现象将较为常见；最后，城市化速度较快地区生态用地被城市建设压缩，从而出现收获量及其占比下降的趋势。

此外，生态占用增速高于城市化速度主要得益于农业技术的提高。研究时段内，我国耕地、林地、草地的面积均有被不透水面压缩的风险。已有研究表明，城市化导致我国中等城市和东部较发达地区的耕地流失率最高（Huang et al.，2019）。作为对$HANPP_{harv}$贡献率最大的耕地，从粗放到集约化的农业技术提高无疑可以使土地利用效率大幅提升，从而开发有限面积生产用地的生产潜力并提高单位面积 $HANPP_{harv}$，但也由此削弱了生态占用与城市人口、经济发展的耦合关系，造成其间的脱钩关系。着力抑制现有耕地质量的下降是平衡城市化造成耕地数量损失的有效途径（Huang et al.，2019），但需要特别关注的是，农业集约化可能会带来诸如化肥使用过量带来的污染、化石燃料及碳排放增加、土壤流失、生物多样性降低等多种负面干扰。考虑到有机农业的农业减产弊端大于其环保优势（Searchinger et al.，2018），未来我国仍需继续合理推动现代农业以提高单位面积土地生产效率，并积极推广使用清洁能源或利用部分收获残余量替代薪材消耗。同时，已有研究指出，$HANPP_{harv}$ 与 NPP_{act} 具有同步变化特征（Krausmann et al.，2012）。因此，通过加强人工管理提高生产用地的 NPP_{act} 可在减少 $HANPP_{luc}$ 的同时实现粮食增产，有利于人地关系的可持续发展。

第四节　小结

本章从同步性和偏移性两个方面探究我国城市化影响下的 HANPP 变化特征，同步性研究的第一个尺度是我国“5+9+6”城市群格局。城区周边土地的生产能力直接决定了城市群内部 HANPP 的梯度特征，其可分为城区高峰型、城区低谷型、城区非城区均衡型。通过对分属不同等级的三核城市群、双核城市群、单核城市群的 HANPP 剖面线分析可知，$HANPP_{luc}$ 与 $HANPP_{harv}$ 在城区内部的剖面线具有突变性和平稳性，且根据其高值平稳期持续长度、城市间 $HANPP_{luc}$ 量级差异可从侧面判断城市规模。在剖面线由自然植被覆盖区向城市中心延伸过程中，$HANPP_{luc}$ 与 $HANPP_{harv}$ 呈现此消彼长的权衡关系，该特征在多核、双核、单核三种城市群内具有相似的规律。同时，城市内部 $HANPP_{luc}$ 量级并无明显差异，说明自然地表向不透水面的转化具有生态占用的饱和性，因此，控制城市无序扩张与提高土地生产效率应同步进行。此外，通过对“5+9+6”各城市群生态占用等级分异探究可知，HANPP（gC/m^2）能够准确反映大、中、小型城市群的规模差异。

在城市群发育过程与 HANPP 的同步性分析中，可分别借助夜间灯光数据与土地利用数据刻画我国城市扩张的生态响应。HANPP（%NPP_{pot}）与灯光的同步增加面积占比最大（36.7%），其次是占比为36.3%的HANPP（gC/m^2），城市化与其生态响应显著同步。HANPP与灯光同步增加的面积占比呈中型城市群>大型城市群>小型城市群的趋势，而$HANPP_{luc}$与灯光同步上升的占比以大型城市群为首。山东半岛城市群、中原城市群、长三角城市群的HANPP与灯光同步增加的面积最大，并对城市化具有不同的响应模式；晋中城市群同步降低面积占比最大，其与矿区的建设、生产、衰退伴随的人口聚集、疏散，以及植被退化、恢复密切相关。借助土地利用数据刻画城市扩张发现，大部分城市群新增建设用地的HANPP变化率均远高于原有建设用地，且随城市群等级同步变化。原有建设用地各生态占用指标均呈最低的变化率，该变化率并未因城市群的等级、形态、发展程度出现明显差异，证明高密度建成区对植被生产能力进行了最大程度的剥夺，且该种剥夺仅会在用地类型改变的情况下有所缓解。此外，原有建设用地因几乎不具有$HANPP_{harv}$生产功能而呈相对较高的HANPP可持续性，但各城市群均处于HANPP弱不可持续性及以下等级，且可持续性随城市群等级上升而降低。

同步性研究的第二个尺度是国务院“五类七档”分级标准下的各等级城市。研究时段内的首末年份HANPP箱图分析表明，各HANPP指标与城市等级的同步性由强到弱依次为$HANPP_{luc}$（gC/m^2）、HANPP（gC/m^2）、HANPP（%NPP_{pot}）、$HANPP_{luc}$（%HANPP）、$HANPP_{harv}$（%HANPP）、$HANPP_{harv}$（gC/m^2）。同时，在首末年份之间，$HANPP_{luc}$（gC/m^2）与$HANPP_{luc}$（%HANPP）随城市等级的同步性均有增强，而其他指标的同步性则减弱，说明$HANPP_{luc}$对城市等级分异的敏感性最强。HANPP变化率箱图分析表明，$HANPP_{luc}$（gC/m^2）及$HANPP_{luc}$（%HANPP）的变化率仍符合城市等级同步性特征，而其他指标的变化率及HANPP生态可持续性则均呈相反规律，反向同步性由强到弱依次序为HANPP（%NPP_{pot}）、$HANPP_{harv}$（%HANPP）、$HANPP_{harv}$（gC/m^2）、HANPP生态可持续性、HANPP（gC/m^2）。由此可知，超大城市和特大城市仍为我国城市建设的重心，且在研究时段内二者HANPP可持续性等级最低，但极低的$HANPP_{harv}$增速以及$HANPP_{luc}$的饱和性将使其更快进入城市化后期生态占用增速变缓的稳定阶段。与此相反，小城市生态占用量级虽低但增速最快，其$HANPP_{luc}$增速与中等城市相当甚至略高于中等城市；考虑到$HANPP_{luc}$的不可更新特征，应对扩张潜力极大的小城市进行科学的城市规划以抑制其 $HANPP_{luc}$ 过快增长。

城市化与 HANPP 之间的偏移性主要体现在 HANPP 与城市人口及经济的脱钩现象上。基于 Tapio 模型的脱钩弹性指标可知，HANPP 及其组分构成在我国大部分省级行政区与城市人口、经济发展均呈弱脱钩关系，且其在全国尺度也有相似的规律。相较于城市人口，城市经济发展与生态占用之间的脱钩关系更为复杂，各省级行政区的经济发展伴随着产业结构由农业向非农业转移，但在研究时段内大部分省级行政区的第二、第三产业发展重心有所差异，使其与生态占用呈现强负脱钩、衰退脱钩或衰退性连接的现象。表征城市人口、经济增长而生态占用下降的强脱钩省级行政区的数量仅次于弱脱钩省级行政区，出现强脱钩省级行政区的驱动原理有所差别，城市化速度较快的东部沿海省级行政区的强脱钩主要缘于其城市建设对农林牧生产能力的削弱，而甘肃、宁夏、陕西等西部地区省级行政区的强脱钩则由生态工程伴随的 $HANPP_{luc}$ 降低所驱动。值得注意的是，容易受到城市化削弱的 $HANPP_{harv}$ 在与人口、经济城市化发展的关联中，仍以同步增长的弱脱钩为主，说明现代农业技术的提高带来了土地利用效率的大幅提升，但同时需要特别关注集约化农业带来的温室气体排放量增加、化肥使用过多、生物多样性降低等环境问题。

第七章 结论与讨论

第一节 主要研究结论

面对人类活动与生态系统之间矛盾不断加剧的全球化背景，人地耦合系统是综合自然地理学的核心研究对象，借助净初级生产力的人类占用（HANPP）进行可持续发展定量评估是刻画人地关系、识别人类活动生态压力的有效途径。城市化伴随的土地利用与土地覆被变化虽然是小范围的，但其对生态资源积累与利用的影响是剧烈的、全域性的。因此，识别HANPP对城市化过程的响应特征与机理，不仅可以满足协调人地关系的客观需求，还可以为实现处于战略转型关键时期的我国城市规模有序扩张提供实践指引，为合理制定城市化方案提供决策支撑。本研究面向“城市化驱动下的人类活动生态占用变化特征与响应机理”的研究主题，立足自然地理学基本原理与研究方法，综合运用遥感与GIS技术，结合多源遥感数据与统计数据，借助HANPP核算模型、面板数据模型、地理探测器、脱钩模型及通径分析、独立样本t检验、单因素方差分析、多元线性回归等方法，重点关注同步性与偏移性，明晰2001—2015年我国HANPP的时空演变特征、HANPP的空间不均衡性以及HANPP的城市化驱动机理。主要研究结论如下。

（1）研究时段内，我国大部分地区人类活动占用的净初级生产力呈增长趋势。从空间分异来看，HANPP由我国东南向西北梯度递减，生态占用度HANPP（%NPP_{pot}）高值集中于中东部的产粮大省和部分草地退化明显、牲畜超载的西部地区，在人工管理加强与农业技术提升的共同作用下，部分产粮大省的土地生产效率明显提升并出现HANPP（%NPP_{pot}）超过100%的现象。从时间动态来看，2001—2015年我国73.8%的区域HANPP呈上升趋势，HANPP地均量（由282.31 gC/m^2升至321.06 gC/m^2）、总量（由2.26 PgC升至2.68 PgC）均增幅显著，HANPP（%NPP_{pot}）也由57.06%升至60.33%。从组分构成来看，全国范围HANPP组分贡献由高到低依次为$HANPP_{luc}$（62.34%）、$Crop_{harv}$（27.05%）、$Grazed_{harv}$（9.71%）、$Forest_{harv}$（0.90%），$HANPP_{luc}$具有NPP人类占用的正向积累与负向削减双向效应，其在HANPP组分构成中量级高但贡献率持续走低。根据全国31

个省级行政区 HANPP 组分贡献率的主导性，可划分出“土地利用主导型”“土地利用与粮食生产均衡主导型”“粮食生产主导型”“土地利用、粮食、畜牧生产均衡主导型”“畜牧生产特色型”五大类型区，其中“土地利用主导型”最为普遍，共包含 18 个省级行政区。

（2）我国 HANPP 格局与社会经济发展及人口密度基本匹配，总体符合人类资源占用倾向性，大部分地区呈 HANPP 不可持续状态。从区域发展来看，HANPP 及其组分的东西分异最显著，而南北分异则不显著，且地均生态占用指标对空间分异敏感性最强。从人口分布来看，虽然不均衡性逐年加剧，但 HANPP 分布格局与人口密度基本匹配；$HANPP_{luc}$、$HANPP_{harv}$、HANPP 的年均基尼系数分别为 0.328（相对合理）、0.210（比较平均）、0.204（比较平均），其中 $HANPP_{luc}$ 的人口分布不均衡性最明显。从自然本底约束来看，自然本底条件优越区 HANPP 相对较高，总体符合人类对优势资源的占用倾向性；HANPP 及其组分受约束由强到弱依次为 HANPP、$HANPP_{luc}$、$HANPP_{harv}$。从生态可持续性来看，有 77% 的国土面积（共 29 个省级行政区）呈 HANPP 不可持续状态，对应区域空间重心逐步南移，其中陕西为强可持续斑块的主要来源。林地、建设用地、草地、耕地的 HANPP 可持续性依次减弱，高度城市化地区 $HANPP_{harv}$ 退化压力的辐射式影响将引起周边地区 HANPP 可持续性降低。我国退耕还林、退牧还草等生态工程对 NPP_{eco} 积累的促进作用已初步显现，所涉省级行政区的 HANPP 可持续性明显增强。

（3）高程、坡度决定了 HANPP 的空间分异，城市生态建设对 HANPP 增长具有明显的抑制作用，且在研究时段内，其影响逐步增大。从时间动态来看，基于回归模型的分省尺度研究结果与基于面板数据模型的全国尺度研究结果相互印证、互为补充：$HANPP_{harv}$ 对城市化的响应在全国尺度和分省尺度均最为敏感，说明城市化对土地生产能力剥夺严重且难以恢复；城市生态建设、城市经济发展、城市土地扩张、城市人口增长对省际 HANPP 的影响依次递减，而城市人口增长在国家尺度的影响则升至第二位；人口城市化对 $HANPP_{harv}$ 呈削减作用，经济、土地城市化可显著增加 $HANPP_{luc}$。分时段面板数据模型发现，城市化对 HANPP 的影响始终以城市生态建设为主导，经历了从城市经济发展到城市人口增长、城市土地扩张为辅助影响的阶段性模式转变。同时，虽然城市生态建设对 HANPP 的遏制作用不断加强，但其仍面临着与城市土地扩张促进 $HANPP_{luc}$ 的权衡关系，说明协调城市人地关系与加强生态宜居城市建设存在难度与长期需求。从空间分异来看，基于地理探测器的研究结果显示，高程、坡度对大部分 HANPP 指标的空间格局起主导和约束作用，但高度城市化地区仍以经济区位约束为主，道路交通与河流水系的解释能力整体较弱；多因素交互作用最多可将城市化对 HANPP 影响的解释率提升 44%，高程与夜间灯光数据的组合对提高解释率最为有效。

（4）HANPP 及其组分构成与城市等级在单一时点呈同步性特征，而其多年变化率及 HANPP 生态可持续性则出现反向同步性。其中，小城市 HANPP 数量小、增速快，需高度重视其城市化生态可持续性。HANPP 与城市化的同步性可分别从空间视角和时间视角进行解读。在空间视角下，城区周边土地的生产能力直接决定 HANPP 的梯度特征，通过 $HANPP_{luc}$ 与 $HANPP_{harv}$ 在剖面线中的突变性与平稳性可准确判断城市规模，且二者量级差异表征不透水面具有生态占用饱和性，由此对控制城市无序扩张提出了更高要求。在时间视角下，城市群发育过程中 HANPP（$\%NPP_{pot}$）与灯光的同步增加面积占比最大，新增建设用地的 HANPP 及其组分变化率均远高于原有建设用地且随城市群等级同步变化；而原有建设用地的各变化率接近零值且未因城市群等级变化有明显差异，证明建设用地对土地的生产能力进行了最大程度的剥夺，该种剥夺仅会在用地类型发生改变时有所缓解。此外，原有建设用地因几乎不具有 $HANPP_{harv}$ 生产功能而呈相对较高的 HANPP 生态可持续性，但各城市群仍总体处于 HANPP 生态不可持续性状态，且不可持续程度随城市群等级的上升而加剧。

（5）城市等级与 HANPP 的联动规律体现了空间代时间的地理学思维，$HANPP_{luc}$ 无论是在单一时点还是在多年变化率方面均最符合城市等级同步性特征，其他指标变化率及 HANPP 生态可持续性则呈反向同步性。虽然超大城市和特大城市的 HANPP 生态可持续性等级最低，但其将更快进入生态占用增速变缓的稳定阶段；小城市的生态占用量低但增速快，其 $HANPP_{luc}$ 增速甚至超越中等城市，考虑到 $HANPP_{luc}$ 的不可更新特征，应特别关注小城市的城市规划的科学性以提高其生态可持续性。HANPP 与城市化的偏移性可通过二者的脱钩关系解读，HANPP 及其组分构成在大部分省级行政区与城市人口及经济发展呈弱脱钩关系，说明二者在研究时段内同步增加但城市化速度更快；出现强脱钩的省级行政区数量仅次于弱脱钩的省级行政区，二者呈城市化指标增长而生态占用下降的偏移特征，高度城市化地区与西部地区部分省级行政区的强脱钩现象主要缘于城市生态建设带来的 $HANPP_{luc}$ 降低。

第二节　创新点

本研究围绕“人地关系”这一地理学核心议题，以回答“城市化如何影响人地耦合系统生态占用过程”为出发点，探究了我国长时序 HANPP 时空演变及其不均衡特征，在可持续性科学视角下构建了 HANPP 生态可持续性评价体系，厘定了城市发展对 HANPP 的正、负向作用，解析了城市化对 HANPP 变化的驱动机理，明确了城市化与 HANPP 的同步性和偏移性特征。主要创新点如下。

（1）将解释现象与挖掘机理相结合，从城市化视角阐明了 HANPP 的演变特征及响应机理，弥补了 HANPP 与城市化关联关系的研究缺口。城市是人类活动最密集、人地关系最复杂的区域，城市化进程中的土地改造、资源消耗对 HANPP 产生极大影响，解析 HANPP 城市化响应将为实现处于战略转型关键时期的我国城市规模有序扩张提供实践指引。学界对 HANPP 驱动因素的讨论尚集中于人口和经济（Krausmann et al.，2012；Niedertscheider et al.，2012），较少讨论城市化驱动的研究存在城市化度量不全面（Teixidó-Figueras et al.，2016）、评价方法过于简单（O'Neill and Abson，2009；杨齐，2011）的问题，二者关联关系的系统化研究亟待补充。本研究将解释现象与挖掘机理相结合，从时间动态和空间分异两个角度出发，灵活运用多元线性回归、通径分析、面板数据模型、地理探测器等多种方法，全面总结了城市化对 HANPP 的驱动机理。同时，本研究聚焦城市尺度，从同步性和偏移性两个方面解析城市等级及城市扩张过程对 HANPP 的影响，实现了对驱动机理的深入理解与佐证，弥补了 HANPP 与城市化关联关系的研究缺口，丰富了我国对 HANPP 系统化研究的案例，为该领域的进一步深入探讨起到抛砖引玉的作用。

（2）通过解析 HANPP 组分在可持续性科学视角下是否可更新的差异性，构建了 HANPP 变化的生态可持续性评价体系，丰富了 HANPP 指标的内涵。当前，学界对 HANPP 及 HANPP（$\%NPP_{pot}$）处于何种等级以及其将对生态系统具有何种预警意义暂无讨论（彭建 等，2007），而这也正是 HANPP 理论研究的难点所在。可持续性科学的理论体系为我们理解这一问题提供了新的途径：判断某一时段内 HANPP 变化是否符合“满足当下”且“不威胁后代”的双重要求，依赖于对可持续性判据的准确选取及对 HANPP 组分的客观理解。本研究创新利用 $HANPP_{harv}$ 与 $HANPP_{luc}$ 在可持续性科学视角下是否可更新的差异性，以可供积累与循环的 NPP_{eco} 动态特征作为 HANPP 是否可持续的判据，以此明晰研究时段内我国 HANPP 的生态可持续等级及其产生原因，为客观理解人类活动生态干扰提供了新思路。此外，本研究还回答了“如何从可持续性科学视角理解 HANPP 组分特征”以及“HANPP 组分贡献不均衡性如何影响其生态可持续性”的问题，弥补了利用 HANPP（$\%NPP_{pot}$）单因子涨跌表征区域生态压力的片面性，并借助对分时段 HANPP 生态可持续性时空演化的考量，对我国生态工程的实施效果进行了检验。

（3）基于人类对环境优越区具有开发倾向性的假设，评估了自然本底对 HANPP 的不均衡约束作用，识别了自然本底较劣区的高生态占用度。由于人类生态占用的多寡受制于生态系统供应能力，因此，我国植被覆盖与水热条件的巨大差异是否决定生态占用的空间倾向性需要进一步加以关注。学界尚未见自然本底条件对 HANPP 不均衡约束作用的全面探索，仅有少部分研究对气温、降水、生产用地面积与 HANPP、Embodied HANPP 的相关性进行了初步讨论（Haberl et al.，2012；Teixidó-Figueras et al.，2016），生态系统在面对人类干扰时的可持续特征有待挖掘。本研究基于气候、地形、地表生产能力指标度量我国自然本底条件，并借助 SOFM 神经网络进行合理分区。同时，基于人类对环境相对优越区域具有更强的开发倾向性的理论假设，研究发现大部分 HANPP 及其组分受到自然本底条件的显著约束，而自然本底条件较劣区反而具有更高的 HANPP（$\%NPP_{pot}$），反映出我国西部地区在承受人类干扰时的脆弱性。此外，本研究还通过量化各分区内部、分区之间生态占用的变异系数，探究了同等自然本底条件是否对应相似的生态占用水平，从而回答了“自然本底条件如何约束 HANPP”的问题，为人类干扰条件下的生态脆弱区的识别提供了判断依据。

第三节　讨论与展望

本研究虽然取得了部分进展，但尚存以下问题有待进一步讨论，包括在基础数据制备中避免因模型选择带来的不确定性是 HANPP 研究的重点与难点之一；对市、县级统计资料的完整收集是提高 HANPP 时空演变模拟精度的基础；基于区域间生态资源流转数据的 HANPP 近远程耦合研究是未来值得关注的重点领域。

（1）在模型选择方面，目前关于 NPP_{pot} 的计算方法多样但尚无统一的标准，这导致 HANPP 研究成果难以进行直接对比，因而选取合理模型以降低不确定性始终是 HANPP 研究的难点之一。本研究在核算 NPP_{pot} 及 NPP_{act} 时所选模型不同，由此可能导致部分区域存在误差，而这也是目前已有研究普遍存在的问题（Chen et al.，2015a；Saikku et al.，2015；Zhang et al.，2015）。当前已有部分全球尺度的研究借助 LPJ 模型对 NPP_{pot} 和 NPP_{act} 进行同时估算（Haberl et al.，2007），但该模型 0.5°分辨率的输出结果并不利于小尺度研究，且无法满足本研究对城市区域的细致刻画，因此采用多种模型融合是全面考量研究尺度、研究目标、数据可得性的综合决策。同时，包括生物地理模型、生物地球化学模型、陆地生物物理模型等在内的学界各类已知碳循环模型均难以完全避免因数据源、参数设置、主观操作而导致的误差。尤其是在基于气象观测数据驱动的大尺度研究中，囿于站点设置的位置及密度，难以完全真实反映区域气候状况仍是当前研究的普遍阻碍（Daly et al.，2002）。未来研究可着眼于对 LPJ 模型的改进与关键因子在我国的本地化修正，以期减少数据在处理过程中的不确定性。

（2）在数据支撑方面，将 $HANPP_{harv}$ 换算为碳单位时涉及诸多转化因子，因而对因子的合理选取以及对数据的完整收集是后续研究的基础，也是本研究的难点和不确定性的来源。囿于国内本地化指标的缺乏，本研究中的含水量、收获因子（HF）、恢复率均收集自国外的研究成果。由于国内外作物种植差异，相应指标难以完全涵盖我国所有作物类型，且我国统计年鉴中未对蔬果收获量进行详细的分类，难以与转化因子对应，因此，

本研究在对 $Crop_{harv}$ 进行核算时仅选择我国广泛种植的 15 种粮食与油料、糖料作物，参考已有研究的处理方法（Chen et al.，2015a；Zhang et al.，2015），未将蔬果纳入计算。考虑到畜牧收获量与草地资源的空间对应，本研究在对 $Grazed_{harv}$ 进行核算时选取我国主要大型食草动物及其所耗饲料量，小型牲畜及家禽未纳入考虑范围。尽管这种处理方法属于结合研究区特征对相关指标的本地化处理，但在一定程度上造成了不能与已有全球研究成果进行直接对比的状况，这也为构建符合我国农林牧特征的指标体系提出了要求。此外，本研究中由藏南地区国家级地面站点缺失及青藏高原站点过少导致的模型反演误差难以避免，未来研究可借助分布更为密集的国家一般气象站数据，进一步提高基础数据精度。

（3）在研究方法方面，利用农林牧统计数据对 $HANPP_{harv}$ 进行量化是学界的普遍处理方法，对 $HANPP_{harv}$ 进行空间化是刻画 HANPP 分异特征的基础。已有研究多基于网格中各用地类型的面积比例对收获量进行空间分配（Haberl et al.，2007；Văckář and Orlitová，2011），但该方法忽略了土地生产能力的空间差异，而最大熵方法则因附加指标过多增加了操作难度（Plutzar et al.，2015）。本研究结合土地利用数据，基于 NDVI 与收获量的显著线性关系（赵文亮 等，2012）对 $HANPP_{harv}$ 进行空间分配，该方法在保证产量与用地类型准确对应的基础上，兼顾了相同用地类型生产能力的差异。精细的统计单元更有利于还原 $HANPP_{harv}$ 的实际状况，但本研究的产量数据仅来自省级统计年鉴，未来研究拟通过收集市、县级资料以对 $HANPP_{harv}$ 进行更准确的刻画。此外，相较于 $HANPP_{luc}$ 的本地依赖特征，城市地区 $HANPP_{harv}$ 供应能力退化以及人口聚集的高生存需求促使生态资源在区内、区际形成空间流转，对该种资源占用近远程耦合现象的解读也逐步成为 HANPP 研究的新领域。但 HANPP 仅可表征本地占用，近远程耦合分析需依赖与进出口密切相关的 Embodied HANPP 核算（Kastner et al.，2015）。囿于省际多类目生态资源流转数据的缺乏，本研究暂未对分省生态占用流转量进行核算，未来研究可在相关资料有效支撑的基础上，对基于 Embodied HANPP 的城市化与生态资源占用的近远程耦合现象展开进一步讨论。

参考文献

[1] 陈明星，陆大道，张华. 中国城市化水平的综合测度及其动力因子分析［J］. 地理学报，2009，64（4）：387－398.
[2] 陈明星. 城市化领域的研究进展和科学问题［J］. 地理研究，2015，34（4）：614－630.
[3] 陈强. 高级计量经济学及 Stata 应用：第 2 版［M］. 北京：高等教育出版社，2014.
[4] 党安荣，阎守邕，吴宏歧，等. 基于 GIS 的中国土地生产潜力研究［J］. 生态学报，2000，20（6）：910－915.
[5] 董璐，孙才志，邹玮，等. 水足迹视角下中国用水公平性评价及时空演变分析［J］. 资源科学，2014，36（9）：1799－1809.
[6] 董战峰，郝春旭，李红祥，等. 2018 年全球环境绩效指数报告分析［J］. 环境保护，2018，46（7）：64－69.
[7] 杜家菊，陈志伟. 使用 SPSS 线性回归实现通径分析的方法［J］. 生物学通报，2010，45（2）：4－6.
[8] 杜金燊，于德永. 气候变化和人类活动对中国北方农牧交错区草地净初级生产力的影响［J］. 北京师范大学学报（自然科学版），2018，54（3）：365－372.
[9] 杜志威，李郇. 珠三角快速城镇化地区发展的增长与收缩新现象［J］. 地理学报，2017，72（10）：1800－1811.
[10] 方创琳，宋吉涛，张蔷，等. 中国城市群结构体系的组成与空间分异格局［J］. 地理学报，2005，60（5）：827－840.
[11] 方创琳，王德利. 中国城市化发展质量的综合测度与提升路径［J］. 地理研究，2011，30（11）：1931－1946.
[12] 方创琳. 中国城市群研究取得的重要进展与未来发展方向［J］. 地理学报，2014，69（8）：1130－1144.

[13] 方创琳，周成虎，顾朝林，等. 特大城市群地区城镇化与生态环境交互耦合效应解析的理论框架及技术路径 [J]. 地理学报，2016，71 (4)：531 -550.
[14] 方创琳，王振波，马海涛. 中国城市群形成发育规律的理论认知与地理学贡献 [J]. 地理学报，2018，73 (4)：651 -665.
[15] 傅伯杰，陈利顶，马诚. 土地可持续利用评价的指标体系与方法 [J]. 自然资源学报，1997，12 (2)：112 -118.
[16] 高西宁，赵亮，尹云鹤. 气候变化背景下森林动态模拟研究综述 [J]. 地理科学进展，2014，33 (10)：1364 -1374.
[17] 侯光良，刘允芬. 我国气候生产潜力及其分区 [J]. 自然资源，1985 (3)：52 -59.
[18] 侯华丽，吴尚昆，王传君，等. 基于基尼系数的中国重要矿产资源分布不均衡性分析 [J]. 资源科学，2015，37 (5)：915 -920.
[19] 姬广兴，廖顺宝，岳艳琳，等. 不同样本尺度和分区方案的粮食产量空间化及误差修正 [J]. 农业工程学报，2015，31 (15)：272 -278.
[20] 蒋蕊竹，李秀启，朱永安，等. 基于 MODIS 黄河三角洲湿地 NPP 与 NDVI 相关性的时空变化特征 [J]. 生态学报，2011，31 (22)：6708 -6716.
[21] 李枫，蒙吉军. 黑河中游净初级生产力的人类占用时空分异 [J]. 干旱区研究，2018，35 (3)：743 -752.
[22] 李福根，辛晓洲，李小军. 地震灾区植被净初级生产力恢复效应评价 [J]. 水土保持研究，2017，24 (6)：139 -146.
[23] 李进涛，刘彦随，杨园园，等. 1985—2015 年京津冀地区城市建设用地时空演变特征及驱动因素研究 [J]. 地理研究，2018，37 (1)：37 -52.
[24] 李郇，吴康，龙瀛，等. 局部收缩：后增长时代下的城市可持续发展争鸣 [J]. 地理研究，2017，36 (10)：1997 -2016.
[25] 李永乐，吴群，舒帮荣. 城市化与城市土地利用结构的相关研究 [J]. 中国人口 · 资源与环境，2013，23 (4)：104 -110.
[26] 廖顺宝，秦耀辰. 草地理论载畜量调查数据空间化方法及应用 [J]. 地理研究，2014，33 (1)：179 -190.
[27] 廖顺宝，姬广兴，王晖，等. 粮食产量空间化中 4 种误差修正方法的

对比与分析 [J]. 中国农业资源与区划，2017，38 (8)：128 - 136.
[28] 刘国华，傅伯杰，陈利顶，等. 中国生态退化的主要类型、特征及分布 [J]. 生态学报，2000，20 (1)：13 - 19.
[29] 刘惠敏. 基于生态可持续的区域发展系统研究 [D]. 上海：同济大学经济与管理学院，2008.
[30] 刘纪远，张增祥，徐新良，等. 21 世纪初中国土地利用变化的空间格局与驱动力分析 [J]. 地理学报，2009，64 (12)：1411 - 1420.
[31] 刘瑞刚，李娜，苏宏新，等. 北京山区 3 种暖温带森林生态系统未来碳平衡的模拟与分析 [J]. 植物生态学报，2009，33 (3)：516 - 534.
[32] 刘毅. 论中国人地关系演进的新时代特征："中国人地关系研究"专辑序言 [J]. 地理研究，2018，37 (8)：1477 - 1484.
[33] 刘源. 2015 年全国草原监测报告 [J]. 中国畜牧业，2016 (6)：18 - 35.
[34] 刘忠，李保国. 基于土地利用和人口密度的中国粮食产量空间化 [J]. 农业工程学报，2012，28 (9)：1 - 8.
[35] 龙爱华，王浩，程国栋，等. 黑河流域中游地区净初级生产力的人类占用 [J]. 应用生态学报，2008，19 (4)：853 - 858.
[36] 鲁春阳，文枫，杨庆媛. 城市土地利用结构影响因素的通径分析：以重庆市为例 [J]. 地理科学，2012，32 (8)：936 - 943.
[37] 陆大道. 关于地理学的"人—地系统"理论研究 [J]. 地理研究，2002，21 (2)：135 - 145.
[38] 陆大道. 地理科学的价值与地理学者的情怀 [J]. 地理学报，2015，70 (10)：1539 - 1551.
[39] 罗慧，霍有光，胡彦华，等. 可持续发展理论综述 [J]. 西北农林科技大学学报 (社会科学版)，2004，4 (1)：35 - 38.
[40] 吕静. 陕南地区生态移民搬迁的成本研究 [D]. 西安：西北大学公共管理学院，2014.
[41] 马克明，孔红梅，关文彬，等. 生态系统健康评价：方法与方向 [J]. 生态学报，2001，21 (12)：2106 - 2116.
[42] 毛祺，彭建，刘焱序，等. 耦合 SOFM 与 SVM 的生态功能分区方法：以鄂尔多斯市为例 [J]. 地理学报，2019，74 (3)：460 - 474.

[43] 缪冬梅，刘源. 2012 年全国草原监测报告 [J]. 中国畜牧业，2013 (8)：14 - 29.
[44] 农业大词典 [M]. 北京：中国农业出版社，1998.
[45] 农业部畜牧业司，农业部草原监理中心. 农业部全国草原监测报告 [J]. 中国牧业通讯，2007 (9)：28 - 33.
[46] 潘竟虎，冯娅娅. 甘肃省潜在生态承载力估算 [J]. 生态学杂志，2017，36 (3)：800 - 808.
[47] 彭建，王军. 基于 Kohonen 神经网络的中国土地资源综合分区 [J]. 资源科学，2006，28 (1)：43 - 50.
[48] 彭建，王仰麟，吴健生. 净初级生产力的人类占用：一种衡量区域可持续发展的新方法 [J]. 自然资源学报，2007，22 (1)：153 - 158.
[49] 彭建，毛祺，杜悦悦，等. 中国自然地域分区研究前沿与挑战 [J]. 地理科学进展，2018，37 (1)：121 - 129.
[50] 彭少麟. 中国南亚热带退化生态系统的恢复及其生态效应 [J]. 应用与环境生物学报，1995，1 (4)：403 - 414.
[51] 戚伟，刘盛和，金浩然. 中国城市规模划分新标准的适用性研究 [J]. 地理科学进展，2016，35 (1)：47 - 56.
[52] 齐绍洲，林屾，王班班. 中部六省经济增长方式对区域碳排放的影响：基于 Tapio 脱钩模型、面板数据的滞后期工具变量法的研究 [J]. 中国人口·资源与环境，2015，25 (5)：59 - 66.
[53] 舒心，夏楚瑜，李艳，等. 长三角城市群碳排放与城市用地增长及形态的关系 [J]. 生态学报，2018，38 (17)：6302 - 6313.
[54] 宋世涛，魏一鸣，范英. 中国可持续发展问题的系统动力学研究进展 [J]. 中国人口·资源与环境，2004，14 (2)：42 - 48.
[55] 孙朋，巩杰，贾珍珍，等. 基于通径分析的酒金盆地绿洲化时空变化及影响因子研究 [J]. 地理科学，2016，36 (6)：902 - 909.
[56] 汤斌，王福民，周柳萍，等. 基于地级市的区域水稻遥感估产与空间化研究 [J]. 江苏农业科学，2015，43 (11)：525 - 528.
[57] 田苗. 东北地区城市收缩格局和收缩城市识别研究 [D]. 武汉：华中师范大学城市与环境科学学院，2018.
[58] 王劲峰，廖一兰，刘鑫. 空间数据分析教程 [M]. 北京：科学出版社，2010.

[59] 王劲峰，徐成东. 地理探测器：原理与展望 [J]. 地理学报，2017，72 (1)：116 - 134.
[60] 王情，岳天祥，卢毅敏，等. 中国食物供给能力分析 [J]. 地理学报，2010，65 (10)：1229 - 1240.
[61] 王如松，欧阳志云. 社会 - 经济 - 自然复合生态系统与可持续发展 [J]. 中国科学院院刊，2012，27 (3)：337 - 345.
[62] 魏凤英. 现代气候统计诊断与预测技术：第 2 版[M]. 北京：气象出版社，2007.
[63] 吴传钧. 论地理学的研究核心：人地关系地域系统 [J]. 经济地理，1991，11 (3)：1 - 6.
[64] 吴泽斌，刘卫东. 基于粮食安全的耕地保护区域经济补偿标准测算 [J]. 自然资源学报，2009，24 (12)：2076 - 2086.
[65] 邬建国，郭晓川，杨稢，等. 什么是可持续性科学？[J] 应用生态学报，2014，25 (1)：1 - 11.
[66] 武文欢，彭建，刘焱序，等. 鄂尔多斯市生态系统服务权衡与协同分析 [J]. 地理科学进展，2017，36 (12)：1571 - 1581.
[67] 刘敏，方如康. 现代地理科学词典 [M]. 北京：科学出版社，2009.
[68] 许明祥，王征，张金，等. 黄土丘陵区土壤有机碳固存对退耕还林草的时空响应 [J]. 生态学报，2012，32 (17)：5405 - 5415.
[69] 杨齐. 中小城市城市化景观格局演变及其生态学效应研究 [D]. 南京：南京大学生命科学学院，2011.
[70] 杨旭东，杨春，孟志兴. 我国草原生态保护现状、存在问题及建议 [J]. 草业科学，2016，33 (9)：1901 - 1909.
[71] 俞孔坚，李迪华，韩西丽. 论“反规划” [J]. 城市规划，2005，29 (9)：64 - 69.
[72] 苑全治，吴绍洪，戴尔阜，等. 过去 50 年气候变化下中国潜在植被 NPP 的脆弱性评价 [J]. 地理学报，2016，71 (5)：797 - 806.
[73] 张宝庆，吴普特，赵西宁. 近 30 a 黄土高原植被覆盖时空演变监测与分析 [J]. 农业工程学报，2011，27 (4)：287 - 293.
[74] 张虹波，刘黎明. 土地资源生态安全研究进展与展望 [J]. 地理科学进展，2006，25 (5)：77 - 85.
[75] 张甜，彭建，刘焱序，等. 基于植被动态的黄土高原生态地理分区

[J]. 地理研究，2015，34（9）：1643－1661.

[76] 赵卫亚，孙津，赵亚茹. 面板数据模型的类型识别检验的 EViews 实现［J］. 统计与决策，2013（7）：71－74.

[77] 赵文亮，贺振，贺俊平，等. 基于 MODIS－NDVI 的河南省冬小麦产量遥感估测［J］. 地理研究，2012，31（12）：2310－2320.

[78] 赵霞，孔垂婧，温宏坚，等. 国内外关于生态环境可持续性指标的评述［J］. 西北大学学报（哲学社会科学版），2014，44（3）：136－145.

[79] 赵志强，李双成，高阳. 基于能值改进的开放系统生态足迹模型及其应用：以深圳市为例［J］. 生态学报，2008，28（5）：2220－2231.

[80] 中国科学院可持续发展战略研究组. 2010 中国可持续发展战略报告：绿色发展与创新［M］. 北京：科学出版社，2010.

[81] 周兵兵，马群，邬建国，等. 再论可持续性科学：新形势与新机遇［J］. 应用生态学报，2019，30（1）：325－336.

[82] 周涛，王云鹏，龚健周，等. 生态足迹的模型修正与方法改进［J］. 生态学报，2015，35（14）：4592－4603.

[83] 周伟奇，王坤，虞文娟，等. 城市与区域生态关联研究进展［J］. 生态学报，2017，37（15）：5238－5245.

[84] 周一星，胡智勇. 从航空运输看中国城市体系的空间网络结构［J］. 地理研究，2002，21（3）：276－286.

[85] 周玉科，高锡章，倪希亮. 利用夜间灯光数据分析我国社会经济发展的区域不均衡特征［J］. 遥感技术与应用，2017，32（6）：1107－1113.

[86] 朱文泉，陈云浩，徐丹，等. 陆地植被净初级生产力计算模型研究进展［J］. 生态学杂志，2005，24（3）：296－300.

[87] 中华人民共和国住房和城乡建设部. 中国城市建设统计年鉴 2021［M］. 北京：中国统计出版社，2022.

[88] 生态文明建设大辞典（第二册）［M］. 南昌：江西科学技术出版社，2016.

[89] 自然资源部. 2017 年中国土地矿产海洋资源统计公报［R］. 2018.

[90] ANAND S，SEN A. Human development and economic sustainability［J］. World development，2000，28（12）：2029－2049.

[91] ANDERSEN C B，DONOVAN R，QUINN J. Human appropriation of net

primary production (HANPP) in an agriculturally-dominated watershed, Southeastern USA [J]. Land, 2015, 4 (2): 513 - 540.
[92] ANSER M K. Impact of energy consumption and human activities on carbon emissions in Pakistan: application of STIRPAT model [J]. Environmental science and pollution research, 2019, 3: 1 - 11.
[93] BARRETT C R, SALLES M. On a generalisation of the Gini coefficient [J]. Mathematical social sciences, 1995, 30 (3): 235 - 244.
[94] CHEN A, LI R, WANG H, et al. Quantitative assessment of human appropriation of aboveground net primary production in China [J]. Ecological modelling, 2015a, 312: 54 - 60.
[95] CHEN Y, WANG K, LIN Y, et al. Balancing green and grain trade [J]. Nature geoscience, 2015b, 8: 739 - 741.
[96] CHEN C, PARK T, WANG X, et al. China and India lead in greening of the world through land-use management [J]. Nature sustainability, 2019a, 2 (2): 122 - 129.
[97] CHEN T, BAO A, JIAPAER G, et al. Disentangling the relative impacts of climate change and human activities on arid and semiarid grasslands in Central Asia during 1982 - 2015 [J]. Science of the total environment, 2019b, 653: 1311 - 1325.
[98] DALY C, GIBSON W P, TAYLOR G H, et al. A knowledge-based approach to the statistical mapping of climate [J]. Climate research, 2002, 22 (2): 99 - 113.
[99] DENG T, WANG D, YANG Y, et al. Shrinking cities in growing China: did high speed rail further aggravate urban shrinkage? [J] Cities, 2019, 86: 210 - 219.
[100] DEMPSEY N, BRAMLEY G, POWER S, et al. The social dimension of sustainable development: defining urban social sustainability [J]. Sustainable development, 2011, 19 (5): 289 - 300.
[101] ERB K, KRAUSMANN F, LUCHT W, et al. Embodied HANPP: mapping the spatial disconnect between global biomass production and consumption [J]. Ecological economics, 2009, 69 (2): 328 - 334.
[102] ERB K, FETZEL T, PLUTZAR C, et al. Biomass turnover time in

terrestrial ecosystems halved by land use [J]. Nature geoscience, 2016, 9 (9): 674.
[103] ERB K, KASTNER T, PLUTZAR C, et al. Unexpectedly large impact of forest management and grazing on global vegetation biomass [J]. Nature, 2017, 553 (7686): 73 -76.
[104] ESTY D, LEVY M, SREBOTNJAK T, et al. Environmental sustainability index: benchmarking national environmental stewardship [R]. Yale Center for Environmental Law and Policy of Yale University. 2005.
[105] FANG X, ZHOU B, TU X, et al. "What kind of a science is sustainability science?" an evidence-based reexamination [J]. Sustainability, 2018, 10: 1478.
[106] FENG X, FU B, LU N, et al. How ecological restoration alters ecosystem services: an analysis of carbon sequestration in China's Loess Plateau [J]. Scientific reports, 2013, 3: 2846 -2851.
[107] FETZEL T, GRADWOHL M, ERB K. Conversion, intensification, and abandonment: a human appropriation of net primary production approach to analyze historic land-use dynamics in New Zealand 1860 - 2005 [J]. Ecological economics, 2014, 97: 201 -208.
[108] FOLKE C, BIGGS R, NORSTROM A V, et al. Social-ecological resilience and biosphere-based sustainability science [J]. Ecology and society, 2016, 21 (3): 41 -57.
[109] GINGRICH S, NIEDERTSCHEIDER M, KASTNER T, et al. Exploring long-term trends in land use change and aboveground human appropriation of net primary production in nine European countries [J]. Land use policy, 2015, 47: 426 -438.
[110] GUAN X, SHEN H, LI X, et al. A long-term and comprehensive assessment of the urbanization-induced impacts on vegetation net primary productivity [J]. Science of the total environment, 2019, 669: 342 -352.
[111] HABERL H. Human appropriation of net primary production as an environmental indicator: implications for sustainable development [J]. Ambio, 1997, 26 (3): 143 -146.
[112] HABERL H, ERB K H, KRAUSMANN F, et al. Changes in

ecosystem processes induced by land use: human appropriation of aboveground NPP and its influence on standing crop in Austria [J]. Global biogeochemical cycles, 2001, 15 (4): 929 -942.

[113] HABERL H, SCHULZ N B, PLUTZAR C, et al. Human appropriation of net primary production and species diversity in agricultural landscapes [J]. Agriculture ecosystems and environment, 2004a, 102 (2): 213 -218.

[114] HABERL H, WACKERNAGEL M, KRAUSMANN F, et al. Ecological footprints and human appropriation of net primary production: a comparison [J]. Land use policy, 2004b, 21 (3): 279 -288.

[115] HABERL H, WACKERNAGEL M, WRBKA T. Land use and sustainability indicators. An introduction [J]. Land use policy, 2004c, 21 (3): 193 -198.

[116] HABERL H, PLUTZAR C, ERB K H, et al. Human appropriation of net primary production as determinant of avifauna diversity in Austria [J]. Agriculture ecosystems and environment, 2005, 110 (3 -4): 119 -131.

[117] HABERL H, ERB K H, KRAUSMANN F, et al. Quantifying and mapping the human appropriation of net primary production in earth's terrestrial ecosystems [J]. Proceedings of the national academy of sciences of the United States of America, 2007, 104 (31): 12942 -12945.

[118] HABERL H, ERB K, KRAUSMANN F, et al. Using embodied HANPP to analyze teleconnections in the global land system: conceptual considerations [J]. Geografisk tidsskrift-danish journal of geography, 2009, 109 (2): 119 -130.

[119] HABERL H, STEINBERGER J K, PLUTZAR C, et al. Natural and socioeconomic determinants of the embodied human appropriation of net primary production and its relation to other resource use indicators [J]. Ecological indicators, 2012, 23: 222 -231.

[120] HABERL H, ERB K, KRAUSMANN F. Human appropriation of net primary production: patterns, trends, and planetary boundaries [J]. Annual review of environment and resources, 2014, 39 (1): 363 -391.

[121] HANNAH L, LOHSE D, HUTCHINSON C, et al. A preliminary inventory of human disturbance of world ecosystems [J]. Ambio. 1994, 23 (4-5): 246-250.

[122] HU J, GUI S, ZHANG W. Decoupling analysis of China's product sector output and its embodied carbon emissions-an empirical study based on non-competitive I-O and Tapio Decoupling Model [J]. Sustainability, 2017, 9 (5): 815-832.

[123] HUANG Z, DU X, CASTILLO CSZ. How does urbanization affect farmland protection? evidence from China [J]. Resources, conservation and recycling, 2019, 145: 139-147.

[124] IMHOFF M L, BOUNOUA L, RICKETTS T, et al. Global patterns in human consumption of net primary production [J]. Nature, 2004, 429 (6994): 870-873.

[125] JACKSON H, PRINCE S D. Degradation of net primary production in a semiarid rangeland [J]. Biogeosciences, 2016, 13 (16): 4721-4734.

[126] KAJIKAWA Y. Research core and framework of sustainability science [J]. Sustainability science, 2008, 3 (2): 215-239.

[127] KALY U, LINO B, HELENA M, et al. Environmental Vulnerability Index (EVI) to summarise national environmental vulnerability profiles [R]. SOPAC Technical Report. 1999.

[128] KASTNER T. Trajectories in human domination of ecosystems: Human appropriation of net primary production in the Philippines during the 20th century [J]. Ecological economics, 2009, 69 (2): 260-269.

[129] KASTNER T, ERB K, HABERL H. Global Human appropriation of net primary production for biomass consumption in the European Union, 1986-2007 [J]. Journal of industrial ecology, 2015, 19 (5): 825-836.

[130] KATES R W, CLARK W C, CORELL R, et al. Environment and development: sustainability science [J]. Science, 2001, 292: 641-642.

[131] KATES R W. What kind of a science is sustainability science? [J]. Proceedings of the national academy of sciences of the United States of America, 2011, 108: 19449-19450.

[132] KOHLHEB N, KRAUSMANN F. Land use change, biomass production and HANPP: the case of Hungary 1961 - 2005 [J]. Ecological economics, 2009, 69 (2): 292 -300.

[133] KRAUSMANN F. Land use and industrial modernization: an empirical analysis of human influence on the functioning of ecosystems in Austria 1830 - 1995 [J]. Land use policy, 2001, 18 (1): 17 -26.

[134] KRAUSMANN F, HABERL H, ERB K H, et al. What determines geographical patterns of the global human appropriation of net primary production? [J] Journal of land use science, 2009, 4 (1 -2): 15 -33.

[135] KRAUSMANN F, GINGRICH S, HABERL H, et al. Long-term trajectories of the human appropriation of net primary production: lessons from six national case studies [J]. Ecological economics, 2012, 77: 129 -138.

[136] KRAUSMANN F, ERB K, GINGRICH S, et al. Global human appropriation of net primary production doubled in the 20th century [J]. Proceedings of the national academy of sciences of the United States of America, 2013, 110 (25): 10324 - 10329.

[137] LEVIN S A, CLARK W C. Toward a science of sustainability: report from toward a science of sustainability conference [R]. Princeton: Princeton Environmental Institute, 2010.

[138] LI Y, CAI M, WU K, et al. Decoupling analysis of carbon emission from construction land in Shanghai [J]. Journal of cleaner production, 2019, 210: 25 -34.

[139] LIETH H. Evapotranspiration and primary productivity: C. W. Thornthwaite memorial model [J]. Pub in climatology, 1972, 25: 37 -46.

[140] LIN D, YU H, LIAN F, et al. Quantifying the hazardous impacts of human-induced land degradation on terrestrial ecosystems: a case study of karst areas of south China [J]. Environmental earth sciences, 2016, 75 (15): 1127 -1145.

[141] LINEHAN J R, GROSS M. Back to the future, back to basics: the social ecology of landscapes and the future of landscape planning [J]. Landscape and urban planning, 1998, 42 (2 -4): 207 -223.

[142] LORENZ M O. Methods for measuring the concentration of wealth [J]. American statistics association, 1905, 70 (9): 209 - 219.

[143] LU F, HU H, SUN W, et al. Effects of national ecological restoration projects on carbon sequestration in China from 2001 to 2010 [J]. Proceedings of the national academy of sciences, 2018, 115 (16): 4039 - 4044.

[144] MA T, ZHOU C, PEI T. Simulating and estimating tempo-spatial patterns in global human appropriation of net primary production (HANPP): a consumption-based approach [J]. Ecological indicators, 2012, 23: 660 - 667.

[145] MARULL J, TELLO E, BAGARIA G, et al. Exploring the links between social metabolism and biodiversity distribution across landscape gradients: a regional-scale contribution to the land-sharing versus land-sparing debate [J]. Science of the total environment, 2018, 619 - 620: 1272 - 1285.

[146] MORSE S, FRASER E. Making 'dirty' nations look clean? The nation state and the problem of selecting and weighting indices as tools for measuring progress towards sustainability [J]. Geoforum, 2005, 36 (5): 625 - 640.

[147] MUNDLAK Y. Empirical production function free of management bias [J]. Journal of farm economics, 1961, 43 (1): 44 - 56.

[148] MUSEL A. Human appropriation of net primary production in the United Kingdom, 1800 - 2000 Changes in society's impact on ecological energy flows during the agrarian-industrial transition [J]. Ecological economics, 2009, 69 (2): 270 - 281.

[149] NICCOLUCCI V, GALLI A, REED A, et al. Towards a 3D national ecological footprint geography [J]. Ecological modelling, 2011, 222 (16): 2939 - 2944.

[150] NIEDERTSCHEIDER M, GINGRICH S, ERB K. Changes in land use in South Africa between 1961 and 2006: an integrated socio-ecological analysis based on the human appropriation of net primary production framework [J]. Regional environmental change, 2012, 12 (4):

715 - 727.
[151] NIEDERTSCHEIDER M, KUEMMERLE T, MUELLER D, et al. Exploring the effects of drastic institutional and socio-economic changes on land system dynamics in Germany between 1883 and 2007 [J]. Global environmental change-Human and policy dimensions, 2014, 28: 98 - 108.
[152] NIEDERTSCHEIDER M, ERB K. Land system change in Italy from 1884 to 2007: analysing the North-South divergence on the basis of an integrated indicator framework [J]. Land use policy, 2014, 39: 366 - 375.
[153] OECD. Indicators to measure decoupling of environmental pressures from economic growth [R]. OECD, 2002.
[154] O'NEILL D W, TYEDMERS P H, BEAZLEY K F. Human appropriation of net primary production (HANPP) in Nova Scotia, Canada [J]. Regional environmental change, 2007, 7 (1): 1 - 14.
[155] O'NEILL D W, ABSON D J. To settle or protect? a global analysis of net primary production in parks and urban areas [J]. Ecological economics, 2009, 69 (2): 319 - 327.
[156] PAN Y, YU C, ZHANG X, et al. A modified framework for the regional assessment of climate and human impacts on net primary productivity [J]. Ecological indicators, 2016, 60: 184 - 191.
[157] PRASAD V K, BADARINTH K V S. Land use changes and trends in human appropriation of above ground net primary production (HANPP) in India (1961 - 1998) [J]. The geographical journal, 2004, 170 (1): 51 - 63.
[158] RAZALI S M, MARIN ATUCHA A A, NURUDDIN A A, et al. Mapping human impact on net primary productivity using MODIS data for better policy making [J]. Applied spatial analysis and policy, 2016, 9 (3): 389 - 411.
[159] SAIKKU L, MATTILA T, AKUJÄRVI A, et al. Human appropriation of net primary production in Finland during 1990 - 2010 [J]. Biomass and bioenergy, 2015, 83: 559 - 567.
[160] SAMUEL-JOHNSON K, ESTY D C. Pilot Environmental Sustainability Index Report: world Economic Forum: Annual Meeting [R]. Davos,

Switzerland, 2000.

[161] SANDERSON E W, JAITEH M, LEVY M A, et al. The human footprint and the last of the wild [J]. Bioscience, 2002, 52 (10): 891-904.

[162] SCHWARZLMÜLLER E. Human appropriation of net primary production (HANPP) in Spain, 1955-2003: a socio-ecological analysis [R]. Social ecology working paper 99, 2008.

[163] SCHWARZLMUELLER E. Human appropriation of aboveground net primary production in Spain, 1955-2003: an empirical analysis of the industrialization of land use [J]. Ecological economics, 2009, 69 (2): 282-291.

[164] SEARCHINGER T D, WIRSENIUS S, BERINGER T, et al. Assessing the efficiency of changes in land use for mitigating climate change [J]. Nature, 2018, 564: 249-253.

[165] SHANG W, PEI G, WALSH C, et al. Have market-oriented reforms decoupled China's CO_2 emissions from total electricity generation? an empirical analysis [J]. Sustainability, 2016, 8 (5): 468-480.

[166] SHRIVASTAVA P. The role of corporations in achieving ecological sustainability [J]. Academy of management review, 1995, 20 (4): 936-960.

[167] SICHE J R, AGOSTINHO F, ORTEGA E, et al. Sustainability of nations by indices: comparative study between environmental sustainability index, ecological footprint and the emergy performance indices [J]. Ecological economics, 2008, 66 (4): 628-637.

[168] SMITH B, PRENTICE I C, SYKES M T. Representation of vegetation dynamics in the modelling of terrestrial ecosystems: comparing two contrasting approaches within European climate space [J]. Global ecology and biogeography, 2001, 10 (6): 621-637.

[169] SPANGENBERG, J H. Sustainability science: a review, an analysis and some empirical lessons [J]. Environmental conservation, 2011, 38 (3): 275-287.

[170] SUTTON P C, ANDERSON S J, COSTANZA R, et al. The ecological

economics of land degradation: impacts on ecosystem service values [J]. Ecological economics, 2016, 129: 182 – 192.

[171] TANG G, BECKAGE B, SMITH B, et al. Estimating potential forest NPP, biomass and their climatic sensitivity in New England using a dynamic ecosystem model [J]. Ecosphere, 2010, 1 (6): 1560 – 1572.

[172] TAPIO P. Towards a theory of decoupling: degrees of decoupling in the EU and the case of road traffic in Finland between 1970 and 2001 [J]. Transport policy, 2005, 12 (2): 137 – 151.

[173] TEIXIDÓ-FIGUERAS J, STEINBERGER J K, KRAUSMANN F, et al. International inequality of environmental pressures: decomposition and comparative analysis [J]. Ecological indicators, 2016, 62: 163 – 173.

[174] VAČKÁŘ D, ORLITOVÁ E. Human appropriation of aboveground photosynthetic production in the Czech Republic [J]. Regional environmental change, 2011, 11 (3): 519 – 529.

[175] VITOUSEK P M, EHRLICH P R, EHRLICH A H, et al. Human appropriation of the products of photosynthesis [J]. Bioscience, 1986, 36 (6): 368 – 373.

[176] WACKERNAGEL M, YOUNT J D. The ecological footprint: an indicator of progress toward regional sustainability [J]. Environmental monitoring and assessment, 1998, 51 (1 – 2): 511 – 529.

[177] WEINSTEIN M P, TURNER R E. Sustainability science: the emerging paradigm and the urban environment [M]. Dordrecht, Heidelberg: Springer Science & Business Media, 2012.

[178] WCED. Our common future [M]. New York: Oxford University Press, 1987.

[179] WHITTAKER R H, LIKENS G E. Primary production: the biosphere and man [J]. Human ecology, 1973, 1 (4): 357 – 369.

[180] WRBKA T, ERB K, SCHULZ N B, et al. Linking pattern and process in cultural landscapes. An empirical study based on spatially explicit indicators [J]. Land use policy, 2004, 21 (3): 289 – 306.

[181] WRIGHT D H. Human impacts on energy flow through natural ecosystems, and implications for species endangerment [J]. Ambio,

1990, 19 (4): 189 - 194.

[182] YALEUNIVERSITY. 2018 Environmental performance index report [R]. Yale Center for Environmental Law and Policy, International Earth Science Information Network, 2018.

[183] YANG H, YAO L, WANG Y, et al. Relative contribution of climate change and human activities to vegetation degradation and restoration in North Xinjiang, China [J]. The rangeland journal, 2017, 39 (3): 289 - 302.

[184] ZHANG F, PU L, HUANG Q. Quantitative assessment of the human appropriation of net primary production (HANPP) in the coastal areas of Jiangsu, China [J]. Sustainability, 2015, 7 (12): 15857 - 15870.

[185] ZHANG Y, PAN Y, ZHANG X, et al. Patterns and dynamics of the human appropriation of net primary production and its components in Tibet [J]. Journal of environmental management, 2018, 210: 280 - 289.

[186] ZHAO S Q, LIU S, LI Z, et al. A spatial resolution threshold of land cover in estimating terrestrial carbon sequestration in four counties in Georgia and Alabama, USA [J]. Biogeosciences, 2010, 7 (1): 71 - 80.

[187] ZHOU C, ELSHKAKI A, GRAEDEL T E. Global human appropriation of net primary production and associated resource decoupling: 2010 - 2050 [J]. Environmental science & technology, 2018, 52 (3): 1208 - 1215.

[188] ZHOU W, SUN Z, LI J, et al. Desertification dynamic and the relative roles of climate change and human activities in desertification in the Heihe River Basin based on NPP [J]. Journal of arid land, 2013, 5 (4): 465 - 479.

后　记

本书是在我于2019年6月提交的北京大学博士学位论文的基础上修改而成的。在燕园求学的宝贵经历无疑是我人生中一段难以磨灭的精彩时光，2014年第一次踏入逸夫二楼3345的情景，至今仍在我的脑海中清晰可辨。回首五年的求学经历，我由衷地感谢悉心指导我的诸位老师，帮助、关心我的诸位同门，以及在背后默默支持我的家人、朋友。

感谢我的导师王仰麟教授与彭建教授，我始终感慨自己是何等幸运，才能够接受两位老师的谆谆教诲。我对高校教师最深的印象就是“陪伴成长”，两位老师不仅无私地给予我学术研究上的支持，而且总在我迷茫、困惑之时，春风化雨般地开导、提点我，他们既是导师，亦是家长。我心目中的王老师颇具大师风范，他总是能高瞻远瞩地准确把控学术要点。他的乐观和善、风趣幽默拉近了我们之间的距离；他在邮件中一句短短的鼓励即让撰写论文时的我疲惫尽消；他让我看到更多的可能性，让我有底气、有信心去尝试更多原本不敢想、不敢做的事情。今后，我一定不会放松对自己的要求，砥砺前行。彭老师是一位精益求精的学者，尽管工作忙碌，但他仍会逐字逐句地为我们批改论文。我的博士论文，从题目至大纲，从行文至标点，无一不经过他的提点。每周一次的组会是我们的优良传统，犹记得我在低年级时，因害怕自己组织不好语言而不敢在组会上提问、发言，还因彭老师的善意提醒而心急如焚、默默流泪。如今，我虽仍不是一个能说会道的人，但我时刻记得彭老师告诉我们的“在组里发言，不要怕说错话”的话，感谢他给予我的包容与理解。大学三年级时，二十出头、尚显无知的我，抱着初生牛犊不怕虎的勇气，叩响了心中最高学府的大门。彭老师总开玩笑说我是“捡来的”学生，但这又何尝不是一种奇妙的缘分？之于我，这种缘分改变了我的人生轨迹；之于他们，我希望我的努力不辜负他们当年的选择。

感谢北京大学城市与环境学院各位老师给予我的无私指导与教诲。感谢李双成老师、许学工老师、彭书时老师、蒙吉军老师、赵淑清老师、吴健生老师、宋治清老师、张小飞老师、刘珍环老师对本书提出的宝贵建议；特别感谢彭书时老师无私地为本书提供数据支持。感谢同门们的帮助与关心，逸夫二楼 3345 和 3363 大家庭总是团结的、温暖的，这两串数字于我有着永久的特殊意义。

感谢我目前的工作单位陕西师范大学西北国土资源研究中心主任曹小曙教授。正是曹老师的关心与督促，本书才得以尽快成型，实现从论文到专著的跨越。曹老师在学术上精益求精、胸怀家国的精神，一直是我学习的榜样。

感谢中山大学出版社的编辑们在本书出版过程中付出的辛勤劳动。

最后，感谢我的父母一直给予的我无条件的支持。家是我心灵的港湾。最让我自豪的是，他们是如此开明的父母，自小他们就鼓励我自己做选择，培养我成为一个有独立思想、自立自强的女孩，我也一直在朝这个目标努力。回首三十余载的时光，虽不敢说每一个十字路口我都做出了正确的判断，但我知道我从不后悔，也充满信心地去迎接无数的未知。今天的我不仅希望，也有信心能够成为你们可以放心依靠的肩膀。

再次感谢所有关心与帮助过我的老师、同门、亲友，我将一如既往地勇敢前进！

张甜

2023 年 1 月于陕西师范大学